동국여지지

동국여지지 4

경상도

유형원 지음
오세옥 옮김

한국고전번역원

일러두기

1. 이 책의 번역 대본은 서울대학교 규장각한국학연구원 소장 《동국여지지(東國輿地志)》(古4790-51)를 저본으로 한 한국고전번역원 《교감표점 한국고전총간 지리류 5-7 동국여지지 Ⅰ~Ⅲ》이다.
2. 역주는 내용이 간단하면 간주(間註)로, 길면 각주(脚註)로 처리하였다.
3. 한자는 필요한 경우 이해를 돕기 위하여 넣었으며, 운문(韻文)은 원문을 병기하였다.
4. 원문의 오류를 수정하였거나 오류가 의심되는 경우, 교감자료와 중요한 자구(字句)에서 차이가 있는 경우에는 그 내용을 각주로 밝혔다.
5. '한글 맞춤법'의 용법과 다르거나 새로 만든 문장부호는 다음과 같다.
   「 」 : ' ' 안의 재인용을 나타낼 때 사용한다.
   『 』 : 「 」안의 재인용을 나타낼 때 사용한다.
   …… : 원문의 '云云'을 처리할 때, 각주에서 긴 인용문을 처리할 때, 각주의 표제어가 네 어절 이상일 경우 생략되는 말을 처리할 때 사용한다.
   - - : 본문에서 2차 소자(小字) 및 원문 결락의 처음과 끝에 사용한다.
   □ : 원문의 글자가 빠진 빈 난을 표기하거나 '결락과 판독 불가 글자에 대한 지침'에 따라 번역할 때 사용한다.

차례

제4권

경상도

慶尙道

상주목尙州牧

동쪽으로 비안현(比安縣) 경계까지 67리이다. 남쪽으로 선산부(善山府) 경계까지 39리, 같은 부 경계까지 40리, 김산군(金山郡) 경계까지 47리이다. 서쪽으로 충청도 보은현(報恩縣) 경계까지 70리이다. 북쪽으로 함창현(咸昌縣) 경계까지 29리이다. 서울과의 거리는 477리이다.

한전旱田

수전水田

건치연혁建置沿革

옛 사벌국(沙伐國)이다. 일명 사불(沙弗)이라고 한다. 신라 첨해왕이 취하여 사벌주(沙伐州)로 삼았고, 법흥왕 때 상주(上州)를 설치하였다. 진흥왕 때 상락군(上洛郡)으로 고쳤고, 신문왕 때 다시 주(州)로 삼았다. 경덕왕 16년(757)에 상주(尙州)를 설치하였으며, 혜공왕 때 다시 사벌주로 삼았다. 고려 초에 다시 고쳐 상주로 삼았고, 뒤에 고쳐 안동도독부(安東都督府)로 삼았다. 성종 2년(983)에 상주목을 설치하고 곧이어 주에 귀덕군(歸德軍)을 설치하였다. 현종 때 군을 파하고 다시 안동대도호부(安東大都護府)로 삼았고, 뒤에 고쳐 상주목으로 삼았다. 본조에서 그대로 따르고, 세조 때 진(鎭)을 설치하였다. 관장하는 면은 22개이다.

진관

목(牧) 1개 성주(星州)

부(府) 1개 선산(善山)

군(郡) 1개 김산(金山)

현(縣) 5개 개령(開寧), 지례(知禮), 고령(高靈), 문경(聞慶), 함창(咸昌)

관원

목사(牧使), 판관(判官), 교수(敎授) 각 1인이다.

군명 郡名

사벌(沙伐), 상주(上州), 상락(上洛) 별호는 상산(商山)이다.

형승 形勝

북쪽으로 조령(鳥嶺)에 통하고, 남쪽으로 금오산(金鼇山)[1]에 이른다.

1 금오산(金鼇山) : 본책 〈선산도호부(善山都護府)〉 산천의 금오산(金烏山)을 말한다. '鼇'도 혼용된 것으로 보아 그대로 번역하였다.

팔방으로 통하는 거리에 있다. 고려 안축(安軸)의 〈풍영루기(風詠樓記)〉[2]

낙수(洛水 낙동강)의 상류에 위치하고 있다.

동남방의 도회지이다. 모두 본조 김종직(金宗直)의 〈풍영루기〉[3]에 있다.

풍속 風俗

습속이 간소하고 인색한 것을 숭상한다.

민풍(民風)이 순진하고 질박하다. 모두 본조 권근(權近)의 기문(記文)에 있다.[4]

문장과 학문이 빛나고 성대하다. 선비들이 시서(詩書)를 익혀서 빛나고 성대한 문자가 볼만하다.

현송(絃誦)과 예양(禮讓)의 풍습이 있다. 본조 정경세(鄭經世)가 주목(州牧)에게 올린 글[5]에 "상주 사람들은 모두 현송의 습속과 예양의 풍도를 압니다."라고 하였다.

2 안축(安軸)의 풍영루기(風詠樓記) : 〈상주 객관 중영기(尙州客館重營記)〉이다. 《謹齋集 卷2》

3 김종직(金宗直)의 풍영루기 : 〈풍영루 중영기(風詠樓重營記)〉이다. 《佔畢齋集 文集 卷2》

4 습속이……있다 : 권근의 기문은 〈상주 풍영루기(尙州風詠樓記)〉이다. 《陽村集 卷14》 여기에 "민풍이 순진하고 질박하다."라는 내용은 있으나 "습속이 간소하고 인색한 것을 숭상한다."라는 내용은 없다. 그러므로 '모두〔竝〕'는 오류인 듯하나 근거가 불충분하여 그대로 번역하였다.

5 정경세(鄭經世)가……글 : 〈김 목사에게 올린 글〔呈金牧使文〕〉이다. 《愚伏集 卷8》

산천 山川

왕산(王山) 성안에 있는 작은 산이다.

천봉산(天峯山) 주 북쪽 7리에 있다. 진산(鎭山)이다.

구봉산(九峯山) 주 서쪽 60리에 있다. 산봉우리가 마치 창을 늘어세운 것 같이 지극히 높고 험준하다.

속리산(俗離山) 주 서쪽 70리에 있다. 산 북쪽의 용화솔면동(龍華率面洞)에서는 황장목(黃腸木) 및 궁실의 재목이 산출된다. 충청도 보은현에도 보인다.

사불산(四佛山) 산양폐현(山陽廢縣) 북쪽에 있다. 주와의 거리는 99리이다. 권근의 기문[6]에 이르기를 "산 정상에 밑동이 박히지 않은 큰 바위가 서 있는데 사면에 모두 불상을 새겨 사불산이라 하니, 온 나라의 부처 받드는 사람들이 가장 말하기 좋아하며 구경하고 싶어 하는 곳이다. 그 중간 봉우리를 법왕봉(法王峯)이라 하는데, 남쪽 절벽 바위에 또 자씨(慈氏 미륵보살)의 얼굴을 새겼다. 곁에 미륵암(彌勒菴)이라고 하는 작은 절이 있으니, 세상에서 신라 때 창건한 것이라고 전한다." 하였다.

병풍산(屛風山) 주 동쪽 10리에 있다.

왜유현(倭踰峴) 주 남쪽 47리, 김산군과의 경계에 있다.

대조현(大鳥峴) 산양현(山陽縣 산양폐현) 북쪽에 있다. 주와의 거리는 88리이다.

갑장산(甲長山) 주 남쪽 13리에 있다. 일명 연악(淵嶽)이라고 한다.

석악산(石嶽山) 주 북쪽 6리에 있다.

6 권근의 기문 : 〈사불산 미륵암 중창기(四佛山彌勒庵重創記)〉이다. 《陽村集 卷11》

만악산(萬嶽山) 단밀현(丹密縣 단밀폐현) 남쪽에 있다. 주와의 거리는 북쪽으로 47리이다.

백화산(白華山) 중모현(中牟縣 중모폐현) 서쪽에 있다. 주와의 거리는 72리이다.

노음산(露陰山) 주 서쪽 10리에 있다. 혹 서로악(西露嶽)이라고 칭한다. 북석악(北石嶽), 남연악(南淵嶽)과 더불어 상산삼악(商山三嶽)이라 칭한다.

죽현(竹峴) 주 남쪽 38리, 선산부와의 경계에 있다.

송현(松峴) 주 북쪽 28리, 함창현과의 경계에 있다.

낙동강(洛東江) 원류는 태백산(太白山)에서 나와 안동부(安東府)에서 용궁(龍宮)과 예천(醴泉)을 경유하고, 주 동북쪽에 이르러 예천의 사천(沙川)과 문경의 호계수(虎溪水)[7] 및 군위(軍威)의 병천(幷川)과 합류하여 이 강이 된다. 또 남쪽으로 50여 리를 흘러 선산부 경계에 들어가는데, 여기에서 바다에 들어가기까지 지역에 따라 호칭이 다르기는 하나 총칭해서 낙동강이라 하고, 가야진수(伽倻津水)라고도 칭한다. 《동사(東史)》에 이르기를 "낙강(洛江 낙동강)이 한 도에 종횡으로 흐른다." 하였다.

북천(北川) 주 북쪽 2리에 있다. 원류는 주 서쪽 가전현(加田峴)에서 나와 동쪽으로 흘러 남천(南川)과 합해진다.

남천(南川) 주 남쪽 5리에 있다. 원류는 왜유현에서 나와 주 동쪽 5리에 이르러 북천과 합하고 낙동강에 들어간다.

송라탄(松羅灘) 주 북쪽 37리에 있다. 바로 낙동강 상류 여울이다.

7 호계수(虎溪水) : 호계이다. 문경 호계폐현 서쪽에 있는 내로, 소야천(所耶川)과 가은천(加恩川)이 합류하여 이 내가 된다. 《東國輿地志 卷4 慶尙道 聞慶縣 山川》

공검지(恭檢池) 주 북쪽 27리에 있다. 고려 명종 때 사록(司錄) 최정빈(崔正份)이 옛 터를 토대로 둑을 쌓았으니, 둑은 길이가 860보이고 둘레가 22리이다. 그 못은 실제는 함창에 있는데, 상주 백성들만 관개의 이익을 얻는다.

불암지(佛巖池) 주 북쪽 4리에 있다. 둘레는 1921자이다.

대제지(大堤池) 단밀현 북쪽에 있다. 주와의 거리는 68리이다.

기지(機池) 주 남쪽 6리에 있다. 둘레는 4181자이다.

토산 土產

옥석(玉石), 갑장산에서 산출된다. 옥등석(玉燈石), 대조현에서 산출된다. 철(鐵), 송라탄에서 산출된다. 왕골자리〔莞席〕, 호두〔胡桃〕, 감〔柹〕, 밤〔栗〕, 송이버섯〔松蕈〕, 석이버섯〔石蕈〕, 인삼(人蔘), 안식향(安息香), 산무애뱀〔白花蛇〕, 은구어(銀口魚 은어)

성곽 城郭

주성(州城) 신라 때의 옛 성으로, 본조에서 또 중수하였다. 돌로 쌓았고 둘레가 1900보이다. 문을 세웠으니 동문은 □□라 하고, 남문은 □□라 하고, 서문은 □□라 하고, 북문은 □□라 한다. 성안에 우물 21개와 못 2개가 있다.

학교 學校

향교(鄕校) 주 남쪽 5리에 있다. 남루(南樓)가 있으며, 선덕(宣德)[8] 초에 판목사(判牧事) 조치(曺致)가 세웠다.

도남서원(道南書院) 주 -원문 3, 4자 결락- 낙강 가에 있다. 만력(萬曆) 연간에 주의 선비들이 세웠다.[9] 선현사(先賢祠)가 있으니, 정몽주(鄭夢周), 김굉필(金宏弼), 정여창(鄭汝昌), 이언적(李彦迪), 이황(李滉)을 향사하고, 노수신(盧守愼)을 배향하였다.

영천서원(靈川書院) 주 -원문 3, 4자 결락-에 있다. 만력 연간에 주의 선비들이, 신잠(申潛)이 목사가 되어[10] 학교를 일으킨 공이 있다고 하여 서원을 짓고 사당을 세워 그를 향사하였다.

우복서원(愚伏書院) 주 서쪽 30리에 있다. 계산(溪山)의 승경이 있어 정경세가 서실을 짓고 강학(講學)하며 편액을 우복당(愚伏堂)이라 하였다. 후인들이 이로 인하여 서원을 짓고 사당을 세워 정경세를 향사하였다.

궁실 宮室

객관(客館) 고려 때 김영후(金永煦)가 목사가 되어 중창(重創)하였으니, 제

8 선덕(宣德) : 1426년(세종8)~1435년(세종17) 연간이다.

9 만력(萬曆)……세웠다 : 만력 34년(1606, 선조39)에 정경세를 중심으로 하여 주의 선비들이 세웠고, 정경세가 이름을 지었다. 《愚伏集 卷9 上西厓先生稟目》《黔澗集 卷4 黔澗先生年譜》 만력(萬曆)은 명나라 신종(神宗)의 재위 기간에 사용한 연호로, 1573년(선조6)~1619년(광해군11)이다.

10 신잠(申潛)이 목사가 되어 : 신잠은 임자년(1552, 명종7)에 상주 목사로 초배되었다. 《靑莊館全書 卷68 申尙州》

도가 매우 크고 장엄하였다. 안축(安軸)의 기문이 있다.[11] 본조 가정(嘉靖) 연간에 목사 윤탕(尹宕)이 또 개수하였다.[12]

향사당(鄕射堂) -원문 다수 결락-에 있다.

풍영루(風詠樓) 객관 동쪽에 있다. 고려 말에 목사 김남득(金南得)이 세웠으며 이색(李穡)이 풍영(風詠)이라 명명하고 기문을 지었다.[13] 본조 성종 때 순창(淳昌) 사람 설순조(薛順祖)가 목사가 되어 중수하였으며,[14] 김종직(金宗直)이 기문을 짓고 또 노래를 지었다.[15] 그 노래에,

배와 수레가 모두 모여드니	舟車之會兮
사방으로 통하는 요충이로다	四達之衝
사신의 수레가 끊임없이 이어지니	冠蓋結轍兮
다른 고을은 그 기세를 따르도다	異邦趨風
이런 누각이 있지 않으면	不有斯構兮
연향과 호궤를 어디에 의탁하랴	宴犒奚托
그 누가 뜨거운 것을 잡고서	誰能執熱兮

11 고려……있다 : 안축의 기문은 〈상주 객관 중영기(尙州客館重營記)〉이다.《謹齋集 卷2》 기문에 의하면, 1327년(충숙왕14)에 김영후가 상주 목사에 부임하고 이듬해에 객관을 중창하였다고 한다.

12 가정(嘉靖)……개수하였다 : 가정 연간은 1524년(중종19) 무렵이다. 이때 윤탕이 상주 목사에 재임하였다.《국역 중종실록 19년 8월 29일》

13 고려……지었다 : 1370년(공민왕19)에 상주 목사 김남득이 세웠고, 이색이 〈풍영정기(風詠亭記)〉를 지었다. 이색의 기문에는 1369년으로 기록되어 있다.《佔畢齋集 文集 卷2 風詠樓重營記》《牧隱藁 文藁 卷1》

14 성종……중수하였으며 : 성종 18년(1487)에 설순조가 상주 목사에 부임하여 이듬해에 중수하였다.《佔畢齋集 文集 卷2 風詠樓重營記》

15 김종직(金宗直)이……지었다 : 〈풍영루 중영기(風詠樓重營記)〉이다.《佔畢齋集 文集 卷2》

시원한 물에 가서 씻지 않으리오[16] 逝不以濯
상산은 푸르디푸르고 商山蒼蒼兮
낙수는 넘실넘실 흐르도다 洛水沄沄
이전의 것을 계승함이 있으니 前者有繼兮
층층의 누각이 구름에 닿았네 層構軼雲
구불구불 흐르는 맑은 낙수요 縈紆淸洛兮
높고도 험준한 상안[17]이로다 崒嵂商顔
순창 설공[18]의 계승한 업적은 淳昌之續兮
영원토록 없어지지 않으리로다 攸久不刊

하였다.

응신루(凝神樓) 풍영루 서쪽에 있다.

청량각(淸涼閣) 객관 북쪽에 있다. 작은 못을 굽어보고 있다.

추월당(秋月堂) 객관의 서헌(西軒) 북쪽에 있다. 정덕(正德) 연간에[19] 목사 정종보(鄭宗輔)가 세웠다.

관수루(觀水樓) 낙동강 동쪽 언덕의 낙동역(洛東驛) 앞에 있다. 본조 이황

16 그……않으리오 : 《시경》 〈대아(大雅) 상유(桑柔)〉에 "뜨거운 물건을 손에 쥐고서, 얼른 물에다 씻지 않을 사람이 있겠는가.〔誰能執熱, 逝不以濯〕" 한 데서 인용한 말이다. 풍영루를 중수하는 일이 매우 시급한 주요 과제였다는 뜻이다.

17 상안(商顔) : 한 고조(漢高祖) 때 상산사호(商山四皓)가 숨어 살던 상산의 별칭이다. 상주의 별호가 상산이므로 비유하여 말한 것이다.

18 순창 설공 : 순창 사람인 상주 목사 설순조를 말한다.

19 정덕(正德) 연간에 : 대본에는 '□□中'으로 되어 있는데, 《충재집(冲齋集)》 권6 〈무인일기(戊寅日記)〉 8월 16일에 근거하여 보충하여 번역하였다. 정덕 연간은 정덕 13년(1518, 중종13)이다.

의 시[20]에,

낙동강은 우리나라 남쪽에 있어	洛水吾南國
온갖 강 중 으뜸으로 높여지는데	尊爲衆水君
누각 이름 묘한 깨침 알려 주고	樓名知妙悟
땅 형세는 장한 기력 보여 주누나	地勢見雄分
안개는 숲에 끼어 들판이 훤하고	野闊煙凝樹
비는 구름 거두어 강물이 맑은데	江淸雨捲雲
바삐바삐 역마 출발 재촉하는 건	悤悤催馹騎
요컨대 공문 기일 맞춰야 함일세	要爲趁公文

하였다.

한연당(閑燕堂) 주 동쪽 40리, 낙동강 언덕에 있다. 본조의 군수 이항(李沆)의 별서(別墅)로, 강산의 승경이 있다.

봉수 烽燧

회룡산 봉수(回龍山烽燧) 공성현(功城縣 공성폐현) 서쪽에 있다. 남쪽으로 김산군 소산(所山)에 응하고, 동쪽으로 청리현(靑里縣 청리폐현) 서산(西山)에 응한다.

소산 봉수(所山烽燧) 주 동쪽 5리에 있다. 남쪽으로 청리현 서산에 응하고, 북쪽으로 함창현 성산(城山)에 응한다.

서산 봉수(西山烽燧) 청리현 서쪽에 있다. 서쪽으로 공성현 회룡산에 응하

20 이황의 시 : 〈낙동 관수루(洛東觀水樓)〉이다. 《退溪集 別集 卷1》

고, 북쪽으로 소산에 응한다.

국사당산 봉수(國師堂山烽燧) 화령현(化寧縣 화령폐현) 서쪽에 있다. 동쪽으로 중모현 소산에 응한다.

산양현(山陽縣) **소산 봉수**(所山烽燧) 현 동쪽에 있다. 서쪽으로 문경 호계현(虎溪縣) 선암산(禪巖山)에 응하고, 동쪽으로 용궁현(龍宮縣) 용비산(龍飛山)에 응한다.

중모현(中牟縣) **소산 봉수**(所山烽燧) 현 북쪽에 있다. 남쪽으로 충청도 황간현(黃澗縣) 소산에 응하고, 서쪽으로 국사당산에 응한다.

우역 郵驛

낙양역(洛陽驛) 주 서쪽 3리에 있다.

낙동역(洛東驛) 주 동쪽 33리, 낙동강 동쪽 언덕에 있다.

낙원역(洛源驛) 주 북쪽 16리에 있다.

낙서역(洛西驛) 주 서쪽 19리에 있다.

낙평역(洛平驛) 주 남쪽 26리에 있다.

장림역(長林驛) 화령현 동쪽에 있다. 주와의 거리는 51리이다.

남원(南院) 주 남쪽 2리에 있다.

안빈원(安賓院) 주 동쪽 11리에 있다.

광제원(廣濟院) 주 동쪽 19리에 있다.

이두등원(泥豆等院) 주 동쪽 36리에 있다.

요제원(要濟院) 주 동쪽 37리에 있다.

양산지원(陽山旨院) 주 남쪽 15리에 있다.

흥옥원(興玉院) 주 남쪽 9리에 있다.

서원(西院) 주 서쪽 3리에 있다.

어암원(於巖院) 주 서쪽 15리에 있다.

율원(栗院) 주 서쪽 23리에 있다.

부원(釜院) 주 북쪽 8리에 있다.

북원(北院) 주 북쪽 2리에 있다.

송원(松院) 주 북쪽 26리에 있다.

당제원(唐梯院) 주 북쪽 15리에 있다.

퇴산원(退山院) 주 북쪽 42리에 있다.

유등원(柳等院) 주 남쪽 24리에 있다.

죽현원(竹峴院) 죽현 아래에 있다.

대두원(大豆院) 주 남쪽 24리에 있다.

중생원(重生院) 중모현 남쪽에 있다. 주와의 거리는 65리이다.

장혜원(長惠院) 중모현 서쪽에 있다. 주와의 거리는 72리이다.

동원(東院) 중모현 동쪽에 있다. 주와의 거리는 56리이다.

반암원(班巖院) 산양현 서쪽에 있다. 주와의 거리는 57리이다.

공성원(功城院) 주 남쪽 43리에 있다.

관량 關梁

북천교(北川橋) 주 북쪽 5리에 있다.

남대교(南大橋) 주 남쪽 5리에 있다.

동술교(東述橋) 주 동쪽 5리에 있다.

양산지교(陽山旨橋) 주 남쪽 13리에 있다.

낙강나루〔洛江渡〕 주 동쪽 32리에 있다.

사묘 祠廟

사직단(社稷壇) 주 서쪽에 있다.

문묘(文廟) 향교에 있다.

성황사(城隍祠) 천봉산에 있다.

여단(厲壇) 주 북쪽에 있다.

능묘 陵墓

김효정(金孝貞) 묘 낙가산(洛迦山) 아래에 있다.

노수신(盧守愼) 묘 주 -원문 3, 4자 결락-에 있다.

정경세(鄭經世) 묘

사찰 寺刹

용암사(龍巖寺) 만악산에 있다.

승장사(勝長寺) 장천부곡(長川部曲)에 있다. 김상직(金尙直)의 중창기(重創記)에 이르기를 "고려 충렬왕이 중국 조정의 명을 받아 상락공(上洛公) 김방경(金方慶)에게 동으로 왜구를 정벌하도록 명하였는데, 왕이 김해부(金海府)에 행차하여 전별하였다. 그리고 돌아올 때 이 절에서 주필(駐蹕)

하고 드디어 천태종(天台宗)에 소속시켰다." 하였다.

용담사(龍潭寺) 장천부곡에 있다. 본조 강경서(姜景敍)의 시에,

숲속에서 옛 절을 만나　林間看古寺
유상하며 석양에 앉았노라니　遊賞坐高春
땅은 외져 나는 새도 없고　地僻無飛鳥
못은 깊어 숨은 용이 있는 듯　潭深有伏龍
밤 평상은 항상 달을 마주하고　夜床常對月
좌선 걸상은 홀로 솔을 쳐다보리　禪榻獨看松
돌아오는 길은 여전히 맑디맑은데　歸路猶淸絶
한가한 구름만 푸른 산봉에 걸려 있네　閑雲掛碧峯

하였다.

미륵암(彌勒菴) 사불산에 있다.

관음사(觀音寺) 속리산에 있다.

보문사(普文寺)

고적 古蹟

사벌국고성(沙伐國古城) 병풍산 아래에 있다. 성 옆에 높이 봉긋하게 솟은 구릉이 있는데, 세상에서 사벌국의 왕릉이라고 전한다. 신라 말기에 견훤(甄萱)의 아버지 아자개(阿慈介)가 이 성에 웅거하였다.

화령폐현(化寧廢縣) 주 서쪽 50리에 있다. 본래 신라 답달비군(荅達匕郡)인데, 경덕왕 때 화령군(化寧郡)으로 고쳤다. 고려에서 그대로 군으로 삼았고, 뒤에 고쳐 현으로 삼았다가 곧이어 편입시켰다. 본조에서 그대로 따랐다.

중모폐현(中牟廢縣) 주 서쪽 51리에 있다. 본래 신라 도량현(刀良縣)인데, 경덕왕 때 도안(道安)으로 개명하고 화령군 영현으로 삼았다. 고려에서 중모로 고쳤다가 뒤에 편입시켰다. 본조에서 그대로 따랐다.

단밀현(丹密縣) 주 동쪽 57리에 있다. 본래 신라 무동미지현(武冬彌知縣)으로 일명 갈동미지(曷冬彌知)라고 한다. 경덕왕 때 단밀로 고치고 문소군(聞韶郡) 영현으로 삼았다. 고려에서 그대로 현으로 삼고 곧이어 편입시켰다. 본조에서 그대로 따랐다.

산양폐현(山陽廢縣) 주 북쪽 63리에 있다. 본래 신라 근품현(近品縣)으로 일명 근암(近巖)이라고 한다. 경덕왕 때 가유(嘉猷)로 고치고 예천군(醴泉郡) 영현으로 삼았다. 고려에서 산양으로 고쳤고, 현종 때 편입시켰다가 뒤에 산양현을 설치하였으며, 명종 때 다시 편입시켰다. 본조에서 그대로 따랐다.

장천부곡(長川部曲) 주 남쪽 25리에 있다.

공성폐현(功城廢縣) 주 남쪽 30리에 있다. 본래 신라 대병부곡(大幷部曲)이다. 고려 초에 고쳐 공성현으로 삼았고, 현종 때 편입시켰다.

영순폐현(永順廢縣) 주 북쪽 35리에 있다. 본주 북면(北面) 임하촌(林下村)인데, 고려 때 촌 사람 중에 태씨(太氏)라는 자가 도적을 잡아 공이 있으므로 지금 이름으로 고치고[21] 승격하여 영순현이라 하였다.

청리폐현(青里廢縣) 주 남쪽 20리에 있다. 본래 신라 음리화현(音里火縣)인데, 경덕왕 때 청효(青驍)로 고치고 상주 영현으로 삼았다. 고려에서 청

21 지금 이름으로 고치고 : 대본에는 없는데, 《신증동국여지승람》 권28 〈경상도 상주목〉 고적에 '改今名'이라고 한 데 근거하여 보충하여 번역하였다.

리로 고치고 그대로 편입시켰다.

고화창현(古化昌縣) 김부식(金富軾)이 이르기를 "본래 지내미지현(知乃彌知縣)인데, 경덕왕 때 개명하고 상주 영현으로 삼았다. 지금은 자세하지 않다." 하였다.

백화산성(白華山城) 옛 석성〔古石城〕이 있었으니, 둘레가 1904자이고 안에 시내 1개와 샘 5개가 있었다. 지금은 없어졌다.

명환 名宦

신라

이등(伊登) 법흥왕 12년(525)에 대아찬(大阿飡) 이등을 상주 군주(上州軍主)로 삼았다.

김유신(金庾信) 진덕왕 때 백제를 정벌하고 공을 논하여 이찬(伊飡)으로 증질(增秩)하고 상주 행군대총관(上州行軍大摠管)으로 삼았다.

고려

이주좌(李周佐) 목종조에 과거에 급제하여 상주목 기실참군(尙州牧記室參軍)에 조용되었다.

김부일(金富佾) 숙종조에 외직으로 나가 상주 수령이 되었는데, 명성과 공적이 있었다.

정극영(鄭克永) 예종 때 사록(司錄)이 되었는데, 선정(善政)이 있었다.

정항(鄭沆) 사록이 되었다. 처음 부임하였을 때 주 사람들이 그가 연소하다고 경시하였는데, 일에 임하여서 잘 결단하니 모두 탄복하였다. 주 사람들은 사록으로 두 명의 정씨와 한 명의 한씨를 꼽는데, 정항과 정극영 그리고 한충(韓冲)을 이른다.

최기우(崔奇遇) 처음 과거에 급제하여 사록에 보임되었는데, 청렴하고 근실하다고 알려졌다. 뒤에 상주목 부사(尙州牧副使)가 되었다.

양원준(梁元俊) 인종조에 상주목 부사가 되었는데, 정사에 있어 청렴함과 근실함을 중시하여 관리와 백성들이 칭송하였다.

최유청(崔惟淸) 인종 때 좌사간을 거쳐 외직으로 나가 상주 수령이 되었는데, 덕정(德政)이 있었다. 임기가 차자 조정에 들어가 시어사(侍御史)가 되었다.

최자(崔滋) 강종 때 과거에 급제하여 관례대로 상주 사록참군사 겸 장서기(尙州司錄參軍事兼掌書記)에 보임되고, 조정에 들어가 국학 학유(國學學諭)가 되었다. 뒤에 또 상주 목사가 되었다. 옥송(獄訟)이 매우 번다하였는데 최자가 부임하는 날에 신명(神明)처럼 판결하니, 관리와 백성들이 경외하고 애중하였으며 얼마 안 되어 감옥이 텅 비었다. 임기가 차기 전에 보문각 대제(待制)로 소환되었다.

안향(安珦) 충렬왕 초에 판관이 되었다. 당시 여자 무당 세 사람이 요망한 귀신을 받들고 민중을 미혹하게 하며 합주(陜州 합천(陜川))로부터 여러 군현을 돌아다니면서, 가는 곳마다 공중에서 외쳐 대는 사람 목소리가 났는데 그 소리가 우렁우렁하여 마치 갈도(喝道)하는 것 같았다. 이에 듣는 사람들이 감히 뒤질세라 앞다투어 분주하게 제사상을 차렸고, 수령까지도 그리하였다. 그들이 상주에 이르자 안향이 장을 치고 칼을 씌우니, 무당들이 귀신의 말인 양 꾸며 재앙을 받게 될 것이라고 협박하였는데, 상주 사람들은 모두 두려워했으나 안향은 전혀 동요하지 않았다. 며칠이 지나서 무당들이 애걸하므로 풀어 주었는데, 요망한 일도 마침내 사라졌다. 재임한 지 3년이 되어 안렴사가 그 맑은 정사를 포양(褒揚)하니, 징소(徵召)하여 판도 좌랑(版圖佐郎)으로 삼았다.

최득평(崔得枰) 상주 목사가 되었는데, 백성들이 그 은혜를 고마워하였다.

안축(安軸) 충혜왕조에 검교평리로서 외직에 나가 상주 목사가 되었는데, 공정하고 근검하였으며 정사가 잘 다스려지고 백성들이 편안해하였다. 충목왕이 즉위하자 불러들여 정당문학(政堂文學)으로 삼았다.

정운경(鄭云敬) 충숙왕조에 과거에 급제하여 사록에 보임되었다. 용궁 감무(龍宮監務)가 뇌물을 받았다고 무고한 자가 있어, 안렴사가 정운경을 보내 국문하게 하였다. 정운경이 용궁에 이르러 심문도 하지 않고 돌아와 말하기를 "관리의 탐오가 비록 악덕이라고 하나, 재주가 법을 농간할 만하고 위엄이 사람을 두렵게 할 만한 자가 아니면 할 수 없는 것입니다. 지금 감무는 노쇠하고 또 임무를 감당하지 못하니 누가 뇌물을 주려고 하겠습니까." 하였다. 안렴사가 과연 그 일이 무고임을 알고는 탄복하여 말하기를 "근래 관리들이 가혹한 것을 숭상하는데, 사록은 참으로 장자(長者)로다." 하였다.

윤해(尹諧) 사록이 되었을 때, 백성 중에 제 누이에게 난행(亂行)을 한 자가 있었다. 당시 가뭄이 심하였는데, 윤해가 장관과 힘써 쟁변한 끝에 그자에게 극형을 행하자 과연 비가 내렸다.

최재(崔宰) 최득평의 아들이다. 공민왕조에 외직으로 나가 상주 목사가 되었는데, 강정(剛正)하고 스스로 지조를 지켜 민력(民力)을 아끼고 길렀다. 홍적(紅賊)의 난리에 왕이 적병을 피해 남쪽으로 행차하여 상주에 이르자,

최재가 마음을 다하여 물자를 공급하였다. 그러나 왕의 근신(近臣)들에게 선물을 주지 않아 근신들이 그를 허물하였고 마침내 이 때문에 파직되었다.

본조

권집경(權執經) 지신사(知申事)로서 물러나 향리에 살고 있다가 특별히 천거되어 상주 목사가 되었다.

박이창(朴以昌) 교수(敎授)가 되었다.

이인손(李仁孫) 경상도관찰사 겸 상주목사가 되었다.

조오(趙唔) 판관이 되었다.

김구(金鉤) 세종조에 목사가 되었는데, 순박하고 성실하였으며 법을 잘 봉행하여 백성들에게 혜택이 미쳤다.

이전수(李全粹), 유문통(柳文通) 모두 상주 목사가 되었다.

정종보(鄭宗輔) 상주 목사가 되었는데, 백성들은 고마워하고 아전들은 경외하였다.

신잠(申潛) 공희왕조(恭僖王朝 중종조)에 상주 목사가 되었는데, 우선 학교를 일으키고 널리 서숙(書塾)을 정비함으로써 어린 선비들이 모두 학문을 배우기에 이르렀으니, 이로부터 사람들이 예양(禮讓)의 기풍을 알게 되었다. 다스린 행적이 제일이라는 고과를 받아 통정대부로 승질(陞秩)하였다.

유성룡(柳成龍) 선조조에 부제학으로서 부모 봉양을 위해 외직을 구하여 상주 목사에 제수되었다. 상이 이르기를 "여러 고을 관리들이 본보기로 삼도록 하고자 한 것이다." 하였다. 주에 이르러 매달 삭망(朔望)에[22] 문묘에

22 매달 삭망(朔望)에 : 대본에는 '月朔'으로 되어 있는데, 《서애집(西厓集)》 연보 권1에

배알하고 제생(諸生)을 모아 통독하였으며 재주에 따라 가르쳤다. 또 향숙(鄕塾)에 동몽사장(童蒙師長)[23]을 배설하여 과업을 독려하니, 사습(士習)이 크게 변하였다. 그가 떠나자 백성들이 비석을 세워 글을 새기고 그 은덕을 기념하였다.

유우流寓

이민도(李敏道) 원나라 하간부(河間府) 사람이다. 순제(順帝) 말에 전쟁을 피해 우리나라로 왔는데, 나라에 공을 세웠으므로 상산군(商山君)에 봉해지고 명을 받아 상주를 관적(貫籍)으로 삼았다.

조운흘(趙云仡) 고려 말에 전법 총랑(典法摠郎)으로서 사직하고 노음산 아래에 와서 거주하며 석간서하옹(石磵棲霞翁)이라 자호하였다. 거짓으로 미친 척하며 자신을 감추었는데, 출입할 때는 반드시 소를 타고 다녔으며 〈기우도찬(騎牛圖贊)〉과 〈석간가(石磵歌)〉를 지어 뜻을 보였다. 자은사(慈恩寺) 승려 종림(宗林)과 더불어 방외(方外)의 교분을 맺고 초연히 세상 밖에 생각을 두었다. 양주(楊州)에 자세히 보인다.

성윤해(成允諧) 본조 한성(漢城) 사람이다. 원통산(圓通山) 아래에 은거하였는데, 선조(宣祖)가 그 행의(行義)를 가상히 여기고 누차 왕자사부, 태인현감(泰仁縣監)을 제수하였으나 모두 나아가지 않았다. 성윤해는 덕과 기국(器局)이 순박하고 중후하였으며, 외면은 솔직하고 평이하며 내면은 방

'每朔望'이라고 한 데 근거하여 보충하여 번역하였다.

23 동몽사장(童蒙師長) : 향리에서 초학자(初學者)를 교육하는 선생을 말한다.

정하고 엄숙하였다. 그의 계부(季父) 성운(成運)이 일찍이 말하기를 "윤해는 기품(氣稟)이 보통 사람을 능가하니, 만년의 성취가 우리가 미칠 바가 아닐 것이다." 하였다.

인물 人物

고려

김수자(金守雌) 어려서 아버지를 여의고 책 보따리를 지고서 사방을 떠돌며 공부하였다. 과거에 급제하여 금양 현위(金壤縣尉)[24]에 조용되고 국학 학유로 승진하였는데, 벼슬을 버리고 떠나 칩거한 채 논밭을 일구어 죽과 채소를 자급하고 날마다 동몽(童蒙)들과 강습하였다. 인종조에 직사관(直史館)이 되었는데, 이자겸(李資謙)의 난에 궁궐이 연달아 불타자 김수자가 국사(國史)를 짊어지고 산호정(山呼亭) 북쪽에 이르러 땅을 파서 묻었으므로 화재를 면할 수 있었다. 직한림원으로 승진하였는데, 근시(近侍)의 직책에 있는 것을 즐거워하지 않았다. 이에 어머니가 연로하다는 이유로 지방관을 청하여 외직으로 나가 예주 방어사(禮州防禦使)[25]가 되었다가 죽었다. 의종 때 이부(吏部)에서 아뢰기를 "김수자가 자신의 목숨을 아끼지 않고 국사를 옮겨 보관하였는데, 후한 포상을 받지 못하였으니 심히 애석한 일입니다." 하니, 이부 시랑에 증직하라고 명하였다.

24 금양 현위(金壤縣尉) : 금양은 강원도 통천(通川)의 옛 이름이다.
25 예주 방어사(禮州防禦使) : 예주는 경상도 영해(寧海)의 옛 이름이다.

김득배(金得培) 주리(州吏) 김조(金祚)에게 만궁(萬宮)이라는 딸이 있었는데, 7세 때 부모가 거란군을 피하여 백화성(白華城)으로 가다가 추격병이 가까이 오자 길가에 버리고 달아났다. 사흘 만에 수풀 아래서 찾았는데, 스스로 말하기를 "밤에는 무언가가 와서 품어 주고 낮이면 가 버렸다."라고 하였다. 이에 사람들이 모두 놀라 괴이하게 여겼더니 바로 호랑이였다. 15세가 되어 호장(戶長) 김일(金鎰)에게 시집가서 김록(金祿)을 낳았고 김록이 세 아들을 낳았으니, 장남이 김득배이다. 과거에 급제하여 예문관 검열에 보임되고 전객시 부령(典客寺副令)으로 승진하였다. 공민왕을 따라 원나라에 들어가 숙위(宿衛)하였고, 왕이 즉위하자 우부대언(右副代言)에 제수되었다. 공민왕 6년(1357)에 서북면 방어도지휘사가 되고 곧이어 서북면도순문사 겸 서경윤 상만호(西北面都巡問使兼西京尹上萬戶)에 제배되었다. 공민왕 7년에 홍두적(紅頭賊)의 위평장(僞平章) 모거경(毛居敬) 등이 의주를 함락하자, 김득배가 안우(安祐), 이방실(李芳實)과 함께 진격하여 총 9번을 싸우고 개선하여 정원 공신(定遠功臣) 정당문학에 제배되었다. 공민왕 10년에 홍적(紅賊)이 또 삭주(朔州)를 침략하자 김득배가 도병사가 되어 안우, 이방실과 함께 군사를 거느리고 적을 공격하였다. 적이 서울을 함락하자 급히 진군하여 공격해서 10여만 명을 베고 서울을 수복하였다. 김용(金鏞)이 김득배 등의 공이 커서 왕에게 두터운 신임을 받는 것을 미워하여 안우 등으로 하여금 정세운(鄭世雲)을 죽이게 하고 이로써 죄를 만들어 김득배를 죽이니, 듣고서 탄식하며 슬퍼하지 않는 이가 없었다.

김선치(金先致) 김득배의 아우이다. 낭장(郎將)으로서 전라도 도순문사 유탁(柳濯)을 따라 왜구를 공격하여 직접 수십 인을 죽였다. 여러 번 자리를 옮기어 호부 낭중이 되었다. 공민왕 때 원수(元帥) 이암(李嵒)을 따라 적을 막고 일등공신에 녹훈되고 이부 시랑으로 승진하였다. 홍적이 서울을 함락하자 여러 장수를 따라 수복하였다. 여러 관직을 거쳐 밀직 부사(密直副使)가 되었으며, 외직으로 나가 계림 부윤(鷄林府尹)이 되고 동지밀직사사(同知密直司事)에 올랐다. 신우(辛禑) 때 낙성군(洛城君)에 봉해졌다.

김득제(金得齊) 김득배의 아우이다. 관직이 삼사 우사(三司右使)에 이르렀다.

신우(申祐) 단밀현 사람으로, 판도 판서(版圖判書) 신원유(申元濡)의 아들이다. 관직은 안렴사에 이르렀다. 부모를 섬김이 지극히 효성스러웠고 아버지가 죽자 3년 동안 여묘(廬墓)하였는데, 봉분 앞에 대나무 2그루가 자라나니 사람들은 효성이 하늘을 감동시킨 소치라고 여겼다. 조정에서 신우의 효행을 듣고 그 마을에 정표(旌表)하고 그 마을을 효자리(孝子里)라고 이름하였다.

본조

박안신(朴安臣) 강건하고 과감하여 기량이 있었다. 공정왕조(恭定王朝 태종조)에 과거에 급제하고, 사헌부 지평이 되었다. 대사헌 맹사성(孟思誠)과 함께 언사(言事)로 인해 주벌을 당하게 되었는데, 맹사성은 얼굴빛이 어두워지며 어찌할 바를 몰랐으나, 박안신은 안색이 변함없이 맹사성에게 말하기를 "제가 일찍이 군께서 지조가 있으시다고 생각했는데, 어찌 그리 겁내고 두려워하십니까. 덜컹대는 수레바퀴 소리가 안 들리십니까.[26]" 하였

26 덜컹대는……들리십니까 : 위나라 대부 거백옥(蘧伯玉)은 수레를 타고 가다가 대궐 앞에 이르면 내리고 대궐을 지난 다음에 다시 탔으므로 수레가 덜컹대는 소리로 거백옥의 행차임을 알 수 있었다고 한다.《列女傳 卷3 衛靈夫人》 보이지 않는 곳에서도 변함없이 임금에 대한 충성과 공경을 다하는 현신을 비유할 때 인용되는 고사이다. 여기서는 거백옥의 충절을 상

다. 나졸(羅卒)에게 이르기를 "기왓조각을 가져오라." 하고는 시를 지어 사금파리로 획을 그어 쓰기를 "네 직책을 잘 수행하지 못했으니 죽음은 달게 받겠지만, 임금께서 간신을 죽였다는 이름을 남길까 두렵노라.〔爾職不供甘受死 恐君留殺諫臣名〕" 하였다. 그러고는 눈을 부릅뜨며 옥리(獄吏)에게 말하기를 "이것을 상께 올리라. 그렇지 않으면 내가 여귀(厲鬼)가 되어 너희 족속의 씨를 말리겠다." 하였다. 상이 듣고 사면하였다. 뒤에 사명을 받들고 일본에 사신 갔다 돌아올 때 해적을 만났는데, 해적이 칼을 빼 들고 배 안에 난입하여 행구(行具)를 약탈하였다. 박안신은 호상(胡牀)에 걸터앉아 미동도 하지 않은 채 조용히 지휘하니, 적이 감히 근접하지 못하였고 일행들도 덕분에 보전하게 되었다. 관직은 예문관 대제학에 이르렀고, 시호는 정숙(貞肅)이다.

박이창(朴以昌) 박안신의 아들이다. 과거에 급제하고, 문종조에 관직이 형조 참판에 이르렀다. 성품이 강직하여 남에게 굽히지 않았다. 성절사(聖節使)로서 중국 서울에 갈 때,[27] 좌우 수행원들이 장마철이라는 이유로 양식을 더 가지고 가기를 청하였으므로 40말을 더 가져갔다. 돌아오는 길에 신안관(新安館)에 도착했을 때, 대관(臺官)의 탄핵으로 추문(推問)을 받게 되니, 박이창이 말하기를 "늙은 신하가 본래 오명(汚名)이 없어서 충성을 다할 수 있었는데, 이제 국법을 범하였으니 장차 무슨 면목으로 상을 뵙겠는가." 하고 마침내 목을 찔러 죽었다. 상이 듣고 놀라 측은해하며 특별히

기하며 의연히 죽음을 맞아야 한다는 뜻으로 쓰였다.

27 성절사(聖節使)로서……때 : 1451년(문종1) 5월 17일에 성절사 박이창이 하직 인사를 하였다는 기사가 있다. 《국역 문종실록 1년 5월 17일》

치전(致奠)하게 하고 부의(賻儀)를 후하게 내렸다.

김사우(金師禹) 무과에 급제하고, 관직이 병조 판서에 이르렀다.

황효원(黃孝源) 과거에 장원으로 급제하였다. 혜장왕(惠莊王 세조), 강정왕(康靖王 성종) 두 왕조에서 벼슬하고 좌익 좌리 공신(佐翼佐理功臣)에 참여하여 상산군(商山君)에 봉해졌다.

노수신(盧守愼) 이연경(李延慶)으로부터 가르침을 받았으며 널리 배우고 잘 기억하였다. 과거에 수석으로 급제하고, 영정왕조(榮靖王朝 인종조)에 이조 좌랑[28]이 되었다. 공헌왕(恭憲王 명종) 초에 사화(士禍)에 걸려 진도(珍島)에 안치되었다. 유배 생활 19년 동안 독서를 멈추지 않았고 〈숙흥야매잠(夙興夜寐箴)〉을 주해(註解)하여[29] 스스로 경계하였다. 소경왕(昭敬王 선조)이 잠저(潛邸)에 있을 때 평소 그가 어질다는 이야기를 들었으므로 즉위하자 제일 먼저 불러 홍문관 교리로 삼았다. 이후 6년 동안 이조 판서, 대제학 등을 역임하고 의정부 영의정에 이르렀다. 노수신은 기국이 빼어나고 장대하며 문장이 기이하고 걸출하여 젊어서부터 중망(重望)이 있었다. 재상 자리에 있었던 것은 14년이다. 저술로 《소재집(穌齋集)》이 세상에 유전한다.

28 이조 좌랑 : 대본에는 '吏曹郎'으로 되어 있는데, 《소재집》 연보에 근거하여 보충하여 번역하였다.

29 숙흥야매잠(夙興夜寐箴)을 주해(註解)하여 : 〈숙흥야매잠〉은 《시경》 〈소아(小雅) 소완(小宛)〉에 "아침 일찍 일어나고 밤늦게 잠을 자서, 너를 낳으신 부모님을 욕되게 하지 말라.〔夙興夜寐, 無忝爾所生.〕"라고 한 것을 인용하여 송나라 남당(南塘) 사람 진백(陳柏)이 자신의 정신 수양을 목적으로 지은 글이다. 노수신은 1551년(명종6)에 진도에서 이 글을 주해하였고, 〈숙흥야매잠주해〉라는 이름으로 선조에게 올렸다. 《穌齋集 年譜》 《국역 선조수정실록 1년 12월 1일》

김범(金範) 뜻이 독실하고 학문에 힘썼다. 부모를 섬기는 데 지극한 효행이 있었으니, 닭이 울면 세수하고 머리 빗고서 잘 봉양하고 안색을 살펴 뜻을 따랐으며, 병이 있으면 변을 맛보고 장사와 제사에 예를 다하였다. 공희왕조에 행의(行義)가 탁월하다는 것으로 징소하여 옥과 현감(玉果縣監)으로 삼았다. 소경왕조에 그 마을에 정표하였다. 향인들은 그를 후계(后溪) 선생이라 칭하였다.

이덕형(李德馨) 그 선조는 광주(廣州) 사람으로, 좌의정 이극균(李克均)의 5세손이다. 조부 때부터 본주에 거주하였다. 이덕형은 10여 세에 문의(文義)가 이미 성취되었다. 과거에 급제하고, 대각의 관직을 역임하고 누차 승진하여 대제학에 이르렀다. 만력(萬曆) 연간에 왜란이 일어나 선조(宣祖)가 서쪽으로 파천하였는데, 조정에서는 어찌할 방도를 찾지 못하였다. 이때 이덕형이 이항복(李恒福)과 함께, 중국 조정에 가서 군사를 요청하기를 청하자 상이 이덕형을 파견하기로 하였다. 떠나게 됐을 때 말하기를 "구원병이 나오지 않으면 나는 응당 노룡(盧龍)[30]에 뼈를 버리고 다시는 압록강을 건너지 않겠다." 하였다. 중국에 도착하자 6차례 글을 올려 읍소하니, 중국 조정에서 군사를 대거 징발하여 보내 구원하였다. 이덕형은 항상 대병(大兵)을 영접하였는데, 조처와 계책이 모두 당시 정세와 형편에 잘 맞았으므로 명나라 장수들이 그를 많이 따랐으니,[31] 평양을 수복하

30 노룡(盧龍) : 중국 하북성(河北省)의 현 이름으로 우리나라의 사신이 요동을 통해 북경을 오갈 때 지나던 곳이다. 여기서는 노룡산을 말하는 듯하다.

31 조처와……따랐으니 : 이덕형은 군중(軍中)에 있을 때는 장수들을 응대하고 군량(軍糧)을 힘써 조달하는 한편 항상 막부(幕府)의 주책(籌策)에 참여하여 군사(軍事)를 논의하고 계책을 내었는데, 명나라 장수가 그 계책의 적절함을 알고 그대로 따랐다고 한다. 《漢陰文稿 附

고 개성을 수복하는 데에 이덕형의 공이 있었다. 이듬해에 상이 환도하고 병조 판서에 제배하였다. 경리 양호(楊鎬)가 매양 탄식하기를 "이덕형은 중국 조정에 있더라도 의당 묘당(廟堂)에 자리할 것인데 아직까지 백관들 사이에 있으니, 이는 나라의 부끄러운 일이다." 하였다. 오래지 않아 재상에 제수되었으니 이때 나이가 38세였다. 이윽고 영의정에 올랐다. 광해군이 장차 모후를 폐하려고 하자 이덕형은 영의정으로서 바른 의견을 내어 출척을 당하고 양근(楊根)에서 살다가 죽었다. 타고난 자품이 뛰어나고 덕기(德器)가 일찍 성취되어 젊을 때부터 공보(公輔)가 될 인재라는 중망(重望)이 있었다. 노소를 막론하고 모두 한음(漢陰)이라 칭하였다. 세상을 뜨자 조야(朝野)가 서로 조문하고 시민(市民)들은 서서 곡읍하였다. 시호는 문익(文翼)이다. 《한음집(漢陰集)》이 남아 있다.

정경세(鄭經世) 선조는 진주(晉州) 사람이다. 8세조 정택(鄭澤)이 판상주목사(判尙州牧事)가 되었는데, 아들 하나를 상주에 남겨 두어 이후 대대로 상주 사람이 되었다. 정경세는 어려서부터 영특하고 학문에 힘써 선조조 때 과거에 급제하고 홍문관에 뽑혀 들어갔다. 여러 번 승진하여 부제학이 되고 외직으로 나가 관찰사가 되었는데, 모두 공적이 있었다. 인조 때 관직이 이조판서, 홍문관 및 예문관의 대제학에 이르렀다. 정경세는 경술(經術)에 해박하고 예학(禮學)에 특히 정밀하였다. 세 임금을 두루 섬기며 엄정한 기색으로 조정에 임하였고 경연에 있을 때는 명백하고 정성스럽게 의리를 진설하였다. 문장을 지을 때는 조리 있고 통창하여 사정(事情)에 절실하였다. 《우복당집(愚伏堂集)》이 남아 세상에 유전한다. 시호는 문숙

錄 卷3 墓誌》

(文肅)이다.

이준(李埈) 5대조인 부윤 이언(李堰)이 선산(善山)에 살았는데, 뒤에 이사하여 본주 사람이 되었다.

전식(全湜) 그 선조는 옥천(沃川) 사람인데, 옮겨 와서 여러 대를 살았다. 전식은 단정하고 후덕하며 학문에 힘썼다. 선조 말에 과거에 급제하고, 인조 때 대각에 들어가 직언을 많이 하였다. 일찍이 사명을 받들고 해로(海路)를 거쳐 명나라에 조회하러 가는데, 바다에서 폭풍을 만났다. 사람들이 모두 두려워 떨었으나 전식만 홀로 동요하지 않으니 일행들이 모두 감복하였다. 여러 관직을 거쳐 사헌부 대사헌, 지중추부사에 이르렀다. 전식은 정경세, 이준과 더불어 교제하였는데, 그가 경연에 있을 때 임숙영(任叔英)이 칭찬하여 말하기를 "경연관 중에 고금에 통달한 이는 정경세이고, 사리(事理)에 통달한 이는 바로 전식이다." 하였다.

열녀 列女

본조

정씨(鄭氏) 교리 권달수(權達手)의 처이다. 본조 연산군 때 권달수가 피살되었다. 정씨는 당시 함창의 촌사(村舍)에 있었는데, 몸부림치며 울부짖으면서 60여 일 동안 음식을 입에 넣지 않았다. 눈물이 다하고 이어 피가 흘러 거의 죽을 지경이 되자, 말하기를 "내가 구차히 지금까지 살아온 것은 낭군의 유해가 이 땅에 돌아올 때를 보고자 한 것이니, 돌아오면 반드시 나를 합장해 주오." 하였다. 또 말하기를 "바라건대 낭군의 형 정랑군(正郎

君)의 아이를 낭군의 후사로 삼아 주오." 하고는 말을 마치자 죽었다. 공희왕이 그 마을에 정표하라고 명하였다.

성주목星州牧

동쪽으로 대구부(大丘府) 경계까지 26리, 의흥현(義興縣) 경계까지 102리, 인동현(仁同縣)[32] 경계까지 99리이다. 남쪽으로 고령현(高靈縣) 경계까지 49리, 현풍현(玄風縣) 경계까지 54리이다. 서쪽으로 지례현(知禮縣) 경계까지 62리이다. 북쪽으로 개령현(開寧縣) 경계까지 38리, 인동현 경계까지 20리이다. 서울과의 거리는 627리이다.

한전 旱田

수전 水田

건치연혁 建置沿革

본래 신라 본피현(本彼縣)인데, 고기(古記)에 성산가야(星山伽倻)를 여섯

32 인동현(仁同縣) : 선조 37년(1604)에 인동도호부로 승격하였다.《輿地圖書 仁同都護府 建置沿革》이에 근거할 때 '인동부(仁同府)'의 오기인 듯하나, 본책에서 혼용하고 있으므로 그대로 번역하였다.

가야 중의 하나라고 하였는데,[33] 아마 신라가 취하여 본피현을 설치한 듯하다. 김해부(金海府)에 자세히 보인다. 경덕왕 때 신안(新安)으로 고치고 성산군(星山郡) 영현으로 삼았으며, 뒤에 벽진군(碧珍郡)으로 고쳤다. 고려 초에 경산부(京山府)를 설치하였고, 경종 때 강등하여 광평군(廣平郡)으로 삼았다. 성종 때 대주(岱州)로 고치고, 현종 때 다시 경산부로 삼고 성산군을 편입시켰다. 충렬왕 때에 흥안도호부(興安都護府)로 승격하였다가 뒤에 성주목으로 고쳤으며, 충선왕 때 강등하여 경산부로 삼았다. 본조에서 그대로 따랐다. 공정왕조(恭定王朝 태종조)에 승격하여 성주목으로 삼았고, 어태(御胎)를 안치하였으므로 승격한 것이다. 인조조에 강등하여 성산현(星山縣)으로 삼았다가 뒤에 다시 성주로 삼았다. 관장하는 면은 -원문 다수 결락-개이다.

관원

목사(牧使), 판관(判官), 교수(敎授) 각 1인이다.

군명 郡名

성산(星山), 신안(新安), 벽진(碧珍), 경산(京山), 광평(廣平)

33 고기(古記)에……하였는데 : '고기'는 《삼국유사(三國遺事)》를 말한다. 《삼국유사》 기록에는 종주(宗主)인 대가락(大駕洛) 혹은 가야국(伽耶國)을 여섯 가야 중의 하나라 하고, 다섯 가야는 아라가야(阿羅伽耶), 고령가야(古寧伽耶), 대가야(大伽耶), 성산가야(星山伽耶), 소가야(小伽耶)라고 하였다. 《三國遺事 卷2 紀異 駕洛國記, 卷1 紀異 五伽耶》

형승 形勝

금오산(金烏山)이 북쪽에 솟아 있고, 낙강(洛江 낙동강)이 왼쪽에 있다.

산봉우리가 끝없이 이어지고 험준한 산이 겹겹이 에워싼 가운데 강물이 길게 흐르고 초원이 넓게 펼쳐져 있다. 고려 이숭인(李崇仁)의 〈몽송루기(夢松樓記)〉[34]

산천이 빼어나고 특이하다. 본조 정인지(鄭麟趾)의 〈임풍루기(臨風樓記)〉에 "산과 내가 빼어나고 특이하며, 사람과 물산이 번성하고 화려하다." 하였다.

한 도의 중앙에 자리 잡고 있다.

지역이 요충에 있다. 모두 본조 신숙주(申叔舟)의 〈백화헌기(百花軒記)〉[35]에 나온다.

풍속 風俗

풍속이 화려함을 숭상한다. 지리지(地理志)에 "풍속이 화려함을 숭상하고 사냥을 좋아한다." 하였다.

여공(女功)을 잘한다. 관풍안(觀風案)

34 이숭인(李崇仁)의 몽송루기(夢松樓記) : 〈성주 몽송루기(星州夢松樓記)〉이다. 《陶隱集 卷4》

35 신숙주(申叔舟)의 백화헌기(百花軒記) : 〈성주 백화헌기(星州百花軒記)〉이다. 《保閑齋集 卷14》

산천 山川

인현산(印懸山) 주 북쪽 9리에 있다. 진산(鎭山)이다.

조곡산(祖谷山) 주 남쪽 35리에 있다. 우리 공정왕(恭定王 태종)의 어태(御胎)를 안치하였다.

선석산(禪石山) 주 북쪽 28리에 있다. 우리 혜장왕(惠莊王 세조)의 어태를 안치하였다.

적산(積山) 주 서쪽 25리에 있다.

비슬산(琵瑟山) 주 동쪽 75리, 화원폐현(花園廢縣) 남쪽에 있다.

성산(星山) 주 동쪽 8리에 있다.

비지산(斐旨山) 주 서쪽 21리에 있다.

성산(城山) 화원폐현 북쪽 5리에 있다. 작은 산이 강을 베고 있고 그 위는 평평하고 넓다. 신라의 왕이 꽃을 감상하던 곳으로 현의 이름도 여기에서 얻은 것이라고 전한다. 그 아래에 예전에는 금강정(錦江亭)과 오류정(五柳亭)이 있었는데 지금은 유지(遺趾)만 남아 있다.

공산(公山) 팔거폐현(八莒廢縣) 동북쪽 20리에 있다. 주와의 거리는 동쪽으로 80리이다. 산 동쪽은 영천(永川)·신녕(新寧)·하양(河陽), 남쪽은 대구(大丘), 북쪽은 의흥(義興), 서북쪽은 인동(仁同)의 경계이다.

가야산(伽倻山) 주 서남쪽 48리에 있다. 합천(陜川)에도 보인다. 고려 이숭인의 시[36]에,

성주 한 지방을 진수(鎭守)하면서	作鎭星州界
합천 고을 동쪽으로 흘러내린 산	流形陜郡東

36 이숭인의 시 : 〈가야산에 올라〔登伽琊山〕〉이다. 《陶隱集 卷2》

푸른 뿌리는 두꺼운 대지에 서려 있고　蒼根蟠厚地
푸른 산 빛은 맑은 창공에 가득해라　翠色滿晴空
잔나비와 학을 못 본 지 몇 해이던가[37]　猿鶴經年別
안개와 노을은 옛날과 다름이 없구나　煙霞自昔同
내가 여기 와서 제일 높은 곳에 올라　我來登絶頂
가장 먼저 바라본 것은 바로 저 숭산[38]　第一望夫崧

하였다.

수도산(脩道山) 주 서쪽 85리, 지례(知禮)와 거창(居昌) 두 고을의 경계에 있다.

기수산(祈水山) 주 서쪽 40리, 개령(開寧) 및 김산(金山)과의 경계에 있다. 날이 가물 때 여기에서 비 오기를 기원하므로 그렇게 이름하였다.

적현(赤峴) 주 서쪽 52리, 거창군과의 경계에 있다.

태자암(太子巖) 주 서쪽 12리에 있다. 둥근 돌이 첩첩이 3층으로 쌓여 높이가 9자이고 원지름이 13자인데, 매우 기괴하다. 날이 가물 때 비를 빌면 그때마다 효험이 있다.

37 잔나비와……해이던가 : '잔나비와 학'은 은사가 머무는 깊은 산중을 뜻하는 말로, 남제(南齊) 때의 문인 공치규(孔稚圭)가 일찍이 북산(北山)에 은거하다가 벼슬길에 나간 은사 주옹(周顒)을 조롱하며 지은 〈북산이문(北山移文)〉에 "혜초 장막이 텅 비어 밤의 학이 원망하고, 산인이 떠나가매 새벽 원숭이가 놀라도다."라고 한 데서 온 말이다. 《古文眞寶 後集 卷2》 여기서는 작자 자신이 산중에 은거하지 못하고 벼슬길에 나가 있었던 것을 비유하여 한 말이다.

38 숭산 : 개경의 진산인 송악산(松嶽山)을 말한다. 《도은집》 권2에 실린 원시의 주에 "본도의 송악이다. 서 봉사(徐奉使)의 《도경(圖經)》에 숭산이라고 하였다." 하였다. 《宣和奉使高麗圖經 卷3 城邑》《新增東國輿地勝覽 卷4 開城府上》

낙동강(洛東江) 인동현 경계에서 흘러들어 주 동쪽 20리에 이르는데 이를 소야강(所耶江)이라고 하니, 바로 고려의 열부(烈婦) 배씨(裵氏)가 사절(死節)한 곳이다.[39] 주 동남쪽을 경유하여 동안(東安)과 무계(茂溪) 두 나루가 되고, 남쪽으로 흘러 현풍(玄風)과 고령(高靈) 두 현의 지경에 들어간다.

마포천(馬鋪川) 주 북쪽 11리에 있다. 원류는 대야원동(大也院洞)에서 나와 주 동남쪽 15리에 이르러 이천(伊川)과 합류한다.

가천(伽川) 주 서남쪽 47리에 있다. 원류는 가야산에서 나와 동남쪽으로 흘러 고령현 지경에 들어간다.

이천(伊川) 원류는 둘인데, 하나는 적산에서 나오고 하나는 비지산에서 나와 주 서쪽 5리에서 합해진 다음 성을 감싸고 동쪽으로 흘러 낙동강에 들어간다.

사라지(紗羅池) 팔거폐현 서쪽 20리에 있다.

잉화포지(仍火浦池) 주 남쪽 5리에 있다.

정동지(鼎洞池) 팔거현(八莒縣) 동쪽 5리에 있다.

동정지(東亭池) 주 동쪽 4리에 있다.

여근내지(汝斤乃池) 주 동쪽 14리에 있다.

박외지(泊畏池) 주 남쪽 24리에 있다.

동만지(同萬池) 주 남쪽 4리에 있다.

39 고려의……곳이다 : 배씨의 고사는 1380년(우왕6)의 일로, 《고려사(高麗史)》 권34 〈열녀열전(烈女列傳)〉에 나온다. 본목 열녀에도 실려 있다.

거류지(巨留池) 주 남쪽 5리에 있다.

조시지(助是池) 주 북쪽 6리에 있다.

대가곡지(大家谷池) 주 서쪽 15리에 있다.

극지지(極只池) 주 북쪽 20리에 있다.

죽지(竹池) 주 북쪽 12리에 있다.

소이지(所伊池) 팔거현 북쪽에 있다.

수향지(水向池) 팔거현 서쪽에 있다.

효성지(曉星池) 주 동쪽 71리, 화원폐현에 있다.

토산 土產

자기(磁器), 잣〔海松子〕, 지치〔紫草〕, 옻〔漆〕, 꿀〔蜂蜜〕, 황랍(黃蠟), 안식향(安息香), 송이버섯〔松蕈〕, 은구어(銀口魚 은어)

성곽 城郭

주성(州城) 예전에 토성(土城)이 있었는데, 본조 중종 때 석성(石城)으로 다시 쌓았다. 둘레가 4052자이고, 문을 세웠으니 동문을 □□라 하고, 남문을 □□라 하고, 서문을 □□라 하고, 북문을 □□라 한다. 성안에 샘 7개와 못 2개가 있다.

학교 學校

향교(鄕校) 주 북쪽 2리에 있다.

천곡서원(川谷書院) 옛 이름은 영봉(迎鳳)이다. 주 서남쪽 15리, 운곡(雲谷) 이천(伊川) 가에 있다. 명종 때 목사 노경린(盧慶麟)이 서원을 창건하여 선비들이 학문을 닦는 장소로 삼았다. 정당(正堂)을 성정(誠正)이라 하고, 동재(東齋)를 극복(克復)이라 하고, 서재(西齋)를 경의(敬義)라 하며, 또 고명루(高明樓)와 풍영단(風詠壇)이 있다. 서원 뒤에 사당을 세워 이조년(李兆年), 이인복(李仁復), 김굉필(金宏弼)을 향사하였다. 이황(李滉)의 기문[40]이 있다.

회연서원(檜淵書院) 주 남쪽 30리에 있다. 사당을 세워 정구(鄭逑)를 향사하였다.

궁실 宮室

실록각(實錄閣) 성안의 객관 동북쪽에 있다. 본조 실록을 보관하였다.

객관(客館)

흥민각(興民閣) 객관 남쪽에 있다. 좌우에 홍련당(紅蓮堂)과 백련당(白蓮堂)이 있으니, 모두 연못이 있다. 목사 민영견(閔永肩)이 세웠다.

향사당(鄕射堂) 주성(州城) 북문 밖에 있으니, 바로 옛 용흥사(龍興寺) 터다.

임풍루(臨風樓) 객관 북쪽에 있다. 본조 문종 때 목사 이중(李重)이 중수하

40 이황(李滉)의 기문 : 〈영봉서원기(迎鳳書院記)〉이다. 《退溪集 卷42》

고, 정인지(鄭麟趾)가 명명하고 기문을 지었다.[41] 본조 강혼(姜渾)의 시[42]에,

하늘이 아껴 둔 승경을 좋은 시구로 한번 읊어 보려고	試吟佳句發天慳
공무도 한가한 틈에 마침 누각에 올라와 보니	正値樓中吏牒閑
바람 스치는 버들에 붉은 제비 이리저리 날고	紫燕交飛風拂柳
비 내려 어둑한 산에 청개구리 시끄럽게 우누나	靑蛙亂叫雨昏山
평생토록 비방받아 몸엔 병이 많거니와	一生毁謗身多病
반년을 돌아다녀 귀밑머리 세려 하는데	半載馳驅鬢欲班
정승 집 친구와는 편지도 끊어졌으니	黃閣故人書斷絶
객지 신세로 쓸쓸히 향관에 눌러 있다네	客行寥落滯鄕關

하였다.

청운루(靑雲樓) 성 동문 안에 있다.

몽송루(夢松樓) 예전에 성 북쪽에 있었으나 지금은 없어졌다. 고려 이숭인의 기문[43]이 있다.

동정(東亭) 주 동쪽 5리에 있다. 못가에 돌기둥을 세워 정자를 만들었다.

남정(南亭) 주 남쪽 1리에 있다. 본조 중종 때 목사 김우(金祐)가 지었다.

41 목사……지었다 : 대본에는 '牧使李重, 鄭麟趾名而記之'로 되어 있는데 정인지의 기문에 근거하여 보충하여 번역하였다. 이중은 1451년(문종1)에 성주 목사로 나갔다. 기문에 의하면, 이때 이중이 중수하였고 1455년에 정인지가 명명하고 기문을 지었다. 《국역 문종실록 1년 4월 1일》《新增東國輿地勝覽 卷28 慶尙道 星州牧 樓亭》

42 강혼(姜渾)의 시 : 〈성주 임풍루(星州臨風樓)〉이다. 《木溪逸稿 卷1》

43 이숭인의 기문 : 〈성주 몽송루기(星州夢松樓記)〉이다. 《陶隱集 卷4》

봉수 烽燧

성산 봉수(星山烽燧) 남쪽으로 가리현(加利縣 가리폐현) 이부로산(伊夫老山)에 응하고, 북쪽으로 각산(角山)에 응한다.

각산 봉수(角山烽燧) 주 북쪽 20리에 있다. 북쪽으로 인동 약목현(若木縣) 박집산(朴執山)에 응하고, 남쪽으로 성산(星山) 및 대구 하빈현(河濱縣) 마천산(馬川山)에 응한다.

말응덕산 봉수(末應德山烽燧) 가리현 동쪽에 있다. 동쪽으로 화원현(花園縣 화원폐현) 성산(城山)에 응하고, 남쪽으로 현풍현 소산(所山)에 응한다.

성산 봉수(城山烽燧) 화원현 북쪽에 있다. 북쪽으로 대구 하빈현 마천산에 응하고, 서쪽으로 말응덕산에 응한다.

이부로산 봉수(伊夫老山烽燧) 가리현 서쪽에 있다. 남쪽으로 고령현 망산(望山)에 응하고, 북쪽으로 성산(星山)에 응한다.

우역 郵驛

답계역(踏溪驛) 주 북쪽 10리에 있다.

안언역(安偃驛) 주 남쪽 28리에 있다.

무계역(茂溪驛) 무계진(茂溪津) 동쪽에 있다.

설화역(舌火驛) 화원현 서쪽 5리에 있다.

고평역(高平驛) 팔거현 서쪽 5리에 있다.

인화원(仁化院) 주 동쪽 8리에 있다.

사원(蛇院) 주 남쪽 34리에 있다.

동안원(東安院) 동안진(東安津) 언덕에 있다.

공배원(公排院) 주 동쪽 25리에 있다.

이동원(李同院) 주 남쪽 42리에 있다.

약보원(若寶院) 주 북쪽 2리에 있다.

광대원(廣大院) 주 서쪽 20리에 있다.

인원(引院) 화원현 서쪽 20리에 있다.

대야원(大也院) 주 북쪽 29리에 있다.

봉서원(鳳棲院) 팔거현 북쪽 15리에 있다.

숭유원(崇儒院) 팔거현 북쪽에 있다. 옛 이름은 독유(獨儒)인데, 관찰사 손순효(孫舜孝)가 지금 이름으로 고쳤다. 원에 누각이 있다. 일명 척이(斥異)라고도 한다.

유원(柳院) 팔거현 남쪽 5리에 있다.

작원(鵲院) 팔거현 남쪽 10리에 있다.

흥왕원(興王院) 화원현 서쪽 1리에 있다.

사읍제원(沙邑梯院) 가리현 동쪽에 있다.

다품원(多品院) 주 북쪽 11리에 있다.

월항원(月恒院) 주 북쪽 18리에 있다.

퇴계원(退界院) 주 서쪽 22리에 있다.

관음원(觀音院) 주 남쪽 22리에 있다.

통신원(通信院) 주 동쪽 30리에 있다.

관량 關梁

□□교(□□橋)

동안나루〔東安渡〕 주 동쪽 26리에 있다.

무계나루〔茂溪渡〕 주 남쪽 49리에 있다. ○ 이상 두 나루는 모두 낙동강의 나루이다.

사묘 祠廟

사직단(社稷壇) 주 서쪽에 있다.

문묘(文廟) 향교에 있다. 오성(五聖)과 십철(十哲)을 예전에는 소상(塑像)을 만들어 썼는데, 지금은 위판(位版)으로 바꾸어 배설하였다.

성황사(城隍祠) 주성(州城) 안에 있다.

여단(厲壇) 주 북쪽에 있다.

능묘 陵墓

이조년(李兆年) 묘 주 동쪽 30리, 부동(釜洞)에 있다.

김우옹(金宇顒) 묘 주 남쪽 20리, 대가곡(大家谷)에 있다.

정구(鄭逑) 묘 주 남쪽 30리, 양장리(羊腸里)에 있다.

사찰 寺刹

용흥사(龍興寺) 주성 북문 밖에 있다. 대장당(大藏堂)이 있다. 이인복(李仁復)이 기문을 지었다.

인흥사(仁興寺) 비슬산 북쪽에 있다. 고려 공민왕이 편액을 썼다.

심원사(深源寺) 가야산 남쪽에 있다.

안봉사(安峯寺) 주 서북쪽 10리쯤에 있다. 이장경(李長庚), 이조년, 이승인 등의 진영(眞影)이 처음에는 선석사(禪石寺)에 있었는데, 우리 세조의 어태를 선석산에 안치하면서 마침내 그 절을 철폐하였다. 이에 이씨 자손들이 그 진영을 이 절에 옮겼다.

적산사(積山寺) 적산에 있다. 바로 이직(李稷)의 고택(故宅)인데, 지금은 절이 되었다.

용연사(龍淵寺) 비슬산 북쪽에 있다.

법수사(法水寺) 가야산 남쪽[44]에 있다.

고적 古蹟

가리폐현(加利廢縣) 주 남쪽 59리에 있다. 본래 신라 일리현(一利縣)인데, 경덕왕 때 성산군으로 개명하였다. 고려 초에 가리로 고치고, 현종 때 경산부에 편입시켰다. 본조에서 그대로 따랐다.

팔거폐현(八莒廢縣) 주 동쪽 72리에 있다. 본래 신라 팔거현인데, 일명 인리(仁里)라고 한다. 경덕왕 때 팔리(八里)로 개명하고 수창군(壽昌郡) 영현으로 삼았다. 고려에서 다시 팔거(八居)라 칭하였는데, 뒤에 거(居) 자가 바뀌어 '거(莒)'가 되었으며, 현종 때 본주에 편입시켰다. 본조에서 그대로 따랐다.

44 남쪽 : 대본에는 '北'으로 되어 있는데, 《신증동국여지승람》 권28 〈경상도 성주목〉 불우(佛宇) 및 《대동여지도(大東輿地圖)》 등에 근거하여 고쳐 번역하였다.

화원폐현(花園廢縣) 주 동쪽 71리에 있다. 본래 신라 설화현(舌火縣)인데, 경덕왕 때 지금 이름으로 고치고 수창군 영현으로 삼았다. 고려 현종 때 본주에 편입시켰다. 뒤에 옮겨 대구에 편입시켰다가 뒤에 다시 본주에 편입시켰다.

가야산성(伽倻山城) 돌로 쌓았고 둘레가 1만 5935자이다. 지금은 절반이 퇴락하였다. 안에 시내 6개와 샘 10개가 있다. 평탄한 곳과 험난한 곳이 반반이다.

독용산성(禿用山城) 주 서쪽 33리에 있다. 돌로 쌓았고 둘레가 1만 3064자이다. 지금은 절반이 퇴락하였다. 안에 샘 3개와 내 1개가 있다.

팔거산성(八莒山城) 팔거폐현 동쪽에 있다. 주와의 거리는 78리이다. 돌로 쌓았고 둘레가 2423자이다. 지금은 절반이 퇴락하였다. 안에 샘 2개와 못 1개가 있다.

고도산현(古都山縣) 김부식(金富軾)이 이르기를 "본래 적산현(狄山縣)인데, 경덕왕 때 개명하고 성산군 영현으로 삼았다. 지금은 자세하지 않다." 하였다.

명환 名宦

고려

이총언(李悤言) 신라 말기에 도적 떼가 가득하였는데, 오직 벽진군만은 이총언이 보수(保守)하여 백성들이 힘입어 편안하였다. 태조가 사람을 보내 함께 힘을 합쳐 화란을 평정하자고 유시하였다. 이에 이총언이 글을 받들어 그 아들 이영(李永)을 보내 군사를 이끌고 태조를 따라 정토(征討)하게 하였다. 태조는 이총언을 본읍 장군에 제수하고 인근 고을의 정호(丁戶) 200여 명에다 소금과 곡식 4000여 곡(斛)을 더 하사하였다. 또한 수찰(手札)을 보내 금석 같은 신의를 약속하는 내용으로 유시하니, 이총언이 감격하여 병사를 조련하고 군량을 비축해 두었다. 그리하여 신라와 후백제가 다투는 지역에 끼어 있는 고성(孤城)을 근거로 동남쪽에서 든든히 성원(聲援)할 수 있었다.

김황원(金黃元) 선종조에 외직으로 나가 경산부 수령이 되었다. 한 아전이 살인강도를 잡아왔는데, 김황원이 자세히 살펴보고는 말하기를 "이 자는 도적이 아니다." 하고 바로 풀어 주게 하였다. 판관 이사강(李思絳)이 힘써 쟁변하기를 "이 도적이 이미 자백하였으니 마땅히 죄를 다스려야 합니다." 하였으나 듣지 않았다. 뒤에 다른 도적을 잡아왔는데, 과연 지난번 살인의 진범이었다. 이에 관리와 백성들이 그 신명(神明)함에 탄복하였다.

이영(李永) 숙종조에 지경산부사(知京山府事)가 되었다.

최척경(崔陟卿) 의종 초에 판관이 되었다. 성품이 청렴하고 개결하여 관리와 백성들이 애중하고 경외하였다. 임기가 차자 서울로 돌아갔는데, 권문(權門)에는 발을 들여놓지 않았다.

왕세경(王世慶) 의종조에 지경산부사가 되었다. 청렴결백하다고 일컬어졌다.

윤택(尹澤) 사록(司錄)이 되었다.

이보림(李寶林) 지경산부사로 있을 때, 길에서 부인이 곡하는 소리를 듣고 말하기를 "곡소리가 슬프지 않고 마치 기뻐하는 마음이 있는 것 같다." 하고 잡아다 심문하니, 과연 간부(奸夫)와 모의하여 지아비를 살해한 자였다. 어떤 사람이 "이웃 사람이 내 소의 혀를 잘랐다."라고 고소하였는데, 이웃 사람이 자백하지 않았다. 이보림이 그 소를 목마르게 한 다음 마을 사람들을 모아 놓고 물에 간장을 타고서 명령하기를 "차례로 소에게 마시게 하되 소가 물을 마시려고 하거든 즉시 멈추게 하라." 하여, 마을 사람들이 명령대로 하였다. 고소를 당한 사람 차례가 되니 소가 놀라서 달아났다. 이에 그를 심문하니 과연 자백하였다. 또 어떤 사람의 말이 달아나서 보리 싹을 거의 다 뜯어 먹었다. 보리밭 주인이 고소하려 하자, 말 주인이 말하기를 "내게도 보리밭이 있는데 보리가 여물면 네게 줄 터이니 고소하지 말라." 하여, 보리밭 주인이 그러겠다고 하였다. 여름이 되어 보리가 다시 싹이 나서 그래도 웬만큼 수확할 수 있게 되자, 말 주인이 말하기를 "네 보리도 여물었다." 하고 주지 않으니, 보리밭 주인이 고소하였다. 이보림이 말 주인을 앉게 하고 보리밭 주인은 서게 하고 말하기를 "둘이 달리기를 하여 뒤지는 자는 벌을 주겠다." 하였다. 말 주인이 뒤지자 따지고 들기를 "저이는 서서 하고 나는 앉아서 하니 따라잡을 수 있겠습니까." 하였다. 이보림이 말하기를 "보리도 그러하다. 뜯어 먹은 뒤에 다시 싹이 났으니 싹이 제대로 여물었겠는가. 네가 말을 달아나게 두어서 보리를 먹게 하였으니 죄가 하나요, 약속을 어기고 주지 않았으니 죄가 둘이다." 하고는 마침내 장을 치고 고소한 이에게 보리를 돌려주었다. 이와 같이 엄정하고 공명하게 정사를 행하였다.

본조

권득경(權得經) 성주 목사가 되었는데, 정치를 맑고 공평하게 하여 관리와 백성들이 애중하였다. 관아에서 죽었다.

김숙자(金叔滋)[45] 경태(景泰) 갑술년(1454, 단종2)에 성균관 사예로서 외직으로 나가 성주 교수가 되었는데, 제생(諸生)을 훈도하여 흥기한 이들이 많았다.

손소(孫昭) 성주 목사가 되었는데, 명성과 치적이 있었다.

윤석보(尹碩輔) 성주 목사가 되었는데, 청렴하고 공명하게 잘 다스렸다.

권주(權輳) 성주 목사가 되었다. 공희왕(恭僖王 중종) 초에 영남에 순리(循吏)가 많았는데, 여론이 권주 및 선산 부사 유희철(柳希轍), 김산 군수 문근(文瑾)을 최고로 꼽아 영남 삼량(嶺南三良)이라고 칭하였다.

이윤경(李潤慶) 공희왕조에 대사간으로서 권귀(權貴)에게 미움을 받아 외직으로 나가 성주 목사가 되었다. 정사를 청렴하고 공평하게 행하였으므로 사민(士民)들이 송가(頌歌)를 지어 부르며 그를 일러 '구름 사이의 이사군〔雲間李使君〕'[46]이라 하였다.

황준량(黃俊良) 명종조에 성주 목사가 되었는데, 민사(民事)에 마음을 다하여 백성의 굶주림과 추위를 자신의 일처럼 살폈다. 이전에 미납된 조세에 대해서는 경비를 잘 절약하여 보충해 나가서 수량이 충당되면 그 문권을 태워 버렸다. 학정(學政)에 더욱 유념하여 당시 오건(吳健)을 주 교수로

45 김숙자(金叔滋) : 대본에는 '金淑滋'로 되어 있는데, 《점필재집(佔畢齋集)》 〈이존록 상(彝尊錄上) 선공보도(先公譜圖)〉에 근거하여 '淑'을 '叔'으로 고쳐 번역하였다. 본책 내의 '김숙자'는 모두 동일하다.

46 구름……사군 : 진(晉)나라 때의 재사(才士)인 육운(陸雲)에 비유한 말이다. 육운이 역시 진나라 재사인 순은(荀隱)과 만나 처음 인사하면서 "나는 구름 사이의 육사룡이오.〔雲間陸士龍〕" 하니, 순은이 "나는 해 아래 순명학이오.〔日下荀鳴鶴〕" 하였다고 한다. 사룡은 육운의 자(字)이고, 명학은 순은의 자이다. 육운은 시문으로 이름이 났고 여러 관직을 역임하였는데, 특히 준의 영(浚儀令)으로 있을 적에 치적이 있었다고 한다. 《晉書 陸雲列傳》

삼고 고을 자제들을 모아 오건으로 하여금 교육을 주관하게 하고, 본인은 검칙하고 독려하는 일을 맡았다. 이에 재임한 4년 동안 크게 효과를 거두었다.

오건(吳健) 명종 때 주 교수가 되었다. 방정(方正)하게 스스로 몸가짐을 지키면서 솔선수범하였다. 목사 황준량과 학식(學式)을 의논하여 정하였는데, 고을 자제를 모아 4등급으로 분류하고 매달 회강(會講)하면서 의의(疑義)를 논란(論難)하여 그 근만(勤慢)을 고과하고 상벌을 차등 지어서 각자 자질의 고하에 따랐으니, 성취한 자들이 매우 많았다.

유우 流寓

김수(金洙) 그 선조는 해평(海平) 사람인데, 뒤에 본주로 이사하였다. 고려 말에 여러 관직을 거쳐 집현전 제학, 개성 윤이 되었다. 이숭인과 벗으로 친하게 지냈다. 호는 송정(松亭)이다. 아들 김문상(金文尙)은 효자로서 정려(旌閭)되었다.

인물 人物

고려

이장경(李長庚) 본래 주 아전이었는데, 공손하고 검약하면서 위의(威儀)가 있어서 고을 사람들이 경외하였다. 늙어 집에서 지낼 때 귀빈이 지나가는 갈도(喝道) 소리를 들으면 곧 자리에서 내려와 땅에 엎드렸다가 지나간 뒤에 일어났다. 뒤에 정승(政丞)에 추증되고 농서군공(隴西郡公)에 봉해졌다. 다섯 아들이 과거에 급제하였다.

이천년(李千年) 이장경의 아들이다. 관직이 정승에 이르렀다.

이조년(李兆年) 이장경의 아들이다. 충렬왕조에 과거에 급제하고, 비서랑으로 승진하였다. 왕을 따라 원나라에 조회하러 갔다.[47] 뒤에 충숙왕이 참소를 입어 원나라에 억류되자, 이조년이 발분하여 원나라에 가서 중서성에 글을 올려 왕의 정직함을 호소하였으니, 조정에서 아름답게 여겼다. 충혜왕이 원나라에서 숙위(宿衛)하고 있을 때 자못 부지런하지 못하다는 평판이 있었다. 이에 이조년이 나아가 경계하기를 "전하가 천자를 섬기시면서 마땅히 하루하루 새롭게 해야 할 것인데 어찌하여 예를 버리고 정욕대로 행하여 화를 초래하십니까. 부디 행실을 고쳐 스스로 신칙하십시오." 하였다. 왕이 그의 간언을 싫어하여 담을 넘어 달아났다. 조적(曺頔)의 난에 백관들이 조적에게 붙었는데, 이조년이 의리로써 조적의 무리를 효유하니 듣는 자들이 모두 감격하였다. 왕이 아첨하는 소인을 가까이하고 충직한 이를 미워하므로 이조년이 사직을 청하였다. 당시 왕이 송강(松岡)에서 참새 사냥을 하였는데, 이조년이 무릎 꿇고 아뢰기를 "전하께서는 원나라에서 곤란을 겪던 시절을 잊으셨습니까? 지금 악한 소인배가 위력을 빌려 부녀자를 겁략하고 재물을 강탈하여 백성들이 삶을 즐거워하지 않으니, 신은 화가 조석에 들이닥칠까 두렵습니다. 이러한데도 근심하지 않고 도리어 하찮은 오락에 빠지십니까. 전하께서 노신의 말을 따르셔서 아첨하고 간사한 자를 버리고 어질고 훌륭한 이를 쓰며, 다시는 부질없이 노는 것을 좋아하지 않는다면 신은 죽더라도 눈을 감을 것입니다." 하였다. 여

47 왕을……갔다 : 충렬왕 32년(1306)의 일이다. 《高麗史 卷109 李兆年列傳》

러 번 간했으나 왕이 받아들이지 않자 탄식하며 말하기를 "여러 번 간해도 받아들이지 않으니 책임이 있다. 임금의 미덕을 잘 따르지도 못하고 그 악덕만 더 보탰으니, 이는 신하가 임금을 사랑하는 것이 아니다. 차라리 떠나가느니만 못하다." 하고, 그다음 날 필마로 고향에 돌아가서 인간사에 간여하지 않았다. 정당문학으로서 죽었다. 시호는 문열(文烈)이다.

이포(李褒) 이조년의 아들이다. 성품이 순후(淳厚)하고 매사를 차근차근 예법을 따라 행하였다. 관직은 검교시중(檢校侍中)에 이르렀다. 시호는 경원(敬元)이다.

이승경(李承慶) 이장경의 손자이다. 원나라 조정의 관직에 나아가 여러 번 승진하여 요양성 참정(遼陽省參政)이 되었다. 공민왕 6년(1357)에 모친상을 당해 분상(奔喪)하여 우리나라에 돌아왔는데, 이듬해 원나라에서 사신을 보내 불렀으나 나아가지 않았다. 관직은 문하시랑평장사에 이르렀다.

이승휴(李承休) 가리현 사람이다. 어려서 아버지를 여의었고, 글 읽기를 좋아하였다. 고종조에 과거에 급제하고, 승진하여 감찰대부에 이르러 자주 글을 올려 사안을 말하였다. 일찍이 서장관으로 원나라에 들어갔는데 표문(表文)의 언사가 장건하고 화려하여 중국에서 칭송을 받았다. 뒤에 삼척(三陟) 두타산(頭陀山)에 은거하며 몸소 밭을 갈아 어머니를 봉양하였다. 충선왕이 간의대부로 임명하여 여러 번 글을 보내 불렀는데, 글에 이르기를 "과인이 평소 경의 이름을 듣고 함께 나라를 다스리고자 생각하였으니, 부디 백성을 위해 한번 관직에 나오라.[48]" 하였다. 이승휴는 마침내 명에

48 부디……나오라 : 대본에는 '幸爲一起'로 되어 있는데, 《고려사》 권106 〈이승휴열전(李承休列傳)〉에 '幸爲蒼生一起'라고 한 데 근거하여 보충하여 번역하였다.

따라 나아와 바로 시정(時政)의 득실을 진달하고는 다시 물러나기를 청하여 사림학사(詞林學士)로 치사(致仕)하였다. 동안거사(動安居士)라 자호하였다. 삼척부(三陟府)에도 보인다.

이인복(李仁復) 이포의 아들이다. 충숙왕조에 과거에 급제하고, 복주 사록(福州司錄)에 조용되고 춘추관 공봉(春秋館供奉)에 선발 보임되었다. 충혜왕 때 원나라 조정의 제과(制科)에 입격하여 대령로(大寧路) 금주 판관(錦州判官)에 제수되었다. 우리나라에 돌아왔을 때 충목왕이 즉위하였는데, 이인복이 명망이 있다 하여 네 번 전보하고 우부대언(右副代言)으로 삼았다. 공민왕이 상주하여 정동행중서성 좌우사낭중(征東行中書省左右司郎中)에 제수하였는데, 신돈(辛旽)에게 미움을 받아 파직되었다. 흥안부원군(興安府院君)에 봉해지고 곧이어 판삼사사(判三司事)가 되었다. 죽은 뒤에 문충(文忠)의 시호를 받았다. 이인복은 일찍이 민지(閔漬)의 《편년강목(編年綱目)》, 충렬왕·충선왕·충숙왕 세 조정의 실록 및 《고금록(古今錄)》과 《금경록(金鏡錄)》을 찬수하였다. 이인복이 아뢰기를 "신돈은 훗날 필시 변란을 초래할 것이니, 청컨대 멀리하십시오." 하였는데, 왕이 듣지 않았다. 신돈이 주벌되자 왕이 그 선견지명에 탄식하였다. 병에 걸려 죽음이 임박하였을 때 아우 이인임(李仁任)이 염불하기를 권하니, 답하기를 "내 평생 불가를 믿지 않았는데 지금 어찌 스스로 속일 수 있겠는가." 하였다. 뒤에 충정왕 묘정에 배향되었다.

이숭인(李崇仁) 공민왕조에 과거에 급제하였다. 본래 나라에서 문사(文士)를 선발하여 중국의 서울에서 보이는 과거에 응시하게 하는데, 이숭인이 수석으로 뽑혔으나 나이가 25세가 안 되어 보내지 못하였다. 신우(辛禑) 때 첨서밀직(簽書密直)으로서 이색(李穡)과 함께 명나라에 가서 하정(賀

正)을 하고, 돌아와 예문관 제학에 제수되었으며 서연(書筵)에 나아갔다. 이때 윤이(尹彝)와 이초(李初)의 옥사(獄事)[49]가 일어나 청주(淸州)에 갇혔다가 얼마 안 되어 지밀직사사 동지춘추관사로 소환되었다. 또 정몽주(鄭夢周)의 당류라 하여 멀리 유배되었다가 이윽고 죽었다. 이숭인은 타고난 자질이 영리하고 총명하였으며 문사(文辭)가 전아(典雅)하였다. 이색이 매양 말하기를 "이 사람의 문장은 중국에서 찾아보더라도 당대에는 많이 얻기 어렵다." 하였다. 고황제(高皇帝)가 일찍이 이숭인이 지은 표문을 열람하고는 칭찬하며 말하기를 "표사(表辭)가 정성스럽고 간절하다." 하였다. 중국의 경사(卿士)들이 그의 저술을 보고 또한 탄복하지 않는 이가 없었다. 《도은집(陶隱集)》이 남아 세상에 유전한다.

본조

배극렴(裵克廉) 장수의 재질이 있었다. 고려 말에 누차 여러 도의 원수가 되어 왜를 쳐서 공을 세워 문하평리(門下評理)로 승진하였다. 우리 태조를 따라 회군하였고, 공양왕 때 좌시중에 올랐다. 본조에 들어와 개국 공신이 되었다.[50]

49 윤이(尹彝)와 이초(李初)의 옥사(獄事) : 1390년(공양왕2)에 일어난 옥사이다. 파평군(坡平君) 윤이와 중랑장(中郎將) 이초가 명나라 황제에게 본국의 공양왕과 이성계가 군사를 일으켜 명나라를 공격하려 하며, 이에 반대하는 이색 등을 처형하였다고 무함하였다. 이 사실이 명나라에 가 있던 사신 조반(趙胖)의 귀국 보고서에서 밝혀져 큰 옥사가 발생하였는데, 이것을 이초(彝初)의 옥(獄)이라 한다. 이숭인은 윤이와 이초를 명나라에 파견했다는 죄목으로 이색 등과 함께 화를 입었다.

50 공양왕……되었다 : 《고려사》 권46 〈공양왕세가〉 4년 4월 6일 기사에 "배극렴을 수문하시중(守門下侍中)으로 임명하였다"라고 하였고, 《태조실록》 1년 7월 28일 기사에 '배극렴을

이직(李稷) 이포의 손자이다. 관직은 영의정에 이르렀다. 태조를 도와 개국 공신에 책훈되었고, 태종조에 좌명 공신(佐命功臣)에 책훈되고 성산부원군(星山府院君)에 봉해졌다. 시호는 문경(文景)이다. 아들 이사후(李師厚)는 관직이 한성 부윤에 이르렀고, 이사원(李師元)은 관직이 중추원 부사에 이르렀고, 이사순(李師純)은 관직이 공조 참판에 이르렀다.

이정녕(李正寧) 이사후의 아들이다. 태종의 딸에게 장가들어 성원위(星原尉)가 되었다. 시호는 장절(章節)이다.

이견기(李堅基) 이포의 후손이다. 과거에 급제하고, 관직이 호조 판서에 이르렀다. 당시에 장자(長者)로 일컬어졌다. 시호는 안성(安成)이다.

배규(裵規) 세종조에 관직이 대사간에 이르렀다. 아들 배한(裵閑)과 배윤(裵閏)이 모두 과거에 급제하여 배한은 좌사간이 되고 배윤은 정언이 되었다. 부자가 서로 이어 간원에 들어갔으므로 사림이 아름답게 여겼다.

이자견(李自堅) 과거에 급제하고, 관직이 지중추부사에 이르렀다. 아우 이자건(李自健)은 관직이 형조 판서에 이르렀고, 이자화(李自華)는 기개가 있었으며 관직이 대사헌에 이르렀다.

박구(朴矩) 효행이 지극히 돈독해서 아버지가 돌아가시자 예에 지나치게 슬퍼하였고 3년 동안 여묘(廬墓)하였다. 여러 관직을 거쳐 가정대부(嘉靖大夫) 도총제(都摠制)에 이르렀다. 조정에서 그 마을에 정표(旌表)하였다.

김승득(金承得) 관직이 대언(代言)에 이르렀다. 어버이를 지극한 효성으로

익대 보조 공신 문하 좌시중(翊戴補祚功臣門下左侍中) 성산백(星山伯)으로 삼았다"라고 하였다. 이에 근거하면 배극렴이 좌시중에 오른 것은 태조 때이므로 오류가 있는 듯하나, 근거가 불충분하여 그대로 번역하였다.

섬겼고, 아버지가 돌아가시자 3년 동안 여묘하였으며, 이단(異端)에 미혹되지 않았다. 조정에서 그 마을에 정표하였다.

도형(都衡) 성품이 지극히 효성스러워서 부모가 살아 계신 것같이 날마다 사당을 살폈으며, 형제와 우애하여 비난하는 말이 없었다. 공희왕조(恭僖王朝 중종조)에 천거되어 현량과(賢良科)에 입격하였고, 호조 좌랑이 되었다. 기묘사화 때 이름이 당적(黨籍)에 올라 파직되고 귀향하였다. 집에서 지낼 적에 매년 정월 초하루에는 자리를 바로 하고 북향하여 사배(四拜)하였다.

김우옹(金宇顒) 타고난 자품이 온화하고 순수하였으며, 뜻을 돈독히 하여 학문에 힘썼다. 공헌왕(恭憲王 명종) 말에 과거에 급제하고 장차 괴원(槐院 승문원)에 근무하러 나가려는데, 선배가 전례에 따라 잡희(雜戲)로써 시험하려고 하였다. 김우옹은 도의(道義)가 아니라고 여겨서 끝내 따르지 않았다. 소경왕조(昭敬王朝 선조조)에 기색을 엄정히 하고 조정에 들어가 오래도록 경연에 있으면서 의리(義利)를 분변하여 밝혔으며, 정성을 다해 성학(聖學)과 왕도(王道)로써 임금께 진달하였다. 일에 임하여서는 할 말을 다하여 망설이거나 꺼리는 것이 없었다. 관직이 이조 참판에 이르렀다. 사람들이 동강(東岡) 선생이라 칭하였다. 저술에는 《속강목(續綱目)》 및 소차(疏箚) 약간 권이 남아 있다.

정구(鄭逑) 선조는 청주(淸州) 사람이다. 조부 정응상(鄭應祥)이 김굉필에게 수학하고 김굉필의 딸을 아내로 삼아 이로부터 영남 사람이 되었다. 정구는 영리하고 총명하여 일찍 학문을 성취하였으나 과거 공부를 버리고 오로지 학문에 뜻을 두었다. 조식(曺植)과 이황을 스승으로 삼고 개연히 유도(儒道)를 구하는 뜻을 품었다. 소경왕조에 관직을 제수하였으나 나아가지 않았다. 일찍이 한번 조정에 들어가 인견하였는데, 상이 《대학(大學)》을 거론하며 묻자, 대답하기를 "삼강(三綱)과 팔조(八條 팔조목(八條目))는 수기치인(修己治人)의 방도가 아님이 없고, 천덕(天德)과 왕도(王道)는 단지 근독(謹獨)에 있을 뿐입니다." 하였다. 여러 번 주번(州藩 주군(州郡))을 맡았는데, 이르는 곳마다 다스린 효과가 있었다. 광해군 초에 대사헌에 제수되었는데, 동기간의 정리를 온전히 하고 자식 된 도리를 다해야 한다는 뜻으로 간곡히 진달하여 권면하였으며 이후로 다시는 서울에 들어가지 않고 집에서 죽었다. 그 학문은 주자(朱子)와 퇴계(退溪)를 준칙으로 삼고, 후학을 가르치면서는 반드시 예를 우선으로 하였다. 시호는 문목(文穆)이다. 학자들은 그를 한강(寒岡) 선생이라고 칭하였다. 저술에는 《심경발휘(心經發揮)》, 《오선생예설(五先生禮說)》, 《관의(冠儀)》, 《혼의(昏儀)》, 《장의(葬儀)》, 《계의(禊儀)》, 《갱장록(羹墻錄)》, 《오복연혁도(五服沿革圖)》가 있다.

정곤수(鄭崑壽) 정구의 형이다.

열녀 列女

배씨(裵氏) 진사 배중선(裵中善)의 딸이다. 낭장 이동교(李東郊)에게 시집가서 집안일을 잘 다스렸다. 고려 신우(辛禑) 때 왜구가 경산(京山)에 침입하여 온 경내가 소란해졌다. 이동교는 그때 합포(合浦)의 장수 막사에 있었는데, 적의 기병대가 갑자기 배씨가 사는 마을에 들이닥쳤다. 배씨가 갓난아이를 안고 달아나자 적이 뒤쫓아와서 강에 이르렀는데, 강물이 한창 불어나 있었다. 배씨는 벗어나지 못할 것을 알고 갓난아이를 언덕 위에 두고 강물로 뛰어들었다. 적이 화살을 메기고 활을 한껏 당겨 겨누면서 말하기를 "네가 나오면 죽음을 면할 수 있다." 하였는데, 배씨는 적을 돌아보고 꾸짖어 말하기를 "왜 나를 속히 죽이지 않느냐? 내가 어찌 적에게 더럽혀지랴." 하였다. 적이 화살을 쏘아 어깨를 맞혔는데 두 번 쏘아 두 번 모두 맞히니 마침내 강물 한가운데서 죽었다. 체복사(體覆使) 조준(趙浚)이 그 일을 아뢰어 정문(旌門)을 세웠다.

나씨(羅氏) 고려 말 사람이다. 감찰 나상(羅尙)의 딸로, 집현전 직제학 배윤(裵閏)의 처이다. 배윤이 죽었을 때 나씨는 나이가 젊었는데 머리를 자르고 3년간 시묘하였으며, 모든 장사와 제사를 한결같이 예법을 따르고 불교 의식을 쓰지 않았다. 일이 알려져서 정려하였다.

문덕(文德) 본조 초 사람이다. 서원 김계하(金戒河)의 처이다. 남편이 물에 빠져 죽자 끊임없이 곡읍하고 삼년상을 마쳤다. 부모가 개가시키려고 하자 즉시 머리를 자르고 시부모 집으로 달아났다. 15년이 넘도록 훈채(葷菜)를 먹지 않고 술과 고기도 먹지 않았으며 남들과 담소도 나누지 않았다. 일이 알려져서 정려하였다.

선산도호부善山都護府

동쪽으로 비안현(比安縣) 경계까지 45리, 군위현(軍威縣) 경계까지 50리이다. 남쪽으로 인동현(仁同縣) 경계까지 45리이다. 서쪽으로 개령현(開寧縣) 경계까지 20리이다. 북쪽으로 상주(尙州) 경계까지 39리, 같은 주 경계까지 29리이다. 서울과의 거리는 536리이다.

한전 旱田

수전 水田

건치연혁 建置沿革

본래 신라 일선군(一善郡)인데, 진평왕 때 승격하여 주(州)로 삼았고, 신문왕 때 주를 폐하였으며, 경덕왕 때 고쳐서 숭선군(嵩善郡)으로 삼았다. 고려 성종 때 선주(善州)로 고쳤고, 현종 때 상주(尙州)에 편입시켰으며, 인종 때 다시 일선현(一善縣)을 설치하였다가 곧이어 선주로 승격하였다. 본조 공정왕(恭定王 태종) 때 고쳐 선산군으로 삼았다가 뒤에 도호부로 승격하였다. 관장하는 면은 -원문 다수 결락-개이다.

관원

부사(府使), 교수(教授) 각 1인이다.

군명 郡名

일선(一善), 숭선(嵩善), 선주(善州) 별호는 화의(和義)이다.

형승 形勝

낙강(洛江 낙동강)이 띠를 이루고, 봉악(鳳嶽 비봉산(飛鳳山))이 성이 된다. 본조 이인전(李仁全)의 시에 "낙강이 남쪽에서 띠를 이루고, 봉악이 북쪽에서 성이 되었네.〔洛江南作帶 鳳嶽北爲城〕"라고 하였다.

한 도의 큰 거리이다. 본조 권채(權採)의 〈남관기(南館記)〉

산천이 밝고 수려하다. 부지(府志)에 "산은 밝고 물은 수려하며, 밭과 들은 아득히 멀리까지 펼쳐져 있다." 하였다.

풍속 風俗

풍속이 문학을 숭상한다. 관풍안(觀風案)

백성들의 기풍이 순박하다. 본조 고득종(高得宗)의 말이다.

시서(詩書)의 교육이 흥기하였다. 본조 정인지(鄭麟趾)의 〈향교기(鄉校記)〉에 "학도들이 가르침을 받아 시서의 교육이 크게 흥기하였다." 하였다.

예로부터 선비가 많아서 영남 지방의 반을 차지한다고 일컬어진다. 본

조 김종직(金宗直)의 시[51]

풍절(風節)과 도의(道義)의 고장이다. 본조 이황(李滉)의 글[52]에 "전대에는 길 선생(吉先生 길재(吉再))의 풍절이 있고, 후대에는 정 청송(鄭青松)[53]과 박송당(朴松堂 박영(朴英))의 도의가 있다." 하였다.

산천 山川

비봉산(飛鳳山) 부 북쪽 1리에 있다. 진산(鎭山)이다.

복우산(伏牛山) 부 서쪽 25리에 있다. 연악산(淵嶽山)의 남쪽 줄기이다.

금오산(金烏山) 고려 때 남숭산(南嵩山)이라 칭하여 해주(海州) 북숭산(北嵩山)과 짝을 지었다. 부 남쪽 43리에 있는데, 서쪽은 개령(開寧), 동쪽은 인동(仁同), 북쪽은 본부 지경이다.

연악산(淵嶽山) 부 서쪽 32리에 있다. 산 위에 못이 있고, 산 북쪽 줄기는 바로 상주 갑장산(甲長山)이다.

봉암산(鳳巖山) 부 서쪽 20리, 개령현과의 경계에 있다.

대둔산(大芚山) 부 북쪽 30리, 상주와의 경계에 있다.

태조산(太祖山) 부 동쪽 13리에 있다. 고려 태조가 견훤(甄萱)을 정벌할 때 여기에 머물렀으므로 그렇게 이름하였다.

51 김종직(金宗直)의 시 : 〈저작 황린의 영친 시권에 쓰다〔書黃著作璘榮親詩卷〕〉이다. 《佔畢齋集 卷14》

52 이황(李滉)의 글 : 〈상사 박군 묘갈명(上舍朴君墓碣銘)〉이다. 《退溪集 卷46》

53 정 청송(鄭青松) : 청송 부사를 지낸 정붕(鄭鵬)을 말한다.

냉산(冷山) 부 동쪽 15리에 있다. 공산(公山)[54]에서 북쪽으로 달리다가 봉긋하게 솟은 것이 이 산이다. 일명 도리산(桃李山)이라고 한다. 위에 옛 성〔古城〕이 있다.

대황당산(大皇堂山) 부 남쪽 15리에 있다. 만력(萬曆) 계사년(1593, 선조26)에 명나라 총병 유정(劉珽)이 왜적을 추격하여 남쪽으로 내려와, 산 동쪽 기슭에 군사를 주둔시켰다.

백마산(白馬山) 부 동쪽 25리에 있다.

남산(藍山) 부 동쪽 9리에 있다. 산 아래에 양 목장〔羊場〕이 있다.

미석산(彌石山)[55] 부 동남쪽 20리, 해평폐현(海平廢縣) 뒤에 있다.

조계산(曹溪山) 해평폐현 동쪽 10리에 있다. 뭇 봉우리가 뾰족하게 솟아 있어 마치 창을 늘어세운 것 같다.

문수산(文殊山) 해평현(해평폐현) 동쪽 20리에 있다. 조계산과 서로 이어져 있다.

죽현(竹峴) 부 북쪽 28리, 상주와의 경계에 있다.

가을현(加乙峴) 부 동쪽 25리에 있다.

여을현(余乙峴) 부 동북쪽 24리에 있다.

옥산(玉山) 한편 고산(孤山)으로도 쓴다. 부 동남쪽 20리, 낙동강 언덕에 있다. 작은 산이 홀로 우뚝 솟아 있는데 감천(甘川)이 그 아래에서 낙동강과 합류한다.

부래산(浮來山) 부 남쪽 7리, 감천 남쪽 언덕에 있다. 작은 산이 마치 떠 있

54 공산(公山) : 성주목(星州牧)에 있다. 《東國輿地志 卷4 慶尙道 星州牧 山川》

55 미석산(彌石山) : 예전 해평현의 진산이다. 《一善志 山川》

는 것 같으므로 그렇게 이름하였다.

동지수(冬至藪) 감천 북쪽 언덕에 있다. 길이가 10리인데, 모두 밤나무 숲이다. 가운데 작은 산이 있으니 이름을 동지산(冬至山)이라 하고 일명 봉란산(鳳卵山)이라고 한다.

노자석(鸕鷀石) 이곡촌(伊谷村) 앞 강물 속에 있다. 부와의 거리는 북쪽으로 18리이다. 바위 절벽이 물속으로 달려 들어가는데 모양이 마치 노자(鸕鷀 가마우지)와 같으므로 그렇게 이름하였다. 이규보(李奎報)의 시[56]에 "가벼운 배 일렁이며 잔물결 따라가는데, 물속에 기이한 돌 있으니 이름이 노자란다.〔輕舟溶漾信漣漪 中有奇石名鸕鷀〕"라고 하였다.

낙동강(洛東江) 상주 경계에서 흘러들어 부 북쪽 -원문 2, 3자 결락-에 이르러 견탄(犬灘)이 된다. 이매연(鯉埋淵), 여차니진(餘次尼津), 보천탄(寶泉灘)을 경유하고 남쪽으로 흘러 인동현 경계에 들어간다.

감천(甘川) 원류는 지례현(知禮縣)에서 나와 김산(金山)과 개령을 지나고, 부 남쪽 4리를 경유하여 동남쪽으로 흘러 낙동강에 들어간다.

울주천(蔚洲川) 부 남쪽 28리에 있다. 금오산에서 나와 동쪽으로 흘러 낙동강에 들어간다.

견탄(犬灘) 부 북쪽 34리에 있다. 낙동강 여울이다. 고려 이규보의 시[57]에,

맑은 새벽 용포에서 배를 띄워 清曉泛龍浦
황혼 무렵 견탄에 배 대고 보니 黃昏泊犬灘

56 이규보(李奎報)의 시 : 〈강물 속의 노자석〔江中鸕鷀石〕〉이다. 《東國李相國集 全集 卷6》

57 이규보의 시 : 〈팔월 칠일 새벽에 용담사를 출발하여……〔八月七日黎明發龍潭寺……〕〉이다. 《東國李相國集 全集 卷6》

얄궂은 구름은 지는 해를 놀리는가 싶고	黠雲欺落日
모진 바위는 성난 물결을 버티고 서 있네	狠石捍狂瀾
수촌(水村)이라 가을 기운 먼저 차갑고	水國秋先冷
선방(船房)이라 밤에 다시 추워지지만	船亭夜更寒
강산이 참으로 그림보다 나으니	江山眞勝畫
그림 병풍으로나 감상하지 말게나	莫作畫屛看

하였다.

이매연(鯉埋淵) 부 동쪽 12리에 있다. 낙동강 물이 못에 이르러 고인다. 그 동쪽 언덕에 기이한 바위가 있고 바위 아래에는 용혈(龍穴)이 있다. 날이 가물면 먼저 냉산 정상에서 섶을 태워 하늘에 제사 지내고 이어 여기에 범 머리를 담그거나 용에게 제사를 지내 비를 비는데 그때마다 효험이 있다.

보천탄(寶泉灘) 부 동남쪽 21리에 있다. 역시 낙동강 여울이다. 매년 봄가을에 하도(下道)의 상선(商船)이 이곳에 정박한다. 김종직의 시[58]에 "보천탄 가에는 장삿배들이 모여들어, 일천 가호 집집마다 소금을 먹는다네.〔寶泉灘上集商帆 千室人人食有鹽〕"라고 한 것이 이곳이다.

의수지(衣繡池) 부성(府城) 남문 밖에 있다.

호지(狐池) 부 남쪽 24리에 있다. 둘레가 3679자이다. 백성들이 관개(灌漑)의 이익을 얻는다.

신곡지(新谷池) 부 동쪽 25리에 있다. 둘레가 2970자이다. 아래에서 관개의 이익을 많이 본다.

58 김종직의 시 : 〈윤료가 선산지리도를 만들었으므로 그 위에 절구 열 수를 쓰다〔允了作善山地理圖題十絶其上〕〉이다. 《佔畢齋集 卷13》

토산土産

잣〔海松子〕, 봉암산에서 난다. 밤〔栗〕, 동지수에서 난다. 왕골자리〔莞席〕, 옻〔漆〕, 감〔柹〕, 연밥〔蓮實〕, 순채〔蓴〕, 순지(蓴池)에서 난다. 가시연〔芡〕, 쑥〔艾〕, 금오산에서 난다. 품질이 좋다. 복령(茯苓), 구기(枸杞), 산약(山藥), 맥문동(麥門冬), 백지(白芷), 은구어(銀口魚 은어), 쏘가리〔錦鱗魚〕, 누치〔訥魚〕, 붕어〔鯽魚〕

성곽城郭

부성(府城) 흙으로 쌓았다. 고려 말[59]에 지군(知郡)[60] 이득진(李得辰)이 쌓았는데, 둘레가 3740자이고 안에 샘 9개와 못 3개가 있다. 무너진 지 이미 오래이고 서문과 남문만 남아 있다. 만력 임진년(1592, 선조25)에 왜적이 점거해 주둔하면서 증축하여 성채를 높였다.

금오산성(金烏山城) 돌로 쌓았고 둘레가 7640자이다. 절벽을 따라서 성을 쌓은 것이 절반을 차지해서 매우 높고 험준하다. 안에 못 3개와 계곡 1개가 있다. 고려 말에 본부 및 인동, 개령, 성주 백성 가운데 왜를 피하여 들어와 산 자들이 매우 많았으므로 군사를 징발해서 지켰다. 본조 초까지도 군창(軍倉)이 있었으나 뒤에 오래도록 폐해졌다. 선조 때 왜란을 당하자 체찰사 이원익(李元翼)이 형세를 순시하여 중수하고, 문경(聞慶), 상주, 김산, 지례, 개령, 성주, 고령(高靈) 및 본부의 군량을 모두 다 거두어 이곳에

59 고려 말 : 1383년(우왕9)이다. 《東國輿地志 卷4 善山都護府 名宦》

60 지군(知郡) : 지주사(知州事)이다. 《佔畢齋集 卷13 允了作善山地理圖題十絶其上》

들여놓고 지켰다. 그 뒤 그대로 군량을 저축해 두고 별장을 차임하여 지키게 하였다.

학교學校

향교(鄕校) 부 북쪽 2리에 있다.

해평현서당(海平縣書堂) 현 북쪽 1리, 해평고현(해평폐현)에 있다. 예전에 향교가 있었는데 현이 내속(來屬)한 뒤에 없어졌다. 우리 세종 때 현 사람이 옛터를 토대로 학교를 세우기를 청하여 부사 이길배(李吉培)가 관찰사에게 전보(轉報)하고, 관찰사가 계문하여 허락을 받아 바로 학교를 세웠다. 그 뒤 선비들이 한 고을에 두 학교는 제도에 맞지 않는다고 하여 철폐하기를 청하려고 하였는데, 임진란 때 병화로 소실되고 그 뒤에 결국 재건되지 못하였다. 지금 현 사람이 그 땅에 서당을 세웠다.

남산서원(藍山書院) 예전에 금오산 아래에 있었는데, 선조 초에 선비들이 길재가 여생을 보낸 곳이라 하여 서원을 세웠고, 선조가 금오서원(金烏書院)으로 사액하였다.[61] 뒤에 금오산이 지역이 외지고 땅이 척박하다 하여 부 동쪽 10리, 남산의 남쪽으로 옮겼다.[62] 그 뒤에 김종직, 정붕, 박영(朴英)을 배향하였다.

월암서당(月巖書堂) 부 동북쪽 20리, 강 언덕에 있다. 인조 때 고을 사람이

61 선조가 금오서원(金烏書院)으로 사액하였다 : 선조 39년(1606)에 사액하였다. 《국역 선조실록 39년 12월 26일》

62 부……옮겼다 : 대본에는 없는데, 《일선지(一善志)》 〈학교〉에 '移卜府東十里藍山之陽'이라고 한 데 근거하여 보충하여 번역하였다.

김주(金澍)를 위해 사당을 세우고 내격사(來格祠 내격묘(來格廟))라 하였다. 뒤에 하위지(河緯地)와 이맹전(李孟專)을 아울러 향사하고 삼인묘(三仁廟)로 개칭하였다.

궁실 宮室

객관(客館) 만력 정유년(1597, 선조30)에 파손되었는데, 기유년(1609, 광해군1)에 중건되었다.

향사당(鄕射堂) 서부(西部) 영봉리(迎鳳里)에 있다.

연무당(鍊武堂) 동부(東部)에 있다. 만력 을사년(1605)에 세워 설치하였다.

북관(北館) 바로 객관의 북관이다.

남관(南館) 바로 객관의 별관이다. 선덕(宣德) 연간에 부사 이길배가 중수하고 권채(權採)가 광선(廣善)이라 명명하였다.[63]

청형루(淸逈樓) 대문 밖에 있다. 바로 북관 남쪽이다.

양소루(養素樓) 북관 북쪽에 있다. 객관의 동헌과 연달아 있다. 홍치(弘治) 연간에 부사 송요년(宋遙年)이 세웠고[64] 조위(曺偉)가 명명하였다. ○ 북관 이하는 정유년(1597)에 파손되고 지금까지 중건되지 않았다.

63 선덕(宣德)……명명하였다 : 1430년(세종12)에 선산 부사 이길배가 이전의 별관을 확장하여 준공하였고 권채가 광선헌(廣善軒)이라고 명명하였다.《新增東國輿地勝覽 卷29 慶尙道 善山都護府 宮室》

64 홍치(弘治)……세웠고 : 송요년은 1492년(성종23)에 선산 부사로 부임하였는데, 부임한 지 4년 만에 완공하였다고 한다.《虛白亭集 卷2 善山客舍重修記》《新增東國輿地勝覽 卷29 慶尙道 善山都護府 樓亭》

봉하루(鳳下樓) 객관 서쪽에 있다. 숭정(崇禎) 경오년(1630, 인조8)에 부사 조찬한(趙纘韓)이 세웠다. 온돌방 1칸이 있으니 장휘각(藏輝閣)이라고 한다.

월파정(月波亭) 부 동쪽 11리, 낙동강 언덕에 있다. 본조 권근(權近)의 기문[65]은 다음과 같다.

"선주(善州)의 동쪽 5리쯤에 여차(餘次)라는 나루가 있는데, 상주에서 흘러온 낙수가 남쪽으로 흐르는 곳이다. 따라서 상주를 거쳐 남쪽 고을로 가는 길손들이 또한 여기에 이르러 멈추고 쉬게 되니, 실로 요충이다. 나루 동쪽에 작은 산이 강에 임하여 솟아 있는데, 예전에 전주(全州) 사람 이군 문정(李君文挺)이 고을 원으로 와서 이곳에 처음으로 정자를 짓고 월파정이라 하였으나, 오랜 세월이 지나면서 허물어졌다. 건문(建文) 1년 기묘년(1399, 정종1) 봄에 대령(大寧 해주(海州)) 사람 최군 관(崔君關)이 이 고을 원이 되었는데, 부임한 지 두어 달 만에 정사가 다스려지고 인심이 화합하게 되었다. 이에 다시 옛터 북쪽의 바위 절벽 위에 터를 잡았는데, 시원하게 확 트이고 기이하게 빼어나서 경치가 더욱 좋았다. 또한 온돌방을 만들어 길손들이 묵어갈 수 있도록 하였다.

3년이 지난 가을에 최군이 사수감(司水監 전함사(典艦司)) 관원으로 조정에 소환되었는데, 최군이 말하기를 '정자 위아래에 다복솔〔稚松〕이 울창하고 바위 절벽이 깎아지른 듯하며, 긴 강이 그 앞을 가로질러 흐르고 큰 들이 그 밖에 구불구불 펼쳐져 있습니다. 그 가운데 민가가 땅에 즐비하여 밥 짓는 연기가 서로 바라보이니 이곳은 선산 고을이요, 농군, 목동, 어부, 초동이 노래 부르며 서로 화답하고 구부정하게 그 들판을

65 권근(權近)의 기문 : 〈월파정기(月波亭記)〉이다. 《陽村集 卷13》

연이어 오가니 이들은 선산의 백성들입니다. 서남쪽으로 확 트여 내와 육지가 아득히 펼쳐져 있고, 구름과 안개는 변화무쌍하여 기상이 천태만상입니다. 게다가 강은 맑고 달은 밝은 밤에 차가운 강물에 달그림자가 서로 어우러지면 고요할 때는 구슬이 잠긴 듯하고 움직일 때는 금덩이가 뛰노는 듯하며, 비낀 모양은 흰 비단을 펼친 듯하고 출렁이는 모습은 탑이 누워 있는 듯합니다. 충일한 물결에 명랑한 달빛이 비치어 하늘과 물이 일색이 되니, 이것이 월파라는 이름을 얻게 된 까닭이요, 더욱이 정자의 일대 기이한 경관입니다. 북쪽으로 바라보면 울울창창한 산이 있는데, 이는 옛날에 왕씨(王氏) 태조가 신라를 정벌하러 갈 때 주필(駐蹕)한 곳으로, 그 웅걸한 풍도와 장한 기세는 지금까지 늠름하게 바로 저 높은 산, 흐르는 물과 더불어 무궁히 남아 있으니, 이 정자에 오르는 이들이 또한 아득히 회상하지 않을 수 없는 것입니다.' 하였다. 내가 듣고서 적어 기문으로 삼는다."

○ 본조 서거정(徐居正)의 시에,

월파정 앞 강물 유유히 흘러가는데	月波江水去悠悠
쪽처럼 푸르고 깨끗해 기러기도 물드는 듯	綠淨如藍欲染鷗
술잔 놓고 외로운 배 저어 정자 아래 이르니	酒罷孤舟亭下泊
달빛 아래 높은 누각에서 사람 소리 들리네	月明人語在高樓

하였다. ○ 본조 허적(許𥛚)의 시[66]에,

강둑 위 외로운 정자는 떠 있는 듯 모양새고	江上孤亭勢若浮
정자 앞 물결과 달빛은 어울려 맑고 아늑하지	亭前波月共淸幽

66 허적(許𥛚)의 시 : 〈월파정(月波亭)〉이다. 《水色集 卷2》

천년 두고 출렁출렁 아낄 만한 풍경에다　千霜灧灧可憐色
만고토록 넘실넘실 끝도 없이 흐르누나　萬古滔滔無盡流
계수 노에 목란 배 띄워 한참을 일렁이며　桂棹蘭舟長蕩漾
금술잔에 옥피리 불며 몇 번이나 놀았던가　金樽玉笛幾遨遊
내가 와선 다시 추운 날 저물녘 만났지만　我來復値寒天暮
비춰 주는 석양 속에 또 멈추어 쉴 만하네　照耀斜暉亦足留

하였다.

노자정(鸕鶿亭) 노자암(鸕鶿巖 노자석(鸕鶿石)) 위에 있다. 붉은 벼랑과 푸른 절벽의 노송 수십 그루의 그림자가 물속에 잠겨 있고, 한여름에도 오히려 서늘하다. 본조 유성룡(柳成龍)의 시에,

신선 땅을 너무 바삐 스치듯 지났기로　仙區閱過太悤悤
중류에서 머리 돌리니 생각이 끝이 없네　回首中流思不窮
백 자 높이 붉은 절벽 서로 비춰 어리었고　百尺丹崖相映帶
수천 그루 푸른 숲은 어우러져 영롱하구나　千章碧樹正玲瓏
목란 배 떠난 뒤엔 산 구름 한데 모일 테고　蘭舟去後山雲合
강가 제비 날 때쯤엔 들판 빗발 짙어질 텐데　江燕飛時野雨濃
헛된 꿈을 꾸느라고 세월 괜히 다 보내서　歲月閑消魚鳥裏
한평생 고된 몰골이 방덕공께 부끄럽다네[67]　百年形役愧龐蹤

하였다.

67 한평생……부끄럽다네 : 방덕공(龐德公)은 후한 말엽의 고사(高士)로, 벼슬길에 나오라는 형주 자사(荊州刺史) 유표(劉表)의 청을 거절하고 훗날 처자식을 거느리고 녹문산(鹿門山)에 들어가 약초를 캐며 일생을 마쳤다.《後漢書 逸民列傳 龐公》 한평생 관직에 매인 채 보낸 유성룡이 소신 있게 자연 속의 삶을 택한 방덕공에게 부끄럽다는 말이다.

매학정(梅鶴亭) 고산(孤山 옥산(玉山)) 위, 낙강과 감천이 교차하여 흐르는 곳에 있다. 진사 황기로(黃耆老)가 터를 잡아 매화를 심고 학을 길렀으니, 임포(林逋)의 서호(西湖)[68]에 비견된다.

영귀정(詠歸亭) 월파정 뒤 이매연에 있다. 목사 노경임(盧景任)이 터 잡아 지은 것이다.

송당(松堂) 태조산에 있다. 박영(朴英)이 관직을 버리고 고향에 돌아와 이곳에 집을 짓고 편액을 송당이라고 하였다. 앞에 낙강을 굽어보고 냉산과 마주 보고 있다.

봉수 烽燧

석현 봉수(石峴烽燧) 해평현 남쪽 10리에 있다. 남쪽으로 인동부 건대산(件代山)에 응하고, 북쪽으로 남산(藍山)에 응한다.

남산 봉수(藍山烽燧) 서쪽으로 개령현 감문산(甘文山)에 응하고, 남쪽으로 석현에 응한다.

우역 郵驛

구며역(仇旀驛) 부 동쪽 1리에 있다.

68 임포(林逋)의 서호(西湖) : 임포는 북송의 시인으로 항주(杭州) 전당(錢塘) 사람이다. 서호의 고산(孤山)에 초막을 짓고는 매화를 심고 학을 기르며 은거하였다 한다.《宋史 隱逸列傳 林逋》《宋詩鈔 卷13 林逋和靖詩鈔序》

안곡역(安谷驛) 부 서쪽 35리에 있다.

영향역(迎香驛) 부 동쪽 21리에 있다.

상림역(上林驛) 해평현에 있으며, 부와의 거리는 54리이다.

죽현원(竹峴院) 죽현 아래에 있다. 역참을 설치한 곳이다.

전마원(箭磨院) 부 북쪽 15리에 있다.

안곡원(安谷院) 안곡역 곁에 있다.

다정원(茶亭院) 부 서쪽 13리에 있다.

소법곡원(所法谷院) 부 서쪽 8리에 있다.

오로현원(吾老峴院) 부 남쪽 8리에 있다.

관풍원(觀風院) 부 남쪽 28리에 있다.

관심원(觀心院) 부 남쪽 10리에 있다.

남상원(南上院) 부 동쪽 19리에 있다.

미라원(彌羅院) 여차니진(餘次尼津) 동쪽에 있다.

초적원(草積院) 부 북쪽 32리에 있다.

동원(東院) 부 동쪽 2리에 있다.

상림원(上林院) 상림역 곁에 있다.

병비원(竝飛院), 유원(柳院), 허충원(許忠院), 삼한원(三韓院) 모두 해평현에 있다.

속리원(俗離院) 부 남쪽 42리에 있다.

관량 關梁

누교(樓橋) 남문 밖에 있다.

감천교(甘川橋) 부 남쪽 5리에 있다. 감천에 놓여 있다.

월파나루〔月波渡〕 부 동쪽 11리, 월파정 아래에 있다. 일명 여차니진이라고 하니, 바로 낙동강 나루이다.

사묘 祠廟

사직단(社稷壇) 부 서쪽에 있다.

문묘(文廟) 향교에 있다.

성황사(城隍祠) 부 서쪽 3리에 있다.

길재(吉再) 사당 부 남쪽 15리, 율곡(栗谷)에 있다. 우리 태종 초에 관찰사 남재(南在)가 길재의 집이 가난하다 하여 가묘를 지어 주었고, 그 뒤 자손들이 그대로 길재의 유상(遺像)을 걸고 제사 지냈다. 선조 임인년(1602, 선조 35)에 중수하였다.

진민사(鎭民祠) 객관 서쪽에 있다. 김선궁(金宣弓)과 이득진(李得辰)이 백성들에게 공훈과 은덕이 있다 하여 사당을 세우고 제사 지냈다. 뒤에 없어졌다.

여단(厲壇) 부 북쪽에 있다.

능묘 陵墓

김선궁(金宣弓) 묘 해평현 미석산에 있다.

윤석(尹碩) 묘 해평현 동쪽 금산동(金山洞)에 있다.

김주(金澍) 묘 부 동면(東面) 저궁동(渚宮洞)에 있다. 바로 옷과 신발을 보관해 둔 곳이다.[69] 그의 처 유씨(柳氏)와 합장하였다.

박서생(朴瑞生) 묘 부 남면(南面) 율곡에 있다.

이맹전(李孟專) 묘 미석산에 있다.

하위지(河緯地) 묘 고방산(古方山) 언덕에 있다.

김지경(金之慶) 묘, 김응기(金應箕) 묘 모두 저궁동에 있다.

박영(朴英) 묘 부 북면(北面) 관촌(官村)에 있다.

정붕(鄭鵬) 묘 부 서면(西面) 복우산 아래 웅곡(熊谷)[70]에 있다.

오식(吳湜) 묘 부 서면 안곡(鞍谷)[71]에 있다.

박운(朴雲) 묘 상림역 북쪽 사복동(沙卜洞)에 있다.

김취성(金就成) 묘 부 남면 평성대동(坪城大洞)에 있다.

고응척(高應陟) 묘 조계산 아래 영령(楧嶺)에 있다.

사찰 寺刹

도리사(桃李寺) 냉산에 있다. ○ 신라의 승려 아도(阿道)가 거주한 곳이다.

신라에는 불법(佛法)이 없었는데, 눌지왕 때 묵호자(墨胡子)라는 중이 고

69 옷과……곳이다 : 김주는 정사(正使)로 연경에 갔다가 돌아오는 길에 압록강 변에 이르러서 태조가 선위(禪位)를 받았다는 소식을 듣고는 옷과 신발을 집에 부치고 마침내 도로 중국으로 들어가 형초(荊楚) 지역에서 살았다고 한다.《東國輿地志 卷4 慶尙道 善山都護府 人物》《星湖全集 卷8 臨江曲》

70 웅곡(熊谷) : 대본에는 '態谷'으로 되어 있는데,《후천집(朽淺集)》 권8 〈동방 명인 사적 소문 대략(東方名人事跡謏聞大略)〉에 '墓在府西熊谷'이라고 한 데 근거하여 고쳐 번역하였다.

71 안곡(鞍谷) : 대본에는 '鞜谷'으로 되어 있는데,《일선지(一善志)》 〈분묘(墳墓)〉 등에 근거하여 고쳐 번역하였다.

구려로부터 와서 이 부(府)의 도개부곡(道開部曲)에 사는 모례(毛禮)의 집에 머물렀다. 모례가 움집을 지어 거처하게 하였는데, 이윽고 인사하고 떠나갔다. 그 뒤 아도라는 자가 시종 3인과 함께 역시 모례의 집에 이르렀는데, 의표(儀表)가 묵호자와 비슷하였으며 수년 뒤에 병이 없이 죽었다. 시종이 남아 경률(經律)을 강독하여 더러 신봉하는 자들이 있었으니, 이것이 신라 불법의 시작이다. 민간에 전해지기를, 아도가 신라 서울에 갔다가 돌아와서 산 아래에 이르러 산 중턱을 보니 때는 겨울인데 복사꽃과 오얏꽃이 무성히 피어 있으므로 드디어 이 절을 짓고 그렇게 이름 지었다고 한다. ○ 김종직의 시[72]에,

도리산 앞에 복숭아꽃 오얏꽃 피었는데	桃李山前桃李開
묵호자는 이미 떠나고 도사가 왔다네	墨胡已去道師來
누가 알았으랴! 신라의 빛나는 왕업이	誰知赫赫新羅業
끝내는 모랑 집 움 속의 재가 될 줄을	終是毛郎窨裏灰

하였다.

대혈사(大穴寺) 금오산 북쪽에 있다. 절에 함벽루(涵碧樓)가 있으니, 계곡과 바위를 굽어보고 있다. 고려 길재가 일찍이 누각 위에서 독서하였고 또 대나무를 옮겨 직접 이곳에 심었다. 이에 마을 사람들이 벌목을 금하고 보호하였으므로 지금까지도 푸르게 우거졌으니, 이름을 야은죽(冶隱竹)이라 하였다. ○ 길재의 시[73]에,

72 김종직의 시 : 〈윤료가 선산지리도를 만들었으므로 그 위에 절구 열 수를 쓰다(允了作善山地理圖題十絶其上)〉이다. 《佔畢齋集 卷13》

73 길재의 시 : 〈우연히 읊다(偶吟)〉이다. 《冶隱集 言行拾遺 卷上》

푸른 대는 봄이나 가을이나 절의가 굳고 綠竹春秋堅節義
시냇물은 밤낮으로 흐르면서 욕심을 씻네 溪流日夜洗貪婪
마음속이 밝고 맑아 속진(俗塵)의 일 없으니 心源瑩淨無塵事
여기서 도의 맛이 달다는 것을 깊이 알리라 自此深知道味甘

하였다.

도선굴(道詵窟) 금오산 북쪽에 있다. 바위 굴로 너비가 16자, 깊이가 24자, 높이가 15자이고 2칸짜리 방을 드렸다. 신라 승려 도선(道詵)이 거주한 곳이다.

수다사(水多寺) 연악산에 있다.

득익사(得益寺) 복우산에 있다. 고려 때 역대 실록을 합천(陜川) 해인사(海印寺)에 보관해 두었는데, 왜구가 침략해 오자 이 절에 옮겨 안치하였다. 뒤에 충주(忠州) 개천사(開天寺)에 옮겼다.

접성사(接聖寺) 대황당산 남쪽에 있다.

미봉사(彌峯寺) 비봉산 동쪽에 있다.

금당암(金堂菴) 도리사 북쪽에 있다.

정지암(井池菴) 도리사 남쪽에 있다.

문수사(文殊寺) 해평현 동쪽에 있다.

주륵사(朱勒寺) 냉산 서쪽에 있다. 고려 때 안진(安震)이[74] 찬술한 〈승혜각비명(僧慧覺碑銘)〉이 있다. 지금은 없어졌다.

보봉사(普峯寺) 금오산 최상봉을 보봉(普峯)이라 하니, 절이 그 아래에 있

74 안진(安震)이 : 대본에는 없는데, 《신증동국여지승람》 권29 〈경상도 선산도호부〉 불우(佛宇)에 근거하여 보충하여 번역하였다.

다. 동서로 수백 리가 훤히 바라다보인다.

동양사(東陽寺) 보봉사 동쪽에 있다. 아침 해가 먼저 비추므로 그렇게 이름하였다. 시야가 미치는 바가 보봉사와 다름없다.

고적 古蹟

고일선(古一善) 냉산 서쪽, 여차니진 동쪽 1리에 있다.

고선주(古善州) 남면 구미(仇彌)에 관아, 사창(司倉), 향교의 옛터가 있다.

해평폐현(海平廢縣) 일명 파등(波登)이라고 한다. 부 동쪽 33리에 있다. 본래 신라 병병현(竝幷縣)인데, 고려 초에 해평군(海平郡)으로 고치고 복주(福州 안동(安東))에 예속시켰으며, 현종 때 상주(尙州)에 편입시켰다가 인종 때 본주에 옮겨 편입시켰다. 본조에서 그대로 따랐다. 그 남면은 공산(公山)과 접해 있다.

견도폐역(牽途廢驛) 해평현 동쪽 10리에 있다. 지금은 안곡역(安谷驛)에 병합되었다.

어성정(御城亭) 태조산 북쪽 5리쯤의 작은 산 위에 있다. 바로 고려 태조가 주필했던 곳으로, 보루의 기지가 아직 남아 있다. 나무 한 그루가 무성하게 서 있는데, 바라보면 마치 수레의 일산 같으므로 세속에서 어성정이라 부른다.

제성단(祭星壇) 부 서쪽 5리에 있다. 고려 때 남극노인성(南極老人星)이 이곳에 나타났으므로 매년 봄가을 중기일(中氣日 춘분과 추분)에 향을 내려 제사 지내게 하였다. 본조에 이르러 폐지하였는데, 그 석단(石壇)은 지금까지 남아 있다.

길재(吉再) 옛집 금오산 아래 봉계리(鳳溪里)에 있다. ○ 본조 어무적(魚無

迹)의 시[75]에,

고고하게 지취 높은 길 주서가 落落高標吉注書
금오산 아래에서 문 닫고 살았다네 金烏山下閉門居
수양산 고사리는 은나라가 남긴 풀이요[76] 首陽薇蕨殷遺草
율리의 전원은 진나라의 옛터라네[77] 栗里田園晉舊墟
천년을 이름이 남아 대의를 부지하니 千載名垂扶大義
지금도 지나는 이들 집 앞에서 머리 숙이네 至今人過式前閭
사내로 태어나 누군들 담력 없으랴만 生爲男子誰無膽
우뚝 솟은 봉우리들 모두 날 고무하네 立立峯巒總起予

하였다. ○ 본조 이황의 시[78]에,

아침에 길을 떠나 낙수를 지나는데 朝行過洛水
낙수는 어찌 그리 끝없이 광원한가 洛水何漫漫
낮에 잠시 쉬면서 오산을 바라보니 午憩望鼇山
오산은 울창한 숲 구불구불 서렸구나 鼇山鬱盤盤

75 어무적(魚無迹)의 시 : 〈금오산(金烏山)〉이다. 《治隱集 言行拾遺 卷下》
76 수양산……풀이요 : 백이와 숙제의 고사이다. 주나라가 은나라를 멸하자 백이, 숙제가 그것이 불의(不義)라 하여 주나라의 곡식을 먹지 않고 수양산에 들어가 고사리로 연명하였다.
77 율리의……옛터라네 : 율리는 진(晉)나라 도잠(陶潛)이 은거했던 곳이다. 도잠은 팽택현령(彭澤縣令)이 되었다가 부임한 지 겨우 80여 일 만에 벼슬을 버리고 〈귀거래사(歸去來辭)〉를 읊으며 고향인 율리로 돌아갔다. 〈귀거래사〉에 "돌아가자꾸나. 전원이 장차 황무해지려고 하니 어찌 안 돌아갈까."라는 구절이 있다. 《晉書 隱逸列傳 陶潛》《古文眞寶 後集 卷1》 도잠이 글을 지을 때 반드시 연월(年月)을 기록했는데, 동진(東晉)의 마지막 황제인 안제(安帝) 의희(義熙) 연간까지는 연호를 분명히 기록했지만 남조(南朝) 송이 건국된 이후로는 간지만을 씀으로써 자신이 동진 사람임을 드러냈다고 한다. 《南史 陶潛列傳》
78 이황의 시 : 〈길 선생의 정려를 지나며〔過吉先生閭〕〉이다. 《退溪集 卷1》

맑게 흐르는 물 두꺼운 땅 뚫었고　清流徹厚坤
깎아지른 절벽은 하늘 높이 솟았는데　峭壁陵高寒
거기에 봉계란 마을이 하나 있어　有村名鳳溪
산과 물 그 사이에 자리 잡았다오　乃在山水間
선생이 그 가운데 숨어서 살았으니　先生晦其中
조정에서 영을 내려 마을에 정표하였네　表閭朝命頒
대의를 굽힐 수 없어서이지　大義不可撓
속세가 싫어서 떠난 거라 어찌 말하랴　豈曰辭塵寰
천년을 내려온 조대의 풍도가　千載釣臺風
또다시 동한 땅에 울리게 되었구나[79]　再使激東韓
나라를 부지함은 이미 가망 없는 터라　扶持已無及
절개를 세움이여 길이 곧고 완전하도다　植立永堅完
장부는 큰 절개를 귀하게 여기나니　丈夫貴大節
평소 그 마음을 아는 이 드물었네　平生知者難
아아 그대들 세상 사람들이여　嗟爾世上人
부디 높은 벼슬일랑 사랑하지 마소　愼勿愛高官

하였다.

박영(朴英)의 옛집 태조산 아래에 있다. 박영은 관직을 버리고 이곳에 집을 지어 편액을 송당(松堂)이라 하였다. 앞에 낙강을 굽어보고, 냉산과 마주

79 천년을……되었구나 : 조대(釣臺)는 한(漢)나라 은사(隱士) 엄광(嚴光)이 은둔하며 고기 낚던 곳을 말한다. 《古文眞寶 後集 卷6 嚴先生祠堂記》 엄광은 동문수학한 광무제가 관직을 주어 출사하게 하였으나 끝내 사양하고 숨어 살았다. 여기서는 엄광의 풍도가 오랜 세월 지나 우리나라에 와서 길재의 풍도로 재현되었다는 말이다.

보고 있다.

영봉리(迎鳳里) 부 서문 밖에 있다. 주민 가운데 장원으로 급제한 인물이 많이 나왔다. 유면(兪勉), 전가식(田可植), 정지담(鄭之澹), 하위지(河緯地)는 모두 장원으로 급제하였고, 정초(鄭招), 하담(河澹)은 모두 부장원(副狀元)을 하였는데, 모두 이 마을에 살았다. 그러므로 사람들이 장원향(狀元鄕)이라고 불렀다. 김종직의 시[80]에 "성 서쪽의 작은 마을 영봉리는, 유생들이 아직도 장원방이라 말하네.〔一片城西迎鳳里 青襟猶說狀元坊〕"라고 하였으니, 이곳이다.

의구총(義狗塚) 이매연 가 길옆에 있다. 세상에서 전하기를 "여차리(餘次里)에 어떤 사람이 밤길을 가다가 취한 채 길가에 누워 있었다. 기르던 개가 따라와서 곁에 있었는데, 산불이 번져서 타들어 와 장차 그 주인에게 미치게 되자 개가 몸을 강물에 적셔 불을 꺼서 마침내 그 주인을 구하고는 기력이 다해 죽었다. 주인이 깨어나서 슬퍼하며 묻어 주고 제사 지냈다." 한다.

의우총(義牛塚) 문수산 아래 길옆에 있다. 수목이 빽빽이 우거져 있어 매양 호환(虎患)이 많았다. 숭정(崇禎) 경오년(1630, 인조8)에 점인(店人) 김기년(金起年)이 산 아래에서 밭을 갈고 있는데, 포악한 범이 갑자기 이르러 그 소를 덮쳤다. 김기년이 창황 중에 쟁기를 던지자 범이 이내 소를 놓고 도리어 김기년을 물었다. 그러자 소가 이미 범에게 상처를 입었는데도 주인이 범에게 해를 당하는 것을 보고는 크게 포효하며 힘껏 달려들어 날뛰면

80 김종직의 시 : 〈윤료가 선산지리도를 만들었으므로 그 위에 절구 열 수를 쓰다〔允了作善山地理圖題十絶其上〕〉이다. 《佔畢齋集 卷13》

서 뿔로 수없이 들이박았다. 결국 범은 땅에 엎어져 피를 흘리다가 마침내 골짜기 안에서 죽었다. 김기년이 엉금엉금 기어 집에 돌아왔는데 한 달 남짓 되어 상처로 인해 죽고 소 또한 주인이 죽은 뒤 며칠 만에 죽었다. 마을 사람들이 놀라고 신기하게 여겨 그 소를 묻어 주고 관아에 신고하였다. 이에 부사 조찬한(趙纘韓)이 그 사실을 검험하고는 무덤 곁에 비석을 세우고 '의우총' 석 자를 새겨 넣었다.

명환 名宦

신라

일부(日夫) 진평왕 36년(614)에 일선주(一善州)를 설치하고, 일길찬(一吉飡) 일부를 군주(軍主)로 삼았다.

고려

이득진(李得辰) 지선주사(知善州事)가 되었는데, 신우(辛禑) 9년(1383)에 왜구가 주 경내에 난입하여 주 청사를 불태웠다. 이득진은 관심평(觀心坪)에 주민들을 입보(入保)하게 하고 왜구가 물러간 뒤에 읍성을 쌓아 수비하니, 왜구가 다시 이르지 못하였다. 고을 사람들이 은덕으로 여겨 초상을 걸어 놓고 향사하였다.

본조

정이오(鄭以吾) 지선주사가 되었는데, 청렴하고 대범하여 문치(文治)에 여

유가 있었다.

송요년(宋遙年) 선산 부사가 되었는데, 정사가 공평하고 송사가 간명(簡明)하여 공사 간에 넉넉함이 있었다.

김이음(金爾音) 부사가 되었는데, 청렴하고 검약하여 치적이 있었다.

김숙자(金叔滋) 장헌왕(莊憲王 세종)이 경학에 밝고 행실이 단정한 자를 뽑아서 사유(師儒)에 임명하도록 명하였는데, 김숙자가 첫째로 추천되어 성균관 주부에 제수되었다. 오래지 않아 좌천되어 외직으로 나가 본부 교수가 되었는데, 제생(諸生)을 가르치고 인도하여 사풍(士風)이 크게 달라졌다.

권득경(權得經) 선산 부사가 되었는데, 치적이 최상이라고 알려졌다.

김종직(金宗直) 강정왕조(康靖王朝 성종조)에 선산 부사가 되었는데, 폐단을 보정하고 학문을 흥기시키는 것을 책무로 삼았다. 관직에 임해서는 간명하고 안정되게 하였으므로 형적을 드러내지 않고도 일이 잘 다스려지고 백성들이 차마 속이지 못하였다.

송기충(宋期忠) 선산 부사가 되었는데, 엄정하고 분명하며 공평하고 정직하여 관리와 백성들이 경외하고 애중하였다. 관아에서 죽으니, 백성들이 마치 부모상을 당한 것같이 하였다.

이정(李楨) 소경왕조(昭敬王朝 선조조)에 선산 부사가 되었다. 학교를 흥기시켜 선비를 기르고, 정사를 하면서는 명교(明教)를 우선으로 삼았다.

유철(柳澈) 만력(萬曆) 정유년(1597, 선조30)에 군위 현감(軍威縣監)으로서 승진하여 선산 부사에 제수되었다. 당시 왜구가 겨우 물러가고 명나라 군사가 남쪽으로 내려오니, 유철이 세금을 관대하게 하고 역을 균등하게 하였으며 유민을 구휼하고 군량을 지원하는 등 노고와 공적이 매우 많았다.

유우 流寓

오식(吳湜) 강정리(綱正里)에 살았다. 본조 공정왕(恭定王 태종) 때 과거에 급제하고, 대성(臺省)의 관직을 역임하였다. 일본에 사명을 받들고 갔는데 기풍과 절조가 있었다. 관직은 이조 참판에 이르렀다. 외직으로 나가 전라도 관찰사, 경주 부윤이 되었는데, 모두 청백하다는 것으로 명성이 드러났다.

박서생(朴瑞生) 본래 비안(比安) 사람인데, 본부 율곡(栗谷)에 살았으며, 길재에게 수학하였다. 과거에 급제하고 대성의 관직을 역임하였으며, 안동 부사를 지내고, 조정에 들어가 대사헌이 되었다.

하담(河澹) 선조는 진주(晉州) 사람인데, 대대로 선산에 살았다. 관직은 지군(知郡)에 이르렀다.[81] 충의와 효성이 깊었으며 고상한 뜻이 있었다. 여러 아들이 모두 당세에 이름이 알려졌다.

이언(李堰) 본래 흥양(興陽) 사람으로, 대사헌 이은(李垠)의 아들이다. 유일(遺逸)로 천거되어 여러 관직을 거쳐 남원 부사로 승진하였는데, 정사를 맑고 신중하게 행하였다. 이에 세조가 책을 하사하여 포장(褒奬)하고 특별히 가선대부에 올렸다. 전주 부사가 되었는데, 주 사람들이 생사(生祠)를 세우고 그 은덕을 사모하였다. 부의 내곡리(內谷里)에 살았다. 아들과 사위가 모두 성공하여 일찍이 수연(壽宴) 자리에서 차고 있던 인끈이 서로 얽힐 정도였다. 이에 사람들이 그 당을 오인당(五印堂)이라 명명하였다.

김윤박(金允璞) 본래 청주(淸州) 사람으로, 해평에 우거하였다. 의술을 업으로 삼아 낯빛을 살피고 맥을 짚어 오장(五臟)에서 병이 난 곳을 알았으며,

81 관직은 지군(知郡)에 이르렀다 : 청보 군수(靑寶郡守)를 지냈다. 청보는 청송(靑松)의 옛 이름이다.

죽고 삶과 수명의 길고 짧음을 잘 판단하여 모두 증험되었으므로 사람들이 신의(神醫)라고 칭하였다. 관직에 나가 주부를 지냈고, 나이가 100세에 이르렀다. 손자 김내근(金乃瑾)은 효행이 있었고 관직이 현감에 이르렀다.

인물 人物

고려

김선궁(金宣弓) 태조가 백제를 정벌할 때 숭선(嵩善)에 이르러 종군할 자를 모집하였는데, 김선궁이 아전으로서 응모하였다. 태조가 기뻐하여 직접 쓰던 활을 하사하고서 이름도 그렇게 하사하였다. 뒤에 공으로 인해 대광(大匡) 문하시중(門下侍中)[82]이 되었다. 정종 때 대승(大丞)에 추증되고, 순충(順忠)이라는 시호를 받았다. 장자 김문봉(金文奉)은 삼사 우윤(三司右尹)으로서 고향으로 돌아가 아전이 되었으며, 차자 김봉술(金奉術)은 아버지를 이어 시중이 되었다.[83] 부의 사족(士族) 및 이족(吏族)은 모두 김선궁의 후손이다.

김훤술(金萱述) 해평 사람으로, 태조를 도와 공이 있었으므로 관직이 시중

82 대광(大匡) 문하시중(門下侍中) : 완칭은 고려 삼한통합 익찬 공신(高麗三韓統合翊贊功臣) 삼중대광(三重大匡) 문하시중(門下侍中) 일선백(一善伯)이다. 《善山金氏大同譜》

83 장자……되었다 : 《점필재집》에는 장자를 '奉術'이라 하고, 차자를 '文奉'이라 하였다. 《계당집》에도 장자를 '奉術'이라 하였는데, 차자는 '奉文'이라 하였다. 《佔畢齋集 彛尊錄上 先公譜圖》《溪堂集 卷12 高麗門下侍中三重大匡壁上功臣諡順忠公一善金公神道碑銘》 근거가 불충분하여 그대로 번역하였다.

에 이르렀다. 시호는 장렬(莊烈)이다.

윤군정(尹君正) 해평 사람으로, 고종조에 관직이 수 사공 상서 좌복야 판공부사(守司空尙書左僕射判工部事)에 이르렀다. 아들 윤만비(尹萬庇)는 관직이 부지밀직사(副知密直事)에 이르렀고, 손자 윤석(尹碩)은 좌정승 해평부원군이 되었다.

윤지표(尹之彪) 윤석의 아들이다. 충목왕조에 전리 판서(典理判書)가 되었고, 공민왕 때 평리(評理), 지문하성사(知門下省事)로 승진하고 중대광(重大匡) 해평군(海平君)에 봉해졌다. 성품이 너그럽고 후덕하였으며 남과 거리를 두지 않았다. 몽고어를 대략 이해하였고, 정사를 행하면서는 대체(大體)를 따르는 데 힘썼다. 시호는 충간(忠簡)이다. 아들 윤진(尹珍)은 관직이 찬성사에 이르고 해평군에 봉해졌다.

김수(金洙) 김훤술의 후손이다. 과거에 급제하여 집현전 직제학을 지내고 여러 번 승진하여 개성 윤에 이르렀다. 이숭인(李崇仁)과 벗으로 친하게 지냈다. 호는 송정(松亭)이다. 성주(星州)에도 보인다.

김주(金澍) 김선궁의 후손이다. 아버지 김원로(金元老)는 관직이 판서에 이르렀고, 김주는 여말에 관직에 나아가 예의 판서(禮儀判書)가 되었다. 공양왕 때 중국에 사명을 받들고 갔다가 돌아와 압록강에 이르렀는데, 본조에서 혁명이 일어난 것을 듣고 그 처에게 편지를 보내기를 "충신은 두 임금을 섬기지 않고 열녀는 두 지아비를 따르지 않는 법이오. 내가 강을 건너면 바로 몸 둘 곳이 없소. 부인이 임신을 하였으니 만약 사내아이를 낳으면 이름을 양수(楊燧)라 지으시오." 하고, 이어 조복(朝服)을 벗어 보내며 말하기를 "부인이 죽은 뒤에 이것으로 합장하도록 하오." 하였다. 그러고는 마침내 중국으로 돌아가 형초(荊楚) 지역에서 살았다. 그 처는 과연 사내아이를 낳았다. 김양수는 과거에 급제하고, 관직이 선위사(宣慰使)에 이르렀다.

길재(吉再) 해평 사람이다. 신우(辛禑) 때 과거에 급제하고, 문하주서(門下注書)가 되었다. 이윽고 나라가 장차 망할 것을 알고 어머니가 연로하다는 이유로 관직을 버리고 돌아가 봉양하였다. 본조 초에 공정왕(恭定王 태종)이 동궁에 있을 때 불러들여 공정왕(恭靖王 정종)에게 아뢰어 태상 박사(太常博士 봉상 박사(奉常博士))에 제수하였으나 대궐에 나아가 사은하지 않고 바로 태종에게 글을 올려 말하기를 "옛날 저하와 반궁(泮宮)에서 독서하였으니, 지금 신을 부른 것은 옛일을 잊지 않은 것입니다. 그러나 위조(僞朝 우왕조)에서 과거 급제하고 관직에 나아갔다가 이후 고향에 돌아가서 장차 생을 마칠 것같이 하였으니, 지금 올라와서 뵙고 곧 돌아가고자 하는 것이지 관직에 종사하는 것은 신의 뜻이 아닙니다." 하니, 태종이 말하기를 "그대가 말한 바는 실로 강상(綱常)에 관계된 것이라 의(義)로 볼 때 뜻을 빼기 어렵소. 그러나 부른 것은 나이고, 관직을 내린 분은 임금이오." 하였다. 길재가 마침내 정종에게 글을 올려 아뢰기를 "신이 듣기로 아녀자에게는 두 지아비가 없고 신하에게는 두 임금이 없다고 합니다. 제발 고향으로 돌아가서 노모를 끝까지 봉양하게 해 주십시오." 하니, 정종이 넉넉히 예우해서 보내고 본주에 그 집을 복호(復戶)하도록 명하였다. 길재는 금오산 아래에 집을 짓고 생을 마쳤으며, 야은(冶隱)이라 자호하였다. 길재는 타고난 자품이 영민하며 청빈하고 선을 즐거워하였다. 부모를 지극한 효성으로 섬겼고 스승을 위해 심상(心喪) 3년을 치렀으며,[84] 친척과

84 스승을……치렀으며 : 1409년(태종9)에 권근(權近)의 심상을 치르고, 1417년에 박분(朴賁)의 심상을 치른 것을 말한다.《冶隱集 言行拾遺 卷上 年譜》

친구들을 돈독히 대하고, 상제(喪祭)를 성실하게 행하였다. 도학(道學)을 강하고 이단을 물리치니, 승도(僧徒)로서 감오(感悟)되어 사도(斯道)로 돌아온 이들도 많았다. 장헌왕(莊憲王 세종)이 좌사간대부(左司諫大夫)를 추증하였고 그 마을에 정표하였다.

박영미(朴英美) 선조는 비안 사람인데, 대대로 해평에 살았다. 여말에 관직에 나아가 지춘주사(知春州事)에 이르렀다. 어머니를 지극한 효성으로 섬겼으며, 여묘하는 3년 동안 한 번도 집에 돌아오지 않았다. 일이 알려지자 정려하였다. 사람들이 그 마을을 효자리(孝子里)라고 칭하였다.

본조

김치(金峙) 길재에게 수학하였다. 과거에 급제하고, 사간을 거쳐 김해 부사가 되었다. 관직에서 물러나 영봉리(迎鳳里)에 살면서 자제들을 교수하였다. 당시에 상제(喪祭)가 폐해져 있었는데, 김치가 먼저 가묘(家廟)를 짓고 제사를 받드니 마을 사람들이 교화되었다. 뒤에 효행으로 정려되었다.

김효정(金孝貞) 김선궁의 후손이다. 아버지 김자연(金自淵)은 참판을 지냈다. 김효정은 장헌왕조에 과거에 급제하고, 관직은 이조 판서에 이르렀다. 두 번 경상도 관찰사가 되었는데, 이르는 곳마다 명성과 칭송이 있었다. 사람됨이 편안하고 조용하였으며, 녹훈에 참여하게 되었을 때에도 고사하고 받지 않았다. 시호는 문정(文靖)이다.

하위지(河緯地) 하담(河澹)의 아들이다. 중후하고 과묵하였으며, 학문을 부지런히 하고 의를 좋아하였다. 장헌왕조에 갑과 1등으로 급제하고, 오랫동안 집현전에 근무하면서 보익하고 바로잡은 것이 많았다. 노산군(魯山君) 때 시사(時事)가 장차 변할 줄을 알고는 조복(朝服)을 다 팔고 향리로 돌아갔다. 김종서(金宗瑞)가 죽음을 당하였을 때 좌사간으로 징소되었으나 병을 핑계 대어 사양하고, 글을 올려 '서리를 밟으면 머지않아 두꺼운 얼음이 언다는 경계〔履霜之戒〕'[85]를 극력 진달하였다. 세조가 선위를 받고서 상왕(上王 단종)에게 아뢰어 하위지를 부를 것을 간청하였다. 이에 나아가 예조 참판에 제배되었으나, 따로 녹봉을 쌓아 두고 먹지 않았다. 성삼문(成三問), 이개(李塏), 유성원(柳誠源) 등과 함께 상왕을 복위하려고 모의하였는데 일이 발각되어 6인이 한날에 죽으니, 세상에서 육신(六臣)이라 이른다. 하위지는 정통(正統) 연간 말에 영종황제(英宗皇帝)가 북로(北虜)에게 사로잡혔다[86]는 말을 듣고는 개연히 말하기를 "천자가 병란의 화를 입어 고난을 겪는 것은 천하가 다 같이 분통해할 일이다. 우리들이 비록 바다 밖의 배신(陪臣)이라 하더라도 어찌 편안히 있으면서 함께 근심하지 않겠는가." 하고 항상 바깥채에서 거처하고 침실에 들어가지 않았다.

이맹전(李孟專) 아버지 이심지(李審之)는 판서를 지냈다. 이맹전은 장헌왕조에 과거에 급제하고, 한림에 뽑혀 보임되었으며 뒤에 사간원 좌정언이 되었다. 그 뒤 시사가 장차 변할 줄을 알고 관직을 버리고 귀향하여 거짓으로 눈멀고 귀먹은 체하며 문을 닫고 빈객을 사절하였으며 누차 불러도 나아가지 않았다. 혜장왕(惠莊王 세조)[87] 때부터 문밖을 나가지 않고

85 서리를……경계 : 《주역》 〈곤괘(坤卦) 초육(初六)〉에 "서리를 밟으면 단단한 얼음이 이를 것이다.〔履霜堅氷至〕" 한 데서 유래한 말로, 서리가 내린 것은 얼음이 얼 징조이므로 징조를 보고 미리 화란을 방지하여야 한다는 경계이다..

86 정통(正統)……사로잡혔다 : 정통 14년(1449, 세종31)에 몽고가 명나라에 대거 침입하여 친정(親征) 나온 영종황제를 토목보(土木堡)에서 사로잡아 몽고로 데려간 사실을 말한다. 《明史 英宗本紀》

87 혜장왕(惠莊王) : 대본에는 '莊憲王'으로 되어 있는데, 이맹전의 묘갈명에 "경태(景泰)

집에만 있은 지 30년인데, 일찍이 서쪽을 향해 앉은 적이 없었다.[88] 90세에 죽었다. 앉을 때는 방석이 없고 먹을 때는 수저가 없었으나, 태연하여 마음에 두지 않았다. 죽음에 임하여 처자들이 비로소 그가 거짓으로 눈먼 체한 것을 알았다.

김지경(金之慶) 김양수(金楊燧)의 후손이다. 장헌왕조에 과거에 급제하고 여러 관직을 거쳐 대간을 지냈는데, 정사를 논할 때는 강직하여 굽힘이 없었다. 네 번 관찰사가 되었는데 이르는 곳마다 명성과 공적이 있었다. 뒤에 개성 유수로 있다가 죽었다. 시호는 경질(景質)이다.

김윤수(金允壽) 무과에 급제하였다. 사람됨이 호방하여 세속의 예법에 구애되지 않았고 산업을 일삼지 않았다. 장헌왕이 그가 지혜롭고 용감하다는 것을 알고 여연 병마사(閭延兵馬使)로 삼았는데, 오랑캐를 쳐서 공을 세웠으므로 마침내 더욱 탁용하였다. 그리하여 누차 서북 지방을 진무한 것이 20년인데, 그간에 야인(野人)들이 두려워하며[89] 복종하였다. 승진하여 지중추원사가 되었다. 뒤에 사직을 청하고 전리(田里)로 돌아가 살았다. 죽은 뒤 호양(胡襄)의 시호를 받았다. 처음 회령(會寧)에 부임하였을 때 그 처가 임신을 하여 아들 김만정(金萬鼎)을 낳았는데, 김만정이 18세

갑술년에……은퇴하여 선산의 망장촌(網障村)에 살았다."라고 한 데 근거하여 고쳐 번역하였다.《大山集 卷48 耕隱李先生墓碣銘》 경태 갑술년은 단종 2년(1454)이다.

88 서쪽을……없었다 : 위(魏)나라 왕부(王裒)는 사마씨(司馬氏)가 위를 찬탈하자 종신토록 대궐이 있는 서쪽을 향해 앉지 않음으로써 진(晉)나라에 신하가 되지 않겠다는 뜻을 보였다.《小學集註 善行》 여기서는 이맹전이 선위한 단종에 대한 충절을 지켰다는 것을 말한다.

89 두려워하며 : 대본에는 '襲'으로 되어 있는데,《신증동국여지승람》 권29 〈경상도 선산도호부〉 인물에 '慴'으로 되어 있고《일선지(一善志)》〈인물〉에 '讋'으로 되어 있는 데 근거하여 고쳐 번역하였다.

에 북쪽 변방으로 가서 아버지를 찾아뵈었으니 이때 부자가 처음으로 상견하였다.

김숙자(金叔滋) 길재에게 수학하였으며, 뜻을 독실하게 하고 행실에 힘썼다. 장헌왕조에 과거에 급제하고 천거되어 세자 우정자(世子右正字)가 되었고 뒤에 성균 사예가 되었다. 혜장왕 초에 향리로 돌아가 여생을 보냈다. 성품이 지극히 효성스러워 친상(親喪)에 슬픔과 예를 모두 극진히 하니, 보는 이들이 감동하였다. 집에 거할 때나 관직에 임할 때나 모두 법도로써 스스로 단속하였고, 사람을 가르칠 때는 반드시 《소학(小學)》, 《효경(孝經)》, 사서(四書)를 먼저 하고 다음에 경사(經史)에 나아갔다.

김교(金嶠) 무과에 급제하고 관직이 공조 판서에 이르렀다. 혜장왕조에 적개 공신(敵愾功臣)이 되고 선산군(善山君)에 봉해졌다. 성화(成化) 15년(1479, 성종10)에 평안도 절도사로서 부원수가 되어 윤필상(尹弼商)을 따라 건주위(建州衛)를 정벌하러 갔다. 거기서 승첩을 거두고 돌아와 포로를 바치니, 황제가 조서를 내려 포상하였다.

강신(康愼) 선조는 신천(信川) 사람인데, 여러 세대가 선산에 살았다. 세종조에 과거에 급제하고, 관직이 이조 정랑에 이르렀다. 언행이 고상하고 단중(端重)하여 이르는 곳마다 빙벽(氷蘗)[90]의 지조가 있었다. 일찍 죽으니, 사람들이 모두 애석해하였다.

전좌명(田佐命) 어려서부터 부모를 돈독한 효성으로 섬겼으며, 부모의 상

90 빙벽(氷蘗) : 얼음물을 마시고 황벽(黃蘗)을 먹는다는 뜻으로, 경제적인 어려움 속에서도 청렴결백한 지조를 지키는 것을 말한다. 백거이(白居易)의 "삼 년 세월 동안 자사로 있으면서, 얼음물을 마시고 황벽을 먹었노라.〔三年爲刺史, 飮氷復食蘗.〕"라는 시구에서 유래하였다. 《白樂天詩集 卷1 三年爲刺史》

에 여묘하는 3년 동안 한 번도 집에 가지 않았다. 조정에서 그 효행을 듣고 발탁하여 광흥창 주부에 제수하고, 뒤에 성종 왕비의 외조부로서 좌의정에 추증하였다.

김종직(金宗直) 김숙자의 아들이다. 타고난 자품이 단정하고 빼어나 연소할 때부터 고상한 풍도가 있었다. 문과에 급제하고, 성종조에 오랫동안 경악(經幄)에 있었는데 은혜로운 예우가 매우 융숭하였다. 외직으로 나가 주군(州郡)과 변방의 직임을 맡았는데 모두 다스린 효과가 있었다. 여러 관직을 거쳐 형조 판서에 이르렀다. 죽은 뒤에 문간(文簡)의 시호를 받았다. 김종직은 조행(操行)이 신중하고 공손하며 학문이 정밀하고 넓었으며 문장은 심오하고 단아하며 고상하고 예스러워 한 세대의 유종(儒宗)이 되었다. 후배를 부지런히 가르쳐서 전후의 이름난 유학자들이 모두 그 문하에서 나왔다. 《점필재집(佔畢齋集)》이 남아 세상에 유전한다.

강백진(康伯珍) 강신의 족질(族姪)로 아우 강중진(康仲珍)과 함께 외삼촌 김종직을 따라 수학하였고, 문장과 행실로 일컬어졌다. 성종조에 과거에 급제하고 사헌부 장령이 되었다. 연산군 때 사화(史禍)에 걸려 죽었다. 강중진도 문학이 있었고 관직은 승문원 판교에 이르렀다.

김응기(金應箕) 김지경의 아들이다. 과거에 급제하고 성종을 섬겼으며 여러 번 승진하여 예조 판서가 되었다. 중종조에 관직이 의정부 우의정에 이르렀다. 자질과 성품이 단정하고 신중하였으며, 일을 만나 행할 때는 성실하게 규범과 법도를 따랐다. 시호는 문대(文戴)이다.

정붕(鄭鵬) 아버지 정철견(鄭鐵堅)은 유일(遺逸)로 천거되어 함창 현감을 지냈다. 정붕은 젊었을 때 세속의 예법에 구애되지 않고 호방한 견해를 가지고 있어 과거 공부에는 뜻이 없었다. 숙부인 참판 정석견(鄭錫堅)이 학습에 임할 것을 권고하여 과거에 급제하고 여러 번 승진하여 홍문관 교리가 되었으나, 연산군 때 사화에 걸려 영덕(盈德)에 유배되었다. 중종 초에 다시 교리가 되었는데, 얼마 안 되어 사직하고 돌아왔고 누차 불렀으나 나아가지 않았다. 좌상 성희안(成希顔)이 그가 어질다고 추천하여 상이 간곡히 부르자 대궐에 나아가 사은하였으나 오래 머물려 하지 않았다. 재상이 그 의중을 알고 청송 부사에 제수하여 거기서 생을 마쳤다. 정붕은 김굉필(金宏弼)을 사사(師事)하여 뜻을 분발하고 학문을 독실히 하였으며, 일찍이 〈안상도(案上圖)〉를 지어 스스로 경계하였다. 식견이 월등하여 치란(治亂), 현사(賢邪)의 기미를 스스로 살펴 알아낼 수 있었다고 한다. 후인들은 그가 사는 곳을 따라서 신당(新堂) 선생이라고 칭하였다.[91]

박영(朴英) 젊어서부터 호방함이 남달랐고 무용(武勇)이 월등하였다. 성종조에 무과에 급제하였다. 일찍이 선전관으로서 대궐에서 직숙하다가 한밤중에 눈물을 흘리며 말하기를 "말달리며 검을 쓰는 것은 일개 장부의 일일 뿐이다. 사람이 되어 학문을 하지 않으면 어찌 군자라 하겠는가." 하고 드디어 결연히 귀향하여 낙수 가에 집을 짓고 정붕에게 《대학》을 수학하며 마음을 집중하고 의미를 살펴 인식한 지 10여 년 만에 깊이 스스로 깨닫게 되었다. 중종조에 특별히 강계 부사(江界府使)에 제배하였는데, 군민(軍民)이 신명(神明)처럼 경애하였다. 소명을 받고 조정에 들어가 승지, 병조 참판에 제수되었다. 당시 뭇 현신이 조정에 가득하여 날로 지치(至治)를 기대하고들 있었는데, 박영은 홀로 근심하며 사직하고 향리에 돌아왔

91 그의……칭하였다 : 정붕은 부친 정철견 때부터 선산부의 신당리(新堂里)에 거처하였다고 한다. 《江左集 卷9 鄭新堂先生行狀》

다. 사화(士禍)가 일어나자 당적(黨籍)으로 인해 화를 입어 폄척되었다. 뒤에 다시 나아가 경상도 절도사가 되었다. 박영은 또 의술에도 정통하여 향리에 살면서 약을 지어 수많은 사람을 살렸다. 학자들은 그를 송당(松堂) 선생이라 칭하였다.

박운(朴雲) 어려서부터 뛰어난 재주가 있었다. 중종 때 진사에 입격하고 돌아오던 중 한강에 이르렀는데, 길에서 박영을 만나 이야기를 나누고는 마음으로 감복하여 마침내 스승으로 삼았다. 이후 과거 공부를 그만두고 학문에만 전심하여 깊이 완미하며 힘써 실천한 결과 우뚝 서게 되었다. 만년에 이황과 왕래하며 질의하였고, 학문을 독실히 좋아하여 노년이 되어서도 해이해지지 않았다. 호는 용암(龍巖)이다. 저술에는 〈자양심학지론(紫陽心學至論)〉, 〈격몽편(擊蒙編)〉, 〈삼후전(三侯傳)〉, 〈경행록(景行錄)〉, 〈위생방(衛生方)〉 등이 있다. 선조조에 효행으로 정려하였다.

김취성(金就成) 타고난 자품이 영민하고 일찍부터 학문할 줄을 알아서 과거 공부는 일삼지 않았다. 박운과 함께 박영을 스승으로 삼았고, 평소 다급한 말과 황급한 기색이 없었으며 가르치기를 게을리하지 않았다. 형제 5인이 모두 한집에 거처하며 사랑하고 공경하는 것이 비할 데 없었으므로 그 집에 드나드는 이들도 모두 감화되었다. 박영이 일찍이 말하기를 "취성은 지식과 도량이 고명하고 식견이 가장 정치하였으며, 그가 일생 힘을 쓴 것은 오로지 본원(本原)에 있었다." 하였다. 아우 김취문(金就文)은 과거에 급제하고, 인종이 즉위하자 강원 도사(江原都事)로서 상소하여 삼년상을 행하도록 청하였다. 선조조에 관직이 강원도 관찰사에 이르렀으며, 청렴하고 꼿꼿하다고 알려졌다.

임재(林載) 명경과(明經科)에 입격하였고, 관직은 황간 감무(黃澗監務)에 그쳤다. 효행이 지순(至純)하여 부모가 모두 오래전부터 병을 앓고 있었는데 수년 간 조석으로 약시중을 들면서도 해이해지지 않았으니, 마을과 고을에서 칭찬하였다. 부모가 돌아가시자 예에 지나치도록 슬퍼하였으며 여묘를 6년 동안 하였다. 강정왕(康靖王 성종)이 그 마을에 정표하였다.

임억령(林億齡) 슬기롭고 총명하였으며 박학하고 글을 잘 지었다. 일을 만나서는 유능하고 민첩하게 처리하였다. 과거에 급제하고 여러 관직을 거쳐 강원도 관찰사가 되었다. 명종 초에 조정이 불안정하였는데, 아우 임백령(林百齡)이 은밀히 이기(李芑), 윤원형(尹元衡)과 결탁하여 사림에게 화를 입히려고 하였다. 임억령이 간절하게 훈계하였으나 임백령이 따르지 않자, 마침내 관직을 버리고 남쪽으로 돌아가 해남(海南)에 우거하고 산수를 한가로이 유람하며 생을 마쳤다. 후인들이 그 기풍과 절조를 고상히 여겼다. 저술로 《석천집(石川集)》이 세상에 유전한다.

강유선(康惟善) 강중진의 손자로, 재기(才氣)가 남보다 월등하게 빼어났다. 이연경(李延慶)에게 가르침을 받고 학문에 힘쓰며 행실을 돈독히 하여 향당(鄕黨)이 그의 효성과 의리에 감복하였다. 일찍 진사에 입격하고 태학에 유학하여 이름이 매우 알려졌다. 인종 초에 유생들을 거느리고 세 번 상소하여 조광조(趙光祖)의 억울함을 풀어 주고 간신의 죄를 바로잡기를 청함으로써 선비들의 지향을 밝혔으니, 소장의 내용이 수천 자에 달하였다. 상이 이르기를 "너희들이 옛것을 좋아하는 마음으로 시국을 논하였는데 언사가 간곡하고 의리가 곧으니, 배운 것이 어찌 이보다 더 바를 수 있겠는가." 하였다. 명종 때 무옥(誣獄)에 연좌되어[92] 옥에서 죽으니, 나이가 30세

92 명종……연좌되어 : 무옥은 1549년(명종4)에 있었던 이홍윤(李洪胤)의 옥사를 말한다.

였다. 죽음에 임하여서도 손수 글을 써서 형제들과 영결하며 신의를 돈독히 하고 배움을 좋아할 것을 면려하였으니, 사림들이 듣고는 비통해하였다. 아들 강복성(康復誠)은 누차 주군(州郡)의 직책을 맡아서 순리(循吏)라고 칭송받았고 관직이 지중추부사에 이르렀다.

최응룡(崔應龍) 문과에 장원으로 급제하고, 소경왕조(昭敬王朝 선조조)에 관직이 형조 참판에 이르렀다. 기국(器局)이 있고 사예(射藝)를 잘하여서 당시 문무를 겸한 인재로 일컬어졌다. 여러 번 주부(州府)의 직책을 맡고 세 도의 관찰사를 역임하였는데, 모두 치적이 있었다.

고응척(高應陟) 꾸밈없고 소박하여 거리낌이 없었으며 가난을 편안히 여기고 학문을 좋아하였다. 일찍이 손수 한 칸 집을 지어 문을 발라 버리고 구멍만 두 개 내어 음식과 변을 통하게 하고는 꼿꼿이 앉아 해를 넘기며《대학》을 읽었다. 명종조에 과거에 급제하고 회덕(懷德), 임피(臨陂), 하양(河陽) 등 현의 수령을 역임하였는데, 얼음같이 청백하였으며 재임하는 동안 형장(刑杖)을 쓰지 않았다. 유생들로부터 아전, 노비에 이르기까지 모두에게《대학》을 가르치니, 사람들이 모두 어리석다고 기롱하였으나 조금도 흔들리지 않았다. 일찍이 말하기를 "《중용》,《대학》,《논어》,《맹자》는 사람의 일상에서 물과 불보다 더 절실하게 쓰인다. 그러니 사람이 되어 그것을 알지 못한다면 하루도 살아남을 수 없다." 하였다. 이에 후대의 초집(抄集)을 모두 불태우고 사서(四書)와 오경(五經)에 깊이 몰두하여 즐거워하며 피곤함도 잊었다.

황기로(黃耆老) 진사에 입격하였다. 고산거사(孤山居士)라 자호하였다. 초

강유선은 이홍윤의 역모에 가담했다는 죄목으로 연루되었다.

서를 잘 썼는데 장욱(張旭)과 회소(懷素)[93]를 배워 웅건하고 절묘하였으니, 세상에서 초성(草聖)이라 칭하고 집집마다 장첩(幛帖 서화첩)을 만들어 모두 가보로 전하였다.

열녀 列女

약가(藥哥) 봉계(鳳溪)에 살았으니, 길재와 같은 마을이었다. 어릴 적에 길재가 책 읽는 것을 보고 말하기를 "책 안에 무슨 말이 있습니까?" 하자, 길재가 가르치며 말하기를 "충신은 두 임금을 섬기지 않고, 열녀는 두 지아비를 따르지 않는다." 하니, 약가가 그 말을 외우며 잊지 않았다. 장성하여 같은 부 사람 조을생(趙乙生)의 처가 되었다. 고려 말에 조을생이 군졸로 변방에 수자리를 살다가 왜군에게 붙잡혀 갔다. 약가는 지아비의 생사도 알지 못하여 고기를 먹지 않고 훈채(葷菜)도 먹지 않으며, 밤에는 밤새도록 등불을 밝혀 놓고 의대를 풀지 않은 채 잠자리에 들었다. 부모가 개가시키려고 하였으나 죽기를 맹세하고 따르지 않았다. 8년이 지나 조을생이 도망쳐 돌아와서 밤중에 집에 도착했는데, 등불 빛이 꺼져 있지 않았으므로 처를 부르며 문을 열라고 하면서 그 연고를 갖추 말하였다. 약가가 말하기를 "비록 그렇더라도 한밤중에 홀로 있으니 문은 열 수 없습니다." 하여 남편은 이웃집에서 묵고 그다음 날 상봉하여 처음처럼 부부가 되었다.

한씨(韓氏) 여말 사람이다. 부 사람 김효충(金孝忠)의 처이다. 김효충이 역

93 장욱(張旭)과 회소(懷素) : 모두 초서로 이름이 높았던 당나라의 서예가이다. 《新唐書 張旭列傳》《宋高僧傳 卷14》

병으로 죽자 한씨가 밤낮으로 슬프게 울부짖으니, 집안사람들은 모두 밖으로 피하고 이웃 사람도 감히 가까이하지 못하였다. 한씨는 혼자 직접 거적으로 염하고 그대로 곁을 지키면서 예에 지나치도록 슬퍼하였다. 삼년상을 마치자, 그 아버지가 딸이 자식도 없이 일찍 과부가 된 것을 불쌍히 여겨 재가시키려고 하였다. 이에 한씨가 머리카락을 자르고 자진하려고 하였으므로 그 아버지가 겁이 나서 그만두었고, 마을에서도 경탄하지 않는 이가 없었다.

강씨(康氏) 해평의 사인(士人) 최격(崔格)의 처이다. 시부모가 그 아들을 사랑하지 않았으나 강씨는 부도(婦道)를 다하여 정성껏 모셨다. 본조 선조 20년(1587)에 왜구가 주군(州郡)을 함락하자 가족을 이끌고 산중으로 도망가 숨었는데 왜적이 이르러 납치해 가려고 하니, 강씨가 크게 꾸짖기를 그만두지 않다가 죽임을 당하였다. 일이 보고되어 정려하였다.

김씨(金氏) 교생 도성유(都聖兪)의 처이다. 어려서부터 예를 익혀 시부모와 이웃 사람들이 모두 현부(賢婦)라고 칭찬하였다. 왜구의 난에 산중으로 도망가 숨었는데, 도성유가 적에게 살해당하자 따라 죽기로 결의하고 물 한 모금도 마시지 않았다. 시어머니는 그가 기어이 죽으려는 것을 알고는 철저히 지켰는데, 어느 날 그 남편을 장사 지내려 할 때 시어머니에게 목을 축일 물을 가져다 주기를 청하였다. 시어머니가 물을 가지고 급히 돌아와 보니 이미 목매어 죽어 있었다. 선조가 정려하라고 명하였다.

박씨(朴氏) 효자 박영미의 후손이다. 해평의 사인 최잠(崔潛)의 처로, 남편을 잃고 과부로 살던 중 왜구의 난이 일어나 산중으로 도망가 숨었다가 적에게 사로잡히게 되었는데, 크게 꾸짖으며 굴하지 않았다. 적이 칼을 들이대며 위협하여 100보쯤 끌고 갔는데 박씨가 갈수록 더 강하게 저항하였으므로 마침내 살해당하였다.

송씨(宋氏) 사인 노경건(盧景健)의 처이다. 일찍 남편을 잃고 시어머니를 정성껏 모셨다. 선조 때 왜란을 피하여 상주에 갔는데 왜적이 이르러 덮치려고 하자 송씨가 크게 꾸짖으니, 그 양손을 절단하였다. 그래도 꾸짖기를 멈추지 않았으므로 마침내 살해당하였다.

하씨(河氏) 참봉 김도(金燾)의 처이다. 김도는 곧은 지조가 있었고, 하씨 또한 부녀자다운 행실이 있었다. 왜구의 난에 산중으로 도망가 숨었는데, 김도가 그 처와 약속하여 말하기를 "혹여 적을 만나면 욕을 당하면서 구차히 살 수는 없다." 하고, 험준하고 높은 곳을 찾아 죽을 장소로 삼았다. 적이 이르자 김도가 벼랑에서 떨어지려고 하니, 하씨가 옷을 당기며 말하기를 "낭군은 조금 미루시오. 내가 먼저 죽겠소." 하고는 마침내 벼랑에서 몸을 던졌으며, 김도도 뒤를 따랐다.

강씨(康氏) 강유선의 형의 딸이다. 어려서부터 훈계(訓戒)[94]를 익혀서 성품과 행실이 정결하였고, 사인[95] 김석지(金錫祉)에게 시집갔다. 왜구의 난에 김석지와 그 아버지가 모두 산중에서 죽었는데, 강씨는 두 초상에 아직 장사도 못 치른 데다 아이도 아직 어려서 차마 죽지는 못하고 항상 짧은 새끼줄을 지니고서 창졸간에 일어날 상황에 대비하였다. 한참 뒤에 돌아가서 장사 지내려고 하였는데 샛길로 잘못 들어 장례 도구를 모두 잃어버렸다. 그런데 명나라 군사가 다시 남하하여 병마(兵馬)가 주둔하니, 강씨가

94 훈계(訓戒) : 대본에는 '訓戎'으로 되어 있는데, 문맥에 근거하여 고쳐 번역하였다.
95 사인 : 대본에는 '士□'으로 되어 있는데, 문맥에 근거하여 '人' 1자를 보충하여 번역하였다.

거의 혼절하다시피 크게 통곡하며 말하기를 "진작에 죽어야 할 줄 알았지만 지금까지 구차히 산 것은 뜻이 있어서였는데, 지금 또 이와 같으니 내 일이 결정되었다." 하고, 어린 아들을 형의 아들에게 부탁하고는 마침내 지니고 있던 새끼줄로 목을 매어 죽었다.

견지(堅至) 공천(公賤)이다. 일찍이 남편을 잃고 최복(衰服) 3년을 입었는데, 상이 끝난 뒤에도 여전히 소복과 소식(素食)을 하였다. 마을 사람들이 그가 어질고 재주 있음을 좋아하여 앞다투어 절개를 빼앗으려고 하였다. 견지는 머리카락을 자르고 옷을 찢고 얼굴은 때를 씻지 않은 채 항상 큰 칼을 몸에 지니고 다니니, 악동들도 감히 근접하지 못하였다. 왜구의 난에 적에게 사로잡혀 적이 더럽히고자 하자 크게 꾸짖으며 굽히지 않다가 죽었다.

김씨(金氏) **두 딸** 무래촌(舞來村) 백성 김걸(金乞)의 딸들로 모두 출가하기 전이었다. 왜구의 난에 부모가 모두 적에게 죽임을 당하자 두 딸이 서로 모의하여 말하기를 "부모님이 이미 돌아가셨으니 더는 희망이 없다. 만약 일찍 결정하지 않으면 종당에는 필시 원수인 오랑캐에게 욕을 당할 것이니 온전한 몸으로 함께 죽느니만 못하다." 하고, 마침내 앞에 있던 못에 달려가 차례로 물에 몸을 던졌다. 마을 사람들이 슬퍼하며 그 못을 자매연(姊妹淵)이라고 칭하였다.

김산군金山郡

동쪽으로 개령현(開寧縣) 경계까지 12리이다. 남쪽으로 지례현(知禮縣) 경계까지 41리이다. 서쪽으로 충청도 황간현(黃澗縣) 경계까지 41리이다. 북쪽으로 상주(尙州) 경계까지 34리[96]이다. 서울과의 거리는 553리이다.

한전 旱田

수전 水田

건치연혁 建置沿革

본래 감문국(甘文國) 지역이다. 신라에서 김산현을 설치하고 개령군(開寧郡) 영현으로 삼았다. 고려 현종 때 경산부(京山府)에 편입시켰고, 공양왕 초에 다시 김산현을 설치하였다. 본조 공정왕(恭靖王 정종) 때 승

96 34리 : 대본에는 '二十四里'로 되어 있는데, 김산군 북쪽 상주와의 경계에 있는 속문산(俗門山)과의 거리가 37리인 점과 《신증동국여지승람》 권29 〈경상도 김산군〉 및 《김산군읍지(金山郡邑誌)》 등에 근거하여 고쳐 번역하였다.

격하여 군으로 삼았다. 어태(御胎)를 안치하였으므로 승격한 것이다. 관장하는 면은 16개이다.

관원

군수(郡守), 훈도(訓導) 각 1인이다.

군명 郡名

별호(別號)는 금릉(金陵)이다.

형승 形勝

산천 山川

오파산(五波山) 군 동쪽 1리에 있다. 진산(鎭山)이다.

황악산(黃嶽山) 군 서쪽 15리에 있다. 공정왕(恭靖王) 때 어태를 산 동쪽 직지사(直旨寺)의 북쪽 봉우리에 안치하였다.

속문산(俗門山) 군 북쪽 37리에 있다.

고산(高山) 군 서쪽 35리에 있다. 산의 북쪽은 바로 상주의 공성현(功城縣)과 중모현(中牟縣)이다.

극락산(極樂山) 군 서북쪽 11리, 황간현과의 경계에 있다.

흑운산(黑雲山) 군 북쪽 31리에 있다.

병점(餠岾) 군 남쪽 11리에 있다.

고성산(高城山) 군 남쪽 9리에 있다.

좌현(左峴) 속문산 동쪽, 선산부(善山府)와의 경계에 있다.

괘방현(卦方峴) 군 서쪽 15리, 황간현과의 경계에 있다.

감천(甘川) 군 동남쪽 11리에 있다. 바로 지례현 감천의 하류로, 동쪽으로 흘러 개령현 경계로 들어간다.

직지천(直旨川) 일명 봉계(鳳溪)라고 한다. 원류는 황악산에서 나와 군 남쪽 5리를 경유하고, 동쪽으로 감천에 들어간다.

연화지(鳶譁池) 군 남쪽 1리에 있다.

토산 土產

종이〔紙〕, 감〔柹〕, 호두〔胡桃〕, 꿀〔蜂蜜〕, 황랍(黃蠟), 송이버섯〔松蕈〕, 지황(地黃), 산무애뱀〔白花蛇〕, 은구어(銀口魚 은어)

공서 公署

김천도 찰방사(金泉道察訪司) 군 남쪽 10리에 있다. 김천(金泉), 추풍(秋豐), 답계(踏溪), 안언(安彦), 무계(茂溪), 안림(安林), 금양(金陽), 부상(扶桑), 동안(東安), 팔진(八鎭), 무촌(茂村), 고평(高平), 양원(楊原), 권빈(勸賓), 성기(星奇), 양천(楊川), 금천(琴川), 문산(文山), 작내(作乃), 장곡(長谷), 성초(省草) 등 21개 역을 관할한다. 찰방 1인이 있다.

학교 學校

향교(鄕校) 군 남쪽 1리에 있다.

경렴서원(景濂書院) 군 남쪽 15리에 있다. 본조 김종직(金宗直)이 일찍이 본군에 거주하면서 당 앞에 못을 파고 그 당을 이름하여 경렴(景濂)이라 하였다.[97] 후인들이 이곳에 서원을 짓고 사당을 세워 김종직을 향사하고 인하여 경렴으로 명명하였다. 또 이약동(李約東)과 조위(曺偉)를 종향(從享)하였다.

궁실 宮室

객관(客館)

서하루(棲霞樓) 객관 동쪽에 있다. 군수 김세균(金世鈞)이 세우고 강혼(姜渾)이 명명하였다.

경렴당(景濂堂) 김종직의 옛 거주지가 군 서쪽 백천리(百川里)에 있었는데, 당 앞에 못을 파서 연을 심고 이름을 경렴이라고 하였다.

향사당(鄕射堂) 연화지 위에 있다.

97 본군에……하였다 : 대본에는 '居郡池, 名其堂曰景濂.'으로 되어 있는데, 본책 본군 궁실 경렴당에 "옛 거주지가 군 서쪽 백천리(百川里)에 있었는데, 당 앞에 못을 파서 연을 심고 이름을 경렴이라고 하였다.〔舊居在郡西百川里, 堂前鑿池種蓮, 名曰景濂.〕"라고 한 데 근거하여 보충하여 번역하였다.

봉수 烽燧

고성산 봉수(高城山烽燧) 남쪽으로 지례현 구산(龜山)에 응하고, 서쪽으로 충청도 황간현 눌이항산(訥伊項山)에 응한다.

소산 봉수(所山烽燧) 군 북쪽 29리에 있다. 동쪽으로 개령현 감문산(甘文山)에 응하고, 북쪽으로 상주 회룡산(回龍山)에 응한다.

우역 郵驛

김천역(金泉驛) 군 남쪽 10리에 있다. 찰방사(察訪司) 본역이다.

문산역(文山驛) 군 북쪽 2리에 있다.

추풍역(秋豐驛) 군 서쪽 35리에 있다.

남원(南院) 군 남쪽 3리에 있다.

김천원(金泉院) 김천역 동쪽에 있다.

과곡원(果谷院) 군 남쪽 35리에 있다.

좌현원(左峴院) 좌현 남쪽에 있다. 군과의 거리는 북쪽으로 38리이다.

당지원(堂旨院) 군 서쪽 21리에 있다.

이정원(梨亭院) 군 북쪽 20리에 있다.

두하원(豆下院) 군 북쪽 28리에 있다.

능묘 陵墓

조위(曺偉) 묘 군 서쪽 7리, 봉계에 있다.

배흥립(裵興立) 묘 군 남쪽 23리, 대방산(大方山)에 있다.

사묘 祠廟

사직단(社稷壇) 군 서쪽에 있다.

문묘(文廟) 향교에 있다.

성황사(城隍祠) 오파산에 있다.

여단(厲壇) 군 북쪽에 있다.

사찰 寺刹

직지사(直旨寺) 황악산 동쪽에 있다. 고려 임민비(林民庇)가 지은 〈대장당기(大藏堂記)〉가 있다.

진흥사(眞興寺) 병점에 있다.

능여암(能如菴) 직지사 서쪽에 있다. 신라 말에 고승 능여(能如)가 거처한 곳이다.

복룡사(伏龍寺), 난암(卵菴) 모두 흑운산에 있다.

고적 古蹟

어모폐현(禦侮廢縣) 군[98] 북쪽 20리에 있다. 본래 신라 금물현(今勿縣)으로, 일명 음달(陰達)이라고 한다. 경덕왕 때 어모(禦侮)로 고치고 감문군(甘文郡) 영현으로 삼았다. 고려 현종 때 상주에 편입시켰다. 본조 초에 본군에

98 군 : 대본에는 '縣'으로 되어 있는데, 전후 서술에 근거하여 고쳐 번역하였다.

옮겨 편입시켰고 이후 직촌(直村)으로 삼았다.[99]

속문산성(俗門山城) 돌로 쌓았고 둘레가 2450자이다. 안에 시내 2개와 못 2개가 있다. 예전에는 군창(軍倉)이 있었는데 지금은 없어졌다.

영명향(迎命鄕) 군 동쪽 30리에 있다. 본군 경계를 넘어 개령현 남촌(南村)에 들어간다.

명환 名宦

본조

김증(金曾) 노산군 초에 지김산군사(知金山郡事)가 되었는데, 정사를 인자하고 자상하며 공명하고 과단성 있게 행하였다. 재임 중에 죽자 관리와 백성들이 부모를 여읜 듯 슬퍼하였다.

권득경(權得經) 세조 때 예조 좌랑으로서 외직으로 나가 김산 군수가 되었는데, 백성들이 그 치적을 칭송하였다.

문근(文瑾) 김산 군수가 되었는데, 정사가 맑고 송사를 잘 다스렸다.

이인형(李仁亨) 김산 군수가 되었는데, 정사를 청렴하고 간명하게 행하였다.

99 본조……삼았다 : 대본에는 '本朝初移入于郡, 爲直村.'으로 되어 있는데, 《신증동국여지승람》 권29 〈경상도 김산군〉 고적에 '本朝太祖時來屬, 今爲直村.'이라고 한 데 근거하여 보충하여 번역하였다.

인물 人物

본조

이호성(李好誠) 그 선조는 함안(咸安) 사람으로, 뒤에 본군 사람이 되었다. 장헌왕조(莊憲王朝 세종조)에 무과에 급제하였다. 무예가 있고 용맹하며 청렴하고 고결하다는 것으로 세상에 이름이 났다. 여러 번 서북면 변경을 진무하였는데, 옛 명장(名將)의 풍도가 있었다. 경상우도 처치사(慶尙右道處置使)를 지내고 조정에 들어가 지중추부사가 되었다.

이호인(李好仁) 가계는 하빈(河濱)[100] 출신인데, 대대로 본군의 장암촌(壯巖村)에 거주하였다. 이호인은 관직이 임피 현령(臨陂縣令)에 이르렀다. 성품이 지극히 효성스러웠고 집안이 엄숙하였으며, 집안 제사를 일체 예법대로 행하였고 시공친(緦功親)[101]의 초상에도 모두 정해진 복을 입었다.

유익명(兪益明) 장헌왕조에 무예로 이름을 날렸다. 동북면을 비롯하여 변경 지역을 진무한 것이 전후로 20여 년이었다.[102]

100 하빈(河濱) : 대구도호부(大丘都護府)의 속현이다.

101 시공친(緦功親) : 시공복(緦功服)을 입는 친척을 말한다. 시공복은 3개월 동안 입는 시마복(緦麻服), 5개월 동안 입는 소공복(小功服), 9개월 동안 입는 대공복(大功服)을 가리킨다. 가벼운 복에 속하는 시마복과 소공복을 입는 친척만을 지칭하기도 한다.

102 동북면을……년이었다 : 대본에는 '鎭東北界前後二十餘年'으로 되어 있는데, 《세종실록》, 《문종실록》, 《단종실록》의 기사에 의하면, 유익명은 1437년(세종19) 평안도 지자성군사를 시작으로 의주 목사를 지내고 1449년~1450년 판회령도호부사와 절제사를 역임하였다. 이후 내직에 있은 뒤 1453년(단종1) 경상우도 병마절제사를 지내고 1455년 전라도 처치사로 죽었다. 이에 근거하면 여기서 20여 년이라 한 것은 동북면뿐 아니라 서북, 남방의 변경 지역을 통칭한 것으로 보이므로 보충하여 번역하였다. 《世宗實錄 19年 7月 19日》《文宗實錄 卽位年 12月 10日》《端宗實錄 1年 7月 28日, 3年 4月 28日》

최선복(崔善復) 그 선조는 화순(和順) 사람인데, 조부인 종부시 영 최원지(崔元之)가 김산에 옮겨 거주하였다. 최선복은 세종조에 과거에 급제하여 집현전에 뽑혀 들어가고 여러 관직을 거쳐 경주 부윤에 이르렀다. 아들 최한원(崔漢源)은 관직이 관찰사에 이르렀고, 또한 청렴하고 성실하다고 알려졌다.

최선문(崔善門) 최선복의 종제이다. 여러 관직을 거쳐 공조 판서가 되었고, 청렴하고 검소하다고 일컬어졌다.

이약동(李約東) 과거에 급제하고 여러 관직을 거쳐 이조 참판에 이르렀으며 주부(州府)의 관직을 역임하였는데, 부임하여 정사를 청렴하고 성실하게 행하였다. 시호는 평정(平靖)이다. 일찍이 제주 목사가 되었는데 주 사람들이 그의 청렴함에 감복하였다. 돌아올 때 풍랑을 만나자 글을 지어 바다에 던지며 말하기를 "약동이 평소 의롭지 않은 것을 취하였다면 하늘이 배를 뒤집을 것이다." 하니, 풍랑이 즉시 그쳤다.

조위(曺偉) 연소할 때 과거에 급제하였고 시문에 능하였다. 관직이 호조 참판에 이르렀다. 조위의 누이가 김종직의 처가 되었으므로 김종직을 따라 수학하였다. 강정왕(康靖王 성종)이 일찍이 조위에게 명하여 김종직의 문집을 편찬하게 하였는데, 사화[103]가 일어나게 되자 유자광(柳子光)이 연산주(燕山主)에게 참소하여 말하기를 "조위가 문집 머리에 〈조의제문(弔義帝文)〉을 수록하였으니 이는 자못 저의가 있습니다." 하였다. 이에 연산주가 크게 노하여 순천(順天)에 유배 보냈고 거기서 죽었다. 호는 매계(梅溪)이며, 시집(詩集)이 남아 있다.

103 사화 : 1498년(연산군4)에 일어난 무오사화(戊午士禍)를 말한다.

최사로(崔士老) 최선복의 족질이다. 과거에 급제하고, 관직은 성균관 대사성에 이르렀다. 아들 최한정(崔漢楨)은 이조 참의를 지냈다. 최한정의 아들 최중홍(崔重洪)은 전라도 관찰사가 되었다.

김시창(金始昌) 《소학(小學)》으로 몸을 단속하여 부모상을 당하자 여묘(廬墓)하며 슬프게 울부짖고 문밖을 나가지 않았다. 성묘(成廟 성종)의 상에 삼년복을 입었다. 중묘(中廟 중종)와 인묘(仁廟 인종)가 승하했을 때 김시창의 나이가 일흔이 넘었는데 또한 모두 복제(服制)를 다하였으며, 조정에서 관직을 내리며 불렀으나 나아가지 않았다. 사람들이 효절선생(孝節先生)이라고 칭하였다.

배흥립(裵興立) 선조는 성주(星州) 사람인데, 좌사간 배한(裵閑)의 후손이 옮겨 와 거주한 지 여러 대가 되었다. 배흥립은 부모를 섬김에 효행이 지극하였다. 아버지 배인범(裵仁範)이 죽자 어머니 김씨(金氏)가 너무 슬퍼한 나머지 몸을 상하여 병이 났다. 그로 인해 머릿니가 생겨 머리를 빗을 수 없게 되자 배흥립이 직접 자기 머리에 기름칠을 한 뒤 어머니 머리에 대고 이를 옮겨 왔으며, 의대(衣帶)도 풀지 않고 마음과 행동을 극진히 하였으므로 보는 자들이 모두 눈물을 흘렸다. 밥 한 그릇을 얻더라도 반드시 아우와 함께함이 종신토록 변함이 없었다. 소경왕조(昭敬王朝 선조조)에 무과에 급제하여 변진(邊鎭)의 직책을 역임하였으며, 관직이 공조 참판에 이르렀다. 효종조에 그 마을에 정표(旌表)하였다. 아들 배시량(裵時亮)은 절도사가 되었다.

열녀 列女

김씨(金氏) 현감 배인범의 처이다. 어려서부터 효성이 지극하여 아버지가 죽자 초상과 제사에 정성을 다하였으니, 슬퍼하는 모습을 본 이들은 모두 그 효성에 감동하였다. 뒤에 지아비의 상을 치르다가 지나치게 슬퍼하여 죽음에 이르렀으니, 향리에서 탄복하였다. 본조 소경왕조에 정려(旌閭)하였다.

개령현開寧縣

동쪽으로 선산부(善山府) 경계까지 19리, 인동현(仁同縣) 경계까지 42리이다. 남쪽으로 성주(星州) 경계까지 38리이다. 서쪽으로 김산군(金山郡) 경계까지 14리이다. 북쪽으로 선산부 경계까지 31리이다. 서울과의 거리는 558리이다.

한전 **旱田**

수전 **水田**

건치연혁 **建置沿革**

옛 감문소국(甘文小國)이다. 신라에서 취하여 진흥왕 때 고쳐 청주(青州)로 삼았고, 진평왕 때 주를 폐하였다. 문무왕 때 감문군(甘文郡)으로 삼았고, 경덕왕 때 개령으로 고쳤다. 고려 현종 때 상주(尙州)에 편입시켰고, 명종 때 다시 개령현을 설치하였다. 본조에서 그대로 따랐다. 관장하는 면은 8개이다.

관원

현감(縣監), 훈도(訓導) 각 1인이다.

군명 郡名

감문(甘文), 청주(靑州)

형승 形勝

강이 길게 흐르고 멧부리가 나란히 늘어서 있다. 본조 윤자영(尹子濚)의 시

토질이 곡식 농사에 알맞다. 본조 서거정(徐居正)의 〈동락정기(同樂亭記)〉[104]

산천 山川

감문산(甘文山) 현 북쪽 2리에 있다. 진산(鎭山)이다.

유산(柳山) 현 동쪽 2리에 있다. 작은 산으로, 엎드려 있는 거북의 모습이다. 감천(甘川)이 그 아래를 지나간다.

태성산(台星山) 현 동쪽 12리에 있다.

복우산(伏牛山) 현 북쪽 20리에 있다.

104 서거정(徐居正)의 동락정기(同樂亭記) : 〈개령현 동락정기(開寧縣同樂亭記)〉이다. 《四佳集 文集 卷2》

걸수산(乞水山) 현 남쪽 30리, 성주와의 경계에 있다.

금오산(金烏山) 현 남쪽 30리에 있다.

갈항현(葛項峴) 현 남쪽 27리에 있다.

운봉산(雲峯山) 현 남쪽 31리에 있다.

우현(右峴) 복우산 서쪽에 있다.

감천(甘川) 현 남쪽 2리에 있다. 바로 김산군 감천의 하류이다. 현의 경내에 제방 9개를 쌓아서 관개 수리의 혜택을 받는 논밭이 가장 많다. 동쪽으로 흘러 선산부 경계에 들어간다.

묘광지(妙光池) 현 서쪽 12리에 있다.

탄동지(炭洞池) 우현 남쪽에 있다.

적전지(赤田池) 현 북쪽 7리에 있다.

금천지(金川池) 현 동쪽 20리에 있다.

토산 土産

대추〔棗〕, 안식향(安息香), 지황(地黃)

학교 學校

향교(鄕校) 예전에는 현 서쪽의 사자사(獅子寺)를 학교로 삼았는데, 지금은 현 북쪽 1리로 옮겼다.

궁실 宮室

객관(客館)

무민루(撫民樓) 객관 동쪽에 있다.

동락정(同樂亭) 객관 동쪽 2리에 있다. 유산(柳山) 위에 자리 잡아서 평평한 밭이 훤히 바라보인다. 성화(成化) 무자년(1468, 세조14)에 현감 변심(卞鐔)이 세우고 서거정이 명명하고 기문[105]을 지었다.

추흥루(秋興樓) 객관 북쪽에 있다.

봉수 烽燧

감문산 봉수(甘文山烽燧) 동쪽으로 선산부 남산(藍山)에 응하고, 서쪽으로 김산군 소산(所山)에 응한다.

우역 郵驛

부상역(扶桑驛) 현 남쪽 30리[106]에 있다.

양천역(楊川驛), 동원(東院) 모두 현 동쪽 3리에 있다.

서원(西院) 현 서쪽 4리에 있다.

용지원(龍旨院) 현 북쪽 15리에 있다. 혹 쌍봉원(雙峯院)이라고도 칭한다.

105 기문 : 〈개령현 동락정기(開寧縣同樂亭記)〉이다. 《四佳集 文集 卷2》

106 30리 : 대본에는 '二十里'로 되어 있는데, 부상역이 있는 운봉산이 현 남쪽 31리에 있는 점과 《신증동국여지승람》 권29 〈경상도 개령현〉 역원(驛院) 및 《대동여지도》 등에 근거하여 고쳐 번역하였다.

흥신원(興信院) 현 남쪽 8리에 있다.

비하원(飛下院) 현 남쪽 15리에 있다.

갈항원(葛項院) 갈항현 아래에 있다.

미륵원(彌勒院) 현 남쪽 38리에 있다.

건천원(乾川院) 현 남쪽 25리에 있다.

사묘 祠廟

사직단(社稷壇) 현 서쪽에 있다.

문묘(文廟) 향교에 있다.

성황사(城隍祠) 감문산에 있다.

여단(厲壇) 현 북쪽에 있다.

능묘 陵墓

금효왕 무덤〔金孝王塚〕 현 북쪽 20리에 큰 무덤이 있는데, 세속에서 감문국(甘文國)의 금효왕릉(金孝王陵)이라고 전한다.

장부인 무덤〔獐夫人塚〕 현 서쪽 웅현(熊峴)에 있다. 세속에서 감문국 때의 장부인 무덤이라고 전한다.

사찰 寺刹

계림사(鷄林寺) 감문산에 있다.

갈항사(葛項寺) 금오산 서쪽에 있다. 신라 승려 승전(勝詮)이 창건한 절이다. 돌덩이 80여 매(枚)가 있는데, 민간에서 말하기를 "승전은 돌 해골〔石髑髏〕[107]을 관속(官屬)으로 삼아서 《화엄경(華嚴經)》을 강설하였다."라고 한다.

대양사(大陽寺) 감문산 북쪽에 있다.

문수사(文殊寺) 복우산에 있다.

대도리사(大兜利寺) 금오산에 있다.

고적 古蹟

감문고국(甘文古國) 유산(柳山) 북쪽 동원(東院) 옆에 감문국 때의 궁궐 터가 아직 남아 있다.

명환 名宦

신라

기종(起宗) 진흥왕 초에 청주(靑州)를 설치하고 사찬(沙湌) 기종을 군주(軍主)로 삼았다.

107 돌 해골〔石髑髏〕: 오래되어서 화석이 된 해골을 말한다.

본조

김숙자(金叔滋) 세종조에 개령 현감이 되었는데, 은혜로운 정사를 행하였으므로 관리와 백성들이 서로 편안해하였다.

인물 人物

고려

홍균(洪鈞) 두 차례 서북 지방을 진무하였는데, 사람들이 그 은혜를 고맙게 여겨 아버지라고 칭하였다. 관직은 문하평장사에 이르렀다.

홍녹주(洪祿遒) 홍균의 아들이다. 서북면 병마사가 되었는데, 병영에 이른 지 10일 만에 최탄(崔坦)의 난이 일어났다. 홍녹주가 담을 넘어 달아나 바다에 빠져 죽으려고 하자, 최탄이 사람을 보내 홍녹주에게 말을 전하기를 "임연(林衍)이 마음대로 임금을 폐위하고 옹립하는데 조정에는 충신이 없으므로 우리들이 분격하여 악당의 우두머리를 죽이고 우리 임금을 복위시키려는 것일 뿐입니다. 선대인인 평장사께서 두 차례 북방을 진무하여 우리 백성의 목숨을 살리셨으며, 상서께서 지금 또 북방을 진무하러 오시고 선대인의 풍도가 있으니 우리들은 차마 은덕을 배반할 수 없습니다." 하였다. 이에 홍녹주가 마침내 서울로 돌아갔다. 뒤에 관직이 문하평장사에 이르렀다.

본조

정석견(鄭錫堅) 선조는 해주(海州) 사람이다. 과거에 급제하여 관직이 이조 참판에 이르렀다. 아우 정철견(鄭鐵堅)은 도가 있다고 천거되어[108] 거창 현감이 되었다.

108 아우……천거되어 : 유일(遺逸)로서 천거된 것을 말한다. 연산군이 1495년(연산군1)에 명하기를 "생원 정철견은 숨은 유일로서 지방에서 천거하였으니, 서용하라." 하였다. 《국역 연산군일기 1년 10월 23일》

지례현知禮縣

동쪽으로 성주(星州) 경계까지 13리이다. 서쪽으로 전라도 무주현(茂朱縣) 경계까지 38리이다. 남쪽으로 거창군(居昌郡) 경계까지 46리이다. 북쪽으로 김산군(金山郡) 경계까지 15리이다. 서울과의 거리는 624리이다.

한전 旱田

수전 水田

건치연혁 建置沿革

본래 신라 지품천현(知品川縣)인데 경덕왕 때 지례로 고치고 개령군(開寧郡) 영현으로 삼았다. 고려 현종 때 경산부(京山府)에 편입시켰고, 공양왕 때 다시 지례현을 설치하였다. 본조에서 그대로 따랐다. 관장하는 면은 4개이다.

관원

현감(縣監), 훈도(訓導) 각 1인이다.

군명 郡名

지품천(知品川) 별호는 구성(龜城)이다.

산천 山川

구산(龜山) 현 남쪽 2리에 있다. 진산(鎭山)이다.

대덕산(大德山) 현 남쪽 40리, 전라도 무주현 경내인 무풍현(茂豐縣)과의 경계에 있다.

우마현(牛馬峴) 현 남쪽 46리, 거창현과의 경계에 있다.

부항현(釜項峴) 현 서쪽 37리, 무풍현과의 경계에 있다.

병현(餠峴) 현 동쪽 13리, 성주와의 경계에 있다.

감천(甘川) 현 동쪽 1리에 있다. 원류는 셋으로, 하나는 부항산(釜項山)에서 나오고 하나는 우마현에서 나오고 하나는 대덕산에서 나와 구산 아래에서 합류하여 동북쪽으로 흘러 김산군 지경에 들어간다.

남산(南山) 현 동쪽 5리에 있다.

문암산(文巖山) 일명 비봉산(飛鳳山)이라고 한다. 현 남쪽 30리에 있다.

사건점산(沙件岾山) 현 남쪽 5리에 있다.

토산 土産

철(鐵), 잣〔海松子〕, 송이버섯〔松蕈〕, 석이버섯〔石蕈〕, 꿀〔蜂蜜〕, 황랍(黃蠟), 은구어(銀口魚 은어)

학교 學校

향교(鄕校) 현 북쪽 1리에 있다.

궁실 宮室

객관(客館)

봉수 烽燧

구산 봉수(龜山烽燧) 남쪽으로 거창군 거말흘산(巨末訖山)에 응하고, 북쪽으로 김산군 고성산(高城山)에 응한다.

우역 郵驛

두의곡역(頭衣谷驛) 현 남쪽 30리, 두의곡부곡(頭衣谷部曲)에 있다.

작내역(作乃驛) 현 북쪽 10리에 있다.

선원(禪院) 현 북쪽 1리에 있다.

소연원(所淵院) 현 남쪽 6리에 있다.

석곡원(石谷院) 현 남쪽 15리에 있다.

두의곡원(頭衣谷院) 두의곡역 남쪽 1리에 있다.

소지원(所旨院) 우마현에 있다.

상좌원(上佐院) 현 북쪽 14리에 있다.

사묘 祠廟

사직단(社稷壇) 현 서쪽에 있다.

문묘(文廟) 향교에 있다.

성황사(城隍祠) 구산성(龜山城) 안에 있다.

여단(厲壇) 현 북쪽에 있다.

사찰 寺刹

봉곡사(鳳谷寺) 문암산에 있다. 절에 누각이 4개 있다.

남산사(南山寺) 남산에 있다.

궁곡사(弓谷寺) 사건점산에 있다.

명환 名宦

본조

노진(盧禛) 공헌왕조(恭憲王朝 명종조)에 지례 현감이 되었는데, 잘 다스린다는 명성이 있었다. 임금이 그가 청렴하고 대범하다는 보고를 듣고 옷 1벌을 하사하여 포상하였다.

인물 人物

본조

장지도(張志道) 과거에 급제하고 관직이 기거주(起居注), 지의주사(知宜州事)에 이르렀는데, 사직하고 향리에 돌아와 부지런히 자제를 가르쳐 인도하였다.

윤은보(尹殷保), 서즐(徐騭) 두 사람이 함께 장지도에게 수학하였는데, 서로 말하기를 "사람은 세 분의 은혜로 살아가는 것이니, 그분들을 똑같이 섬겨야 한다.[109] 더구나 우리 스승님은 봉양할 자식이 없음에랴." 하고, 매양 좋은 날을 만나면 반드시 술과 음식을 장만하여 올리고 아버지처럼 공경히 섬겼다. 선생이 죽자 두 사람은 각자 그 부모에게 스승을 위해 여묘하게 해 달라고 청하니, 부모들이 가엾게 여기어 허락하였다. 이에 현관(玄冠)과 요질(腰絰) 차림[110]으로 무덤 곁에서 여묘하였다. 1년이 채 안 되어 윤은보가 기이한 꿈을 꾸고 급히 귀가하였는데, 아버지가 과연 병이 났다. 마침내 아버지가 죽자 아침저녁으로 소리 내어 곡하며 영구(靈柩) 곁을 떠나지 않았고 장례를 마치고는 아버지 무덤에서 여묘하였다. 하루는 회오리바람이 세차게 불어서 안(案) 위에 있던 향합(香盒)을 잃어버리고 몇 개

109 사람은……한다 : 춘추 시대 진(晉)나라 대부 난성(欒成)이 한 말로, 세 분은 어버이, 임금, 스승을 말한다. 난성이 말하기를 "사람은 세 분의 은혜로 살아가는 것이니, 그분들을 똑같이 섬겨야 한다. 어버이는 나를 낳아 주셨고, 스승님은 나를 가르쳐 주셨고, 임금님은 나를 먹여 주셨다.……따라서 하나같이 섬겨서 오직 이분들 중 어느 분과 있든 간에 목숨을 바쳐야 마땅하다." 하였다. 《小學集註 明倫》

110 현관(玄冠)과 요질(腰絰) 차림 : 상장(喪葬)을 치르는 복장을 말한다. 현관은 검은 비단으로 만든 관(冠)이고, 요질은 짚과 삼으로 동아줄처럼 굵게 만든 허리띠이다.

월 동안 찾지 못하였는데, 까마귀가 물건 하나를 물고 와 묘 앞에 놔두기에 사람들이 가서 살펴보니 바로 잃어버린 향합이었다. 윤은보는 초하루와 보름이면 변함없이 장지도의 무덤에 와서 전(奠)을 올렸고,[111] 서즐은 삼년상을 마쳤다. 세종조에 모두 정문을 세워 주고 관직을 제수하였다. 뒤에 서즐은 부모상을 당하여 6년 동안 여묘하고 90여 세에 죽었다.

111 윤은보는……올렸고 : 아버지 무덤에서 여묘하는 중에도 스승의 상을 정성껏 치렀다는 말이다.

고령현高靈縣

동쪽으로 현풍현(玄風縣) 경계까지 30리이다. 남쪽으로 초계군(草溪郡) 경계까지 28리이다. 서쪽으로 합천군(陜川郡) 경계까지 32리이다. 북쪽으로 성주(星州) 경계까지 10리이다. 서울과의 거리는 684리이다.

한전旱田

수전水田

건치연혁建置沿革

본래 대가야국(大伽倻國)이다. 김해부(金海府)에 자세히 보인다. **시조 이진아시왕(伊珍阿豉王)으로부터** 일명 내진주지(內珍朱智)라고 한다. **16대를 전하여 도설지왕(道設智王)에 이르렀는데,** 16대는 도합 520년이다. ○ 살피건대 최치원(崔致遠)의 〈석이정전(釋利貞傳)〉에 이르기를 "가야산(伽倻山)의 산신인 정견모주(正見母主)가 천신 이비가(夷毗訶)의 감응을 받아 대가야국 왕 뇌질주일(惱窒朱日)과 금관국 왕 뇌질청예(惱窒青裔) 2인을 낳았으니, 바로 뇌질주일이 이진아시왕의 별칭이고, 뇌질청예는 수로왕(首

露王)의 별칭이다." 하였다. 그러나 가락국 고기(古記)에 나오는 육란(六卵)의 설(說)[112]과 함께 모두 황탄하여 믿을 수 없다. 또 〈석순응전(釋順應傳)〉에 "대가야국의 월광태자(月光太子)는 바로 정견모주의 10세손이며 그 아버지는 이뇌왕(異腦王)이라 하는데, 신라에서 혼처를 구하여 이찬(夷粲) 비지배(比枝輩)의 딸을 아내로 맞아 태자를 낳았다." 하였으니, 그렇다면 이뇌왕은 바로 뇌질주일의 8세손이다. 그러나 그 또한 상고할 수 없다. 신라 진흥왕이 그 지역을 병합하고 대가야군을 설치하였으며, 경덕왕 때에 고령군으로 고쳤다. 고려 초에 경산부(京山府)에 편입시키고, 명종 때 다시 고령현을 설치하였다. 본조에서 그대로 따랐다. 관장하는 면은 -원문 3, 4자 결락-개이다.

관원

현감(縣監), 훈도(訓導) 각 1인이다.

군명 郡名

대가야(大伽倻)

112 가락국……설(說) : 신라 유리왕 때 가락국의 아홉 추장이 구지봉(龜旨峯)에서 붉은 보자기에 싸인 금궤를 발견하여 열어 보니 해처럼 둥근 황금 알 여섯 개가 있었는데, 이 여섯 개의 알이 모두 사람이 되어 여섯 가야국의 왕이 되었다는 고사이다.《三國遺事 卷2 紀異 駕洛國記》

형승 形勝

두 줄기 물이 남쪽을 감아 돌고, 뭇 산들이 북쪽을 향해 공수(拱手)하고 있다. 금유(琴柔)의 시

풍속 風俗

풍속이 강인함과 무예를 숭상한다. 지리지(地理志)

농사일을 부지런히 한다. 정인지(鄭麟趾)의 시에 "농업에 힘써서 농사일을 부지런히 한다.〔力農勤稼穡〕" 하였다.

산천 山川

이산(耳山) 현 서쪽 2리에 있다. 진산(鎭山)이다.

미숭산(美崇山) 현 서쪽 20리에 있다. 합천군에도 보인다.

옥산(玉山) 현 북쪽 7리에 있다. 작은 산이다.

소학산(巢鶴山) 현 남쪽 38리에 있다. 초계군에도 보인다.

만대산(萬代山) 일명 가점산(可岾山)이라고 한다. 현 서남쪽 34리에 있다. 합천군에도 보인다.

적림(赤林) 가천(伽川) 동쪽 언덕에 있다.

향림(香林) 가천 서쪽 언덕에 있다.

낙동강(洛東江) 성주에서 흘러들어 현 동쪽 22리를 경유하는데, 현 경계에 있는 것은 개산강(開山江)이라고 한다.[113] 남쪽으로 흘러 초계군 지경에 들어간다.

가천(伽川) 현 동쪽 1리에 있다. 바로 성주 가천의 하류이다. 남쪽으로 흘러 용담천(龍潭川)과 합류한다.

용담천(龍潭川) 바로 합천군 야로현(冶爐縣 야로폐현) 야천(倻川)의 하류이다. 현 남쪽 5리 사혜평(沙惠坪)에 이르러 가천과 합류하고, 동쪽으로 흘러 낙동강에 들어간다.

가야정(伽倻井) 현 남쪽 1리, 옛 대가야의 궁대(宮臺)[114] 내에 있다. 세속에서 어정(御井)이라고 칭한다.

토산 土産

자기(磁器), 품질이 상등이다. **대나무**〔竹〕, **꿀**〔蜂蜜〕, **황랍**(黃蠟), **감**〔柹〕, **비자**(榧子), 반룡산(盤龍山)에서 난다. **매실**(梅實), **지황**(地黃), **은구어**(銀口魚 은어), **붕어**〔鯽魚〕

학교 學校

향교(鄕校) 현 서쪽 2리에 있다.

113 현 경계에……한다 : 대본에는 '在縣界者石開山江'으로 되어 있는데, 《신증동국여지승람》 권29 〈경상도 고령현〉 산천에 '개산강(開山江)' 항목이 있고 "현 동쪽 22리, 형풍현과의 경계에 있다."라고 한 데에 근거하여 '石'을 '爲'로 고쳐 번역하였다.

114 궁대(宮臺) : 궁전과 누대를 말한다. 여기서는 궁대가 있었던 궁궐터를 지칭한 것으로 보인다.

궁실 宮室

객관(客館)

쾌빈정(快賓亭) 객관 남쪽에 있다. 이중윤(李中允)의 기문에 "아름다운 화초가 푸르게 우거지고 맑은 시냇물이 잔잔히 흘러가니, 정신도 청량해지고 기운도 상쾌해져서 손님을 즐겁게 할 만하다. 그러므로 쾌빈정이라 이름하였다." 하였다.

봉수 烽燧

망산 봉수(望山烽燧) 현 동쪽 7리에 있다. 서쪽으로 합천 야로현의 미숭산(美崇山)에 응하고, 북쪽으로 성주 가리현(加利縣 가리폐현)의 이부로산(伊夫老山)에 응한다.

우역 郵驛

안림역(安林驛) 현 남쪽 14리에 있다.

안성원(安性院) 현 남쪽 5리에 있다.

백규원(白圭院) 현 남쪽 11리에 있다.

구생원(救生院) 현 서쪽 17리에 있다.

이탁원(李托院) 현 서쪽 27리에 있다.

수거비원(愁居非院) 현 남쪽 24리에 있다.

양전원(量田院) 현 동쪽 18리에 있다.

옥산원(玉山院) 옥산 아래에 있다.

사묘 祠廟

사직단(社稷壇) 현 서쪽에 있다.

문묘(文廟) 향교에 있다.

성황사(城隍祠) 현 서쪽 2리에 있다.

여단(厲壇) 현 북쪽에 있다.

능묘 陵墓

금림왕 무덤〔錦林王塚〕 현 서쪽 2리쯤에 옛 무덤이 있다. 세속에서 옛 금림왕릉(錦林王陵)이라고 전한다.

사찰 寺刹

반룡사(盤龍寺) 미숭산에 있다. 절에 원 세조(元世祖)가 내린, 정동군사(征東軍士)가 성촌(城村)의 사원에서 소란을 피우는 것을 금지하는 방문(榜文)이 있다.[115]

115 절에……있다 : 정동군사는 일본 정벌에 동원된 원나라 군사를 말한다. 《신증동국여지승람》에 의하면, 대부분의 군사는 출정했는데, 뒤떨어져 머물던 군사들이 의안(義安) 단성촌(丹城村)의 목채(木寨)에서 마소를 놓아 기르며 여러 절에서 소란을 피우는 일이 있자, 원 세조가 이를 금하는 내용으로 방문을 내린 것이라고 하였다. 《新增東國輿地勝覽 卷29 慶尙道 高靈縣 佛宇》 여기서 의안은 창녕(昌寧)의 옛 이름인데 단성촌도 이곳과의 연관이 불분명하므로 성촌을 그대로 번역하였다.

고적 古蹟

옛 가야왕궁〔古伽倻王宮〕 현 남쪽 1리에 있다. 대가야국 궁궐의 유지(遺址)가 남아 있다. 그 곁에 석정(石井)이 있으니, 세속에서 어정(御井)이라고 전한다.

금곡(琴谷) 가야국 가실왕(嘉悉王)의 악사 우륵(于勒)이 중국의 진쟁(秦箏)[116]을 본떠서 거문고〔琴〕를 만들어 가야금(伽倻琴)이라 불렀다.[117] 현 북쪽 3리에 지명이 금곡인 곳이 있는데, 세상에서 우륵이 공인(工人)을 데리고 가야금을 익힌 곳이라고 전한다. 혹 이르기를 "이 가야금은 김해의 가야국에서 나왔다." 한다. 다만 김해 가야의 역대 세가에는 가실왕이라고 칭하는 자가 없으니, 아마 이곳에서 나온 것이 맞을 듯하다.

동경제(東京堤) 현 동쪽 10리에 있다. 세속에서 신라가 대가야를 공격하기로 모의하여 군사를 일으켜 쳐들어왔으나 수비가 있는 줄 알고 물러나자, 밤사이에 이 둑을 쌓아서 군사가 많음을 보여 주었다고 전한다.

신복현(新復縣) 김부식(金富軾)이 이르기를 "본래 가시혜현(加尸兮縣)으로 고령군 영현으로 삼았다. 경덕왕이 이름을 고쳤다. 지금은 미상이다." 하였다. ○ 살피건대 현 서쪽 40리 되는 곳에 가서곡(加西谷)이라는 지명이 있는데, '시혜(尸兮)'가 바뀌어 '서(西)'가 된 것이 아닌가 한다.

116 진쟁(秦箏) : 진(秦)나라 때 유행했던 현악기이다.

117 가야국……불렀다 : 《삼국사기(三國史記)》에는 가야국 가실왕이 열두 달의 음률을 본떠 12줄 현금〔十二弦琴〕을 만들고, 우륵에게 그 곡을 만들도록 명하였다고 기록되어 있다. 《三國史記 卷4 新羅本紀4 眞興王 12年 3月》

명환 名宦

본조

임즐(林騭) 고령 현감이 되었다.

김숙자(金叔滋) 세종조에 고령 현감이 되었다.

인물 人物

고려

신숙(申淑) 인종조에 과거에 급제하였고, 청렴하고 검소하며 충성스럽고 정직하기로 이름이 났다. 의종조에 지문하성사(知門下省事)로 있을 때, 왕이 환관 정함(鄭諴)을 권지합문지후(權知閤門祗候)로 삼자 신숙이 간의대부(諫議大夫) 김양(金諹) 등과 함께 상소하여 간했으나 왕이 듣지 않았다. 이에 신숙이 혼자 대궐로 들어가 다시 간하니, 왕이 이르기를 "예로부터 대신이 혼자서 간하는 일이 없었다." 하자, 신숙이 말하기를 "조종(祖宗)에서도 환관을 조관(朝官)에 임명한 일이 없습니다." 하였다. 결국 왕은 정함의 직책을 삭탈하였으나, 신숙이 탄핵을 그치지 않는 것을 미워하여 수사공(守司空)으로 좌천시켰다. 이듬해 관직을 그만두고 고향으로 돌아와 시를 지었다. 그 시에,

밭을 갈며 밝은 대낮을 보내고	耕田消白日
약초 캐며 푸르른 봄을 지낸다	採藥過青春
물 있고 산 있는 곳에 살다 보니	有水有山處

영화도 없고 욕됨도 없는 몸이로다 無榮無辱身

하였다. 이윽고 소환되어 참지정사(參知政事)로 있다가 치사(致仕)하였다.

신성용(申成用) 처음에 본현의 아전이 되었는데, 학업에 힘써 과거에 급제하여 관직이 검교군기감에 이르렀다. 아들 신강승(申康升), 손자 신인재(申仁材)도 모두 문과에 급제하였다.

신덕린(申德隣) 신성용의 4대손이다. 과거에 급제하여 청요직(淸要職)을 고루 역임하고 여러 관직을 거쳐 예의 판서에 이르렀다. 글씨를 잘 쓴다는 것으로 세상에 이름이 났다. 아들 신포시(申包翅)는 관직이 공조 참의에 이르렀다.

본조

신장(申檣) 신포시의 아들이다. 과거에 급제하고, 관직이 공조좌참판 동지춘추관사에 이르렀다. 초서와 예서에 능하였고 대자(大字)를 잘 썼다. 장헌왕(莊憲王 세종)이 일찍이 원나라 설암(雪菴)이 쓴 〈위소주 병위삼화극첩(韋蘇州兵衛森畫戟帖)〉[118]을 얻었는데, '병위삼(兵衛森)' 석 자가 빠져 있었으므로 신장에게 보충하도록 명하였다.

박흥양(朴興陽) 관직이 참찬문하부사(參贊門下府事)에 이르렀다.

신숙주(申叔舟) 신장의 아들이다. 사람됨이 관대하고 화통하며 도량이 있

118 위소주 병위삼화극첩(韋蘇州兵衛森畫戟帖) : 위소주는 성당(盛唐) 때의 시인 위응물(韋應物)이다. 소주 자사(蘇州刺史)를 지냈으므로 소주를 별호로 썼고 문집 《위소주집(韋蘇州集)》이 있다. 병위삼화극은 위응물의 〈우중에 군재에서 문사들과 모여 연회를 열다(郡齋雨中與諸文士燕集)〉라는 시의 한 구절이다.

었다. 장헌왕조에 두 번 과거에 급제하였다. 서장관으로 일본에 사신을 갔는데, 일본 사람들이 그의 명성을 듣고 시를 구하러 몰려들었다. 이에 신숙주가 붓을 잡고 그 자리에서 시를 지었는데, 지은 글마다 사람을 놀라게 하여 뭇사람들이 모두 탄복하였으며, 귀국한 뒤에도 매양 사신을 통하여 그의 안부를 물었다. 뒤에 사명을 받들고 요동(遼東)에 갔을 때, 명나라 학사 황찬(黃瓚)에게 정운(正韻)에 관하여 질문하기 위해 총 13차례나 왕래하면서 성음(聲音)의 변화를 모조리 통달하고 《홍무정운통고(洪武正韻通考)》를 찬술하였다. 혜장왕조(惠莊王朝 세조조)에 부절을 가지고 야인(野人)을 정벌하러 가서 승첩을 거두고 돌아오니, 상이 기뻐하며 말하기를 "숙주는 나의 제갈량(諸葛亮)이다." 하였다. 4번 공신에 봉해지고, 2번 영의정이 되었다. 모든 의론에 항상 대체(大體)를 견지하였으므로 조야(朝野)에서 의지하며 중히 여긴 것이 거의 20년이었다. 저서에 《보한재집(保閑齋集)》이 있다. 아들 신면(申㴐)은 혜장왕조에 함길도 관찰사가 되었는데, 이시애(李施愛)의 난에 죽었다.

신찬(申澯) 신숙주의 아들이다. 사람됨이 겉으로는 부드럽고 안으로는 강인하며 언행이 정갈하였으므로 신숙주도 중히 여겼다. 여러 관직을 거쳐 황해도 관찰사에 이르렀다. 아우 신준(申浚)은 관직이 이조 판서에 이르렀고, 정국 공신(靖國功臣)에 참여하고 부원군(府院君)[119]에 봉해졌다.

박은(朴誾) 한성부(漢城府)에 보인다.

119 부원군(府院君) : 고양부원군(高陽府院君)이다. 《中宗實錄 2年 1月 11日》

문경현聞慶縣

동쪽으로 상주(尙州) 경계까지 20리이다. 남쪽으로 함창현(咸昌縣) 경계까지 54리이다. 서쪽으로 충청도 연풍현(延豐縣) 경계까지 18리이다. 북쪽으로 같은 현 경계까지 36리이다. 서울과의 거리는 377리이다.

한전 旱田

수전 水田

건치연혁 建置沿革

본래 신라 관문현(冠文縣)인데, 일명 고사갈이성(高思曷伊城)이라고 하고, 또 관현(冠縣)이라고도 한다. 경덕왕 때 관산(冠山)으로 고치고 고령군(古寧郡 함창현) 영현으로 삼았다. 고려 초에 고쳐 문희군(聞喜郡)으로 삼았고, 현종 때 상주에 편입시켰다가, 뒤에 문경으로 이름을 고쳤으며, 공양왕 때 다시 문경현을 설치하였다. 본조에서 그대로 따랐다. 관장하는 면은 -원문 2, 3자 결락-개이다.

관원

현감(縣監), 훈도(訓導) 각 1인이다.

군명 郡名

관문(冠文), 관산(冠山), 문희(聞喜)

형승 形勝

영남의 중요한 길목이다. 홍귀달(洪貴達)의 〈유곡역관기(幽谷驛館記)〉[120]

관문은 함곡관(函谷關)이요, 길은 촉도(蜀道)이다. 어변갑(魚變甲)의 시에 "요해지의 관문은 함곡관처럼 굳건하고, 드나드는 길은 촉나라 길처럼 험난하다.〔設險函關壯 行難蜀道奇〕" 하였다.

벼랑을 따라 잔도(棧道)를 냈다. 권근(權近)의 기문[121]에 "관갑(串岬)이 가장 험하여 벼랑을 따라 잔도를 냈다." 하였다.

산천 山川

주흘산(主屹山) 현 북쪽에 있다. 진산(鎭山)이다. 돌산이 우뚝 서 있어 형세

120 홍귀달(洪貴達)의 유곡역관기(幽谷驛館記) : 〈유곡관 중수기(幽谷館重修記)〉이다. 《虛白亭集 卷2》

121 권근(權近)의 기문 : 〈견탄원루기(犬灘院樓記)〉이다. 《陽村集 卷12》

가 매우 웅장하고 빼어나다. 서거정(徐居正)의 시[122]에,

험준한 산은 하늘 끝에 닿았고　屛顔倚天末
높은 절벽은 구름 속에 들어갔네　絶壁入雲中
만물을 적셔 준 자취는 없지만　潤物雖無跡
구름 일으킨 공은 절로 있다네　興雲自有功

하였다.

조령(鳥嶺) 현 서쪽 27리, 연풍현과의 경계에 있다. 세속에서 새재〔草岾〕라고 부르며, 웅대하게 수백 리에 걸쳐 자리 잡고 있다. 풍기군(豐基郡) 소백산(小白山)에서 가로로 뻗어 나와 죽령(竹嶺)이 되고 또 이 영이 되는데, 험조(險阻)한 지세가 천연적으로 이루어져서 남북으로 경계를 갈라놓았으니, 경상도를 영남으로 칭하는 것도 이 영 때문이다. ○ 본조 장유(張維)의 부(賦)[123]에,

아, 이 고개 험준하기 짝이 없고　嗟玆嶺之峻極
웅장한 경치 동방의 으뜸이로다　擅雄勝於東域
광대한 지역 덮으면서 가로로 뻗어 나가　勢磅礴以橫亘
바람 기운 남북으로 서로 갈라놓았도다　隔風氣於南北
뭇 산들 끌어당겨 빙 둘러 세우고　控群山之環擁
골짜기 나누어 휑하게 벌려 놓았네　分洞壑之谽坼
새나 다닐 높은 곳에 사람 발길 이어졌고　緣人跡於鳥道

122 서거정(徐居正)의 시 : 〈문경현 팔영(聞慶縣八詠)〉이다. 《四佳集 詩集 卷2》
123 장유(張維)의 부(賦) : 〈조령부(鳥嶺賦)〉이다. 《谿谷集 卷1》

산등성이에 아슬아슬 잔도를 만들었다네	架危棧於山脊
참으로 천하 요새요 상대할 곳 없으니	信天嶮之無敵
어찌 백이[124]인들 뻐길 수 있으랴	奚百二之足誇
아, 험준하기 짝이 없는 이 고개는	嗟玆嶺之峻極
아주 먼 옛날부터 그 이름 떨쳤도다	歷萬古而崢嶸

하였다.

계립령(鷄立嶺) 세속에서 마골산(麻骨山)이라 부르는데, 방언이 유사하기 때문이다.[125] 현 북쪽 28리에 있으니, 바로 신라 때의 옛길이다.

관혜산(冠兮山) 현 남쪽 4리에 있다.

희양산(曦陽山) 가은현(加恩縣 가은폐현) 북쪽 15리에 있다. 옛 성이 있는데 삼면이 모두 석벽이고 예전에 군창(軍倉)이 있었다.[126]

재목산(梓木山) 가은현 남쪽 2리에 있다.

장산(獐山) 호계현(虎溪縣 호계폐현) 북쪽 1리에 있다.

소둔산(所屯山) 현 남쪽 15리에 있다.

봉명산(鳳鳴山) 현 동쪽 8리에 있다.

124 백이(百二) : 험고한 진(秦)나라 지세를 말한다. 《사기》에 "진나라는 지형이 뛰어난 국가로 험준한 산하를 띠처럼 두르고 있으며 다른 제후국과 1000리나 떨어져 있다. 다른 제후국이 창을 든 군사 100만을 갖고 있다면 진나라는 그 100분의 2(百二)만 있으면 된다."라고 한 데서 나온 말이다. 《史記 高祖本紀》

125 계립령(鷄立嶺)……유사하다 : 마골은 방언으로 '겨릅'이다. 겨릅은 껍질을 벗긴 삼대를 뜻하는 우리말로, 음차한 계립이 겨릅과 유사하다는 말이다.

126 예전에 군창이 있었다 : 대본에는 '右有軍倉'으로 되어 있는데, 《신증동국여지승람》 권29 〈경상도 문경현〉 산천에 근거하여 '右'를 '古'로 고쳐 번역하였다.

화산(華山) 가은현 서쪽에 있다. 현과의 거리는 67리이다.

이화현(伊火峴) 현 서쪽 18리, 충청도 연풍현과의 경계에 있다. 길이 몹시 험조하다.

소야천(所耶川) 현 남쪽 6리에 있다. 원류는 둘인데, 하나는 계립령에서 나오고 하나는 조령에서 나와 현 남쪽 4리에서 합류한다. 현 남쪽으로 흘러 22리 이르는 곳에 용연(龍淵)이라는 못이 있는데 여기서 가은천(加恩川)과 서로 합해진다.

가은천(加恩川) 가은폐현(加恩廢縣)에 있다. 원류가 둘인데, 하나는 속리산(俗離山)에서 나오고 하나는 희양산에서 나와서 동쪽으로 합류하여 소야천과 합해진다.

호계(虎溪) 호계폐현(虎溪廢縣) 서쪽에 있다. 시내 이름에서 연유하여 현 이름이 지어졌다. 소야천과 가은천이 현 남쪽 22리에서 합류하여 이 물이 된다. 나루가 있으니 견탄(犬灘)이라고 하며, 남쪽으로 흘러 함창군 경계에 들어간다.

조천(潮泉) 조천은 둘이 있다. 하나는 현 남쪽 소둔산에 있는 것으로, 암혈(巖穴)에서 나와 그 근원은 실처럼 가는데 매일 아침저녁으로 제법 많이 뿜어져 나와 3리까지 땅을 잠기게 하고서 멎으니 마치 조수(潮水)가 드나드는 것 같다. 또 하나는 현 남쪽 5리 정곡리(井谷里)에 있는 것으로, 토혈(土穴)에서 나와 매일 아침, 점심, 저녁으로 세 번 콸콸 뿜어져 나와 동구(洞口)로 흘러 나가서 소야천에 들어간다. 세속에서는 이것을 물밀이〔水推〕라고 한다.

용추(龍湫) 조령의 남쪽 벼랑에 있다. 계곡물이 흘러 폭포를 이루었고, 사면과 바닥이 모두 돌이며 그 깊이는 헤아릴 수가 없다. 세상에서 용이 승천

한 곳이라고 전한다. ○ 본조 허적(許樀)의 시[127]에,

어느 해에 사나운 태풍 우레 일어나	何年怒起號風雷
층진 바위 쪼개어 양쪽 절벽 열어 놓았나	劃破重巖兩壁開
쏟아져 내달리는 폭포는 멀리 골짝을 진동하고	倒瀉奔泉遙振壑
나뉘어 늘어선 첩첩 바위는 바짝 대를 이루었네	分排疊石逼成臺
깊은 골짝 굽어보니 꿈틀 날아오를 듯하고	俯臨玄洞疑飛動
응달진 벼랑 쳐다보니 무너져 깔릴 듯하네	仰看陰崖欲壓摧
잠기고 뛰어오름 때가 있어 알기 어려우니	潛躍有時難可見
먼 길 갔다가 다시 돌아옴이 부끄럽네[128]	却慙長路去還來

하였다.

인천(寅川) 호계현 동북쪽에 있다. 현과의 거리는 32리이다.

토산 土産

웅담(熊膽), **꿀**〔蜂蜜〕, **황랍**(黃蠟), **석이버섯**〔石蕈〕, **송이버섯**〔松蕈〕, **산무애뱀**〔白花蛇〕, **잣**〔海松子〕, **은구어**(銀口魚 은어)

127 허적(許樀)의 시 : 〈용추(龍湫)〉이다. 《水色集 卷2》

128 잠기고……부끄럽네 : 때가 있는 세상의 이치에 순응하지 못하고 잘못된 인생 여정을 멀리까지 갔다가 이제야 다시 돌아온 것이 부끄럽다는 의미로 보인다. "잠기고 뛰어오름 때가 있다."라는 구절은 《중용장구》 제12장에 "《시경》에 이르기를 '솔개는 날아 하늘에 이르고, 물고기는 연못에서 뛰어오른다.〔鳶飛戾天, 魚躍于淵.〕'라고 하였으니, 상하에 이치가 밝게 드러남을 말한 것이다."라고 한 데서 나온 말이다.

공서 公署

유곡도 찰방사(幽谷道察訪司) 현 남쪽 40리에 있다. 유곡(幽谷), 요성(聊城), 덕통(德通), 수산(守山), 낙양(洛陽), 낙동(洛東), 구며(仇旀), 쌍계(雙溪), 안계(安溪), 대은(大隱), 지보(知保), 소계(召溪), 영향(迎香), 낙원(洛源), 상림(上林), 낙서(洛西), 장촌(長村), 낙평(洛平), 안곡(安谷) 등 19개 역을 관할한다. ○ 찰방 1인이 있다.

학교 學校

향교(鄕校) 현 동쪽 2리에 있다.

궁실 宮室

객관(客館)

경운루(慶雲樓) 객관 동남쪽에 있다.

봉수 烽燧

선암산 봉수(禪巖山烽燧) 호계폐현 북쪽 7리에 있다. 북쪽으로 탄항산(炭項山)에 응하고, 동쪽으로 상주 산양현(山陽縣) 소산(所山)에 응하고, 남쪽으로 함창현 성산(城山)에 응한다.

탄항산 봉수(炭項山烽燧) 현 북쪽 31리에 있다. 남쪽으로 선암산(禪巖山)에 응하고, 서쪽으로 충청도 연풍현 마골점(麻骨岾)에 응한다.

우역 郵驛

유곡역(幽谷驛) 현 남쪽 40리에 있다. 찰방사(察訪司) 본역이다. 허적의 시[129]에,

산속에 옛 역이 깊숙이 자리하고 山中古驛深
두어 집이 안개 낀 숲 곁에 있네 數屋傍煙林
오솔길이 시내 언덕 따라 나 있고 細逕緣溪岸
허술한 처마엔 나무 그늘이 져 있네 疎簷接樹陰

하였다.

요성역(聊城驛) 현 동쪽 2리에 있다. 본조 이규보(李奎報)의 시[130]에,

하룻밤은 유곡에서 술에 취해 자고 幽谷一宵中酒宿
한나절은 요성에서 안장 풀고 머물렀네 聊城半日解驂留
돌아오는 완적은 괜히 휘파람 길게 불었고[131] 歸來阮籍空長嘯
적막한 상여는 짐짓 벼슬살이 싫증 냈다지[132] 寂寞相如故倦遊
역리들의 손님맞이 언제나 그만두며 郵吏送迎何日了
사신들의 내왕은 어느 때나 쉬려나 使華來往幾時休

129 허적의 시 : 〈유곡역(幽谷驛)〉이다. 《水色集 卷2》

130 이규보(李奎報)의 시 : 〈요성역에서 쉬다가 벽 위에 있는 시에 차운하다〔憩聊城驛次壁上詩韻〕〉이다. 《東國李相國集 全集 卷6》

131 돌아오는……불었고 : 완적은 진(晉)나라 죽림칠현의 한 사람이다. 완적이 일찍이 소문산(蘇門山)에서 손등(孫登)을 만나 신기(神氣)를 수양하는 방법 등을 물었으나 손등이 모두 응답하지 않자, 완적이 길게 휘파람을 불며 돌아왔다는 고사가 있다. 《晉書 阮籍列傳》

132 적막한……냈다지 : 상여는 한(漢)나라의 문인 사마상여(司馬相如)이다. 그의 전기에 "장경(長卿)은 짐짓 노는 데에 지쳤다."라고 하였는데, 그 주에 "객지의 벼슬살이에 염증을 낸 것이다."라고 하였다. 장경은 사마상여의 자이다. 《史記 司馬相如列傳》

다만 나는 다행히도 한가한 길손이라　　惟余幸是閑行者

오고 감에 성가실 이 없고 나도 자유롭다　　來不煩人去自由

하였다.

조령원(鳥嶺院) 조령 등성이 동쪽에 있다.

요광원(要光院) 현 서쪽 15리에 있다.

관음원(觀音院) 계립령 아래에 있다.

관갑원(串岬院) 관갑 북쪽에 있다.

회연원(回淵院) 용연 위에 있다.

개경원(開慶院) 호계폐현 서쪽 3리에 있다.

보통원(普通院) 현 남쪽 45리에 있다.

동화원(桐華院) 현 서북쪽 15리에 있다.

견탄원(犬灘院) 호계폐현 북쪽 견탄 위에 있다. 본조 초에 화엄대사(華嚴大師) 진공(眞公)[133]이라는 이가 중수하고 권근이 기문[134]을 지었다.

화봉원(華封院) 현 남쪽 4리에 있다. 세속에서 초곡원(草谷院)이라고 칭한다.

관량 關梁

조령관(鳥嶺關) 조령 위에 있다. 예전에 관문을 설치하고 성을 쌓아 방수(防守)하였는데 지금은 없어지고 유지만 남아 있다. 바로 영남 대로의 길목

133 화엄대사(華嚴大師) 진공(眞公) : 대본에는 '華嚴眞師'로 되어 있는데, 《양촌집(陽村集)》 권12 〈견탄원루기(犬灘院樓記)〉에 근거하여 보충하여 번역하였다.

134 기문 : 〈견탄원루기〉이다. 《陽村集 卷12》

이 되는 요충지로, 험조하기가 촉도(蜀道)와 함곡관(函谷關)에 비견된다.

○ 본조 허적의 시[135]에,

길은 굽이굽이 벼랑 돌아 첩첩 산봉에 통하고　　路轉回崖沓嶂通
험준한 고개는 다시 우뚝이 하늘에 닿았네　　峻峯危嶺更穹崇
남북으로 나뉘는 땅에 겹겹의 관문 견고하고　　地分南北重關固
천지를 쪼갤 듯한 형세에 한 기운이 웅장하네　　勢劈乾坤一氣雄

하였다.

관갑천(串岬遷)[136] 바로 조령의 남쪽에 있는 용연의 동쪽 벼랑이다.[137] 세속에서 토천(兔遷)[138]이라고 칭한다. 벼랑이 높고 골이 깊어 바위를 깎아 잔도(棧道)를 만들었는데, 험준하고 협착하므로 지나는 이들이 모두 두려워 벌벌 떤다. 민간에서 전하기를 "고려 태조가 남쪽을 정벌하러 와서 이곳에 이르렀을 때 길을 찾지 못하였는데, 토끼가 벼랑을 따라 달아나면서 마침내 길을 터 주어 갈 수 있었다. 이로 인하여 토천이라 이름하였다."라고 한다. 그 북쪽의 깎아지른 봉우리에는 석성(石城) 유지가 있으니, 예전에 방수(防戍)하던 곳이다.

135 허적의 시 : 〈조령(鳥嶺)〉이다. 《水色集 卷2》

136 관갑천(串岬遷) : 대본에는 '串岬口'로 되어 있는데, 의미가 불분명하여 《신증동국여지승람》 권29 〈경상도 문경현〉 산천에 근거하여 고쳐 번역하였다.

137 바로……벼랑이다 : 대본에는 '卽鳥嶺南崖龍淵之東'으로 되어 있는데, 《신증동국여지승람》 권29 〈경상도 문경현〉 산천 및 《대동여지도》에 근거하여 고쳐 번역하였다.

138 토천(兔遷) : 대본에는 '兔遷口'로 되어 있는데, 의미가 불분명하여 《신증동국여지승람》 권29 〈경상도 문경현〉 산천에 근거하여 고쳐 번역하였다.

사묘 祠廟

사직단(社稷壇) 현 서쪽에 있다.

문묘(文廟) 향교에 있다.

주흘산사(主屹山祠) 사전(祀典)에 소사(小祀)로 실려 있다. 봄가을로 향축을 내려 제사 지낸다. 관혜산(冠兮山)도 여기에 붙여 제사 지낸다.

성황사(城隍祠) 현 북쪽 2리에 있다.

여단(厲壇) 현 북쪽에 있다.

희양산사(曦陽山祠), **재목산사**(梓木山祠), **장산사**(獐山祠) 모두 본읍에서 봄가을로 제사 지내게 한다.

사찰 寺刹

봉암사(鳳巖寺) 일명 양산사(陽山寺)라고 한다. 희양산에 있다. 절에 남루(南樓)가 있는데 크고 통창하다. 또 최치원(崔致遠)이 비문(碑文)[139]을 지은 승려 지증(智證)의 비(碑), 이몽유(李夢遊)가 비문을 지은 승려 진정(眞靜)의 비가 있다.

금학사(金鶴寺) 봉명산에 있다.

오정사(烏井寺) 선암산에 있다.

139 비문(碑文) : 최치원의 《고운집(孤雲集)》 권3에 〈지증화상 비명(智證和尙碑銘)〉이라는 제목으로 실려 있고, 최치원의 《신라사산비명(新羅四山碑銘)》에는 〈희양산 봉암사 지증대사 적조탑비(曦陽山鳳巖寺智證大師寂照塔碑)〉라고 되어 있다.

고적 古蹟

가은폐현(加恩廢縣) 현 남쪽 41리에 있다. 본래 신라 가해현(加害縣)인데, 경덕왕 때 가선(嘉善)으로 이름을 고치고 고령군(古寧郡) 영현으로 삼았다. 고려 초에 가은(加恩)으로 고쳤고, 현종 때 상주에 편입시켰으며, 공양왕 때 본현에 병합하였다.

호계폐현(虎溪廢縣) 현 동남쪽 40리에 있다. 본래 신라 호측현(虎側縣)으로, 일명 배산성(拜山城)이라고 한다. 경덕왕 때 호계로 고치고 고령군 영현으로 삼았다. 고려 현종 때 상주에 편입시켰다. 본조 태종조에 본현에 편입시켰다.

명환 名宦

고려

홍달(興達) 태조 10년(927)에 강주(康州 진주)를 순행하러 갈 때 고사갈이성(高思葛伊城 문경)을 들렀는데, 성주(城主) 홍달이 먼저 그 아들을 보내어 귀순하였다. 이에 왕이 가상히 여겨 청주(青州 개령)를 녹읍(祿邑)으로 내려 주고, 그 맏아들 준달(俊達)에게는 진주(珍州)를, 둘째 아들 웅달(雄達)에게는 한수(寒水)를, 셋째 아들 옥달(玉達)에게는 장천(長淺)을 각각 녹읍으로 내려 주었다.

본조

허종항(許從恒), **조추**(趙秋) 장헌왕조(莊憲王朝 세종조)에 모두 문경 현감이 되었는데, 정사에 공적이 있었다.

인물 人物

신라

아자개(阿慈介) 가은현 사람이다. 농사지어 자급하여 살다가 뒤에 집안을 일으키고 장군이 되었다. 네 아들을 두었는데 모두 세상에 이름이 알려졌으니, 견훤이 바로 그중 하나이다. 처음 견훤이 태어났을 때 아버지는 밭을 갈고 어머니는 음식을 바라지하면서 견훤을 수풀 아래에 놓아두었는데, 범이 와서 젖을 먹이므로 마을 사람들이 듣고 기이하게 여겼다. ○ 고기(古記)에 "옛날에 한 부자가 무진(武珍 광주(光州)) 북촌에 살았다. 딸이 한 명 있었는데 용모가 단정하였다. 딸이 아버지에게 말하기를 '매일 자주색 옷을 입은 사내가 와서 잠자리를 같이하고 갑니다.' 하자, 아버지가 말하기를 '네가 실을 바늘에 꿰어 그 옷에 꽂아 놓아라.' 하니, 그대로 하였다. 날이 밝아 실을 북쪽 담장 아래에서 찾았는데, 바늘이 큰 지렁이의 허리에 꽂혀 있었다. 그로 인해 임신하여 견훤을 낳았다." 하였다. 이것은 본전(本傳)과 다르니,[140] 믿을 만하지 못한 듯하다.

140 본전(本傳)과 다르니 : 본전은 《삼국사기》 권50 〈견훤열전(甄萱列傳)〉을 말한다. 여기에는 범이 와서 젖을 먹였다는 기록은 있지만 고기(古記)의 내용은 없다.

본조

조형(趙珩) 관직에 나아가 사재감 부정에 이르렀다. 부모를 섬김에 지극한 행실이 있었고 모친상에 피눈물을 흘리며 3년간 여묘하였으며, 조부상에도 그와 같이 하였다. 장헌왕이 그 효행을 듣고 특별히 한 자급을 올려 주고 그 마을에 정려하였다.

열녀 列女

최씨(崔氏) 본조 사람으로 사직 안귀손(安貴孫)의 처이다. 가은현에 살았으며, 그 아버지인 참판 최치운(崔致雲)이 시서(詩書)를 가르쳤다. 안귀손이 죽자 예에 지나치도록 슬퍼하고 글을 지어 제사를 지냈다. 그 제문(祭文)에,

봉황이 함께 날 때에는	鳳凰于飛
서로 화답하며 즐겼는데	和鳴樂只
봉이 날아가 내려오지 않으니	鳳飛不下
황이 홀로 남아 울부짖네	凰獨哭只
머리를 긁적이며[141] 하늘에 물었으나	搔首問天
하늘은 묵묵부답 말이 없구려	天默默只
장구한 하늘 드넓은 바다에	天長海闊

141 머리를 긁적이며 : 그리움이나 번뇌 따위로 마음이 괴로운 모양을 말한다. 《시경》 〈패풍(邶風) 정녀(靜女)〉에 "사랑하여도 만나지 못하여, 머리를 긁적이며 머뭇거리네.〔愛而不見, 搔首踟躕.〕"라고 한 데서 나온 말이다.

이내 한은 끝도 없어라[142] 恨無極只

하였다. 소복을 입고 평생을 보냈다.

142 장구한……없어라 : 하늘과 바다가 아무리 장구하고 드넓어도 나의 한은 그보다 더하다는 뜻이다.

함창현咸昌縣

동쪽으로 상주(尙州) 경계까지 8리이다. 남쪽으로 같은 주 경계까지 17리이다. 서쪽으로 같은 주 경계까지 23리이다. 북쪽으로 문경현(聞慶縣) 경계까지 7리이다. 서울과의 거리는 437리이다.

한전 旱田

수전 水田

건치연혁 建置沿革

본래 고령가야국(古寧伽倻國)인데, 김해부(金海府)에 자세히 보인다. 신라가 취하여 고동람군(古冬攬郡)을 일명 고릉(古陵)이라고 한다. 설치하였고, 경덕왕 때 고령군(古寧郡)으로 고쳤다. 고려 광종 때 함녕(咸寧)으로 고쳤고, 현종 초에 함창(咸昌)으로 고치고 상주에 병합하였으며, 명종 때 다시 함창현을 설치하였다. 본조에서 그대로 따랐다. 관장하는 면은 6개이다.

관원

현감(縣監), 훈도(訓導) 각 1인이다.

군명 郡名

고령(古寧), 함녕(咸寧)

산천 山川

재악산(宰嶽山) 현 서쪽 13리에 있다. 진산(鎭山)이다.

황령산(黃嶺山) 현 서쪽 37리에 있다.

고산(孤山) 현 동쪽 9리, 큰 벌판 가운데에 있다. 바라보면 마치 섬과 같다.

호계(虎溪) 관천(串川)이라고도 칭한다. 현 동쪽 7리에 있다. 바로 문경현 호계의 하류로, 남쪽으로 흘러 상주 경내에 이르러 낙동강 어구에 들어간다.

남지(南池) 객관이 작은 언덕에 자리 잡고 있는데, 못을 파서 그 언덕을 빙 둘렀다.

저곡천(猪谷川) 현 남쪽 7리에 있다.

공검지(恭檢池) 현 남쪽 13리에 있다. 상주에 자세히 보인다. 홍귀달(洪貴達)이 이르기를 "저수지〔陂澤〕가 많기로는 남방이 우세할 터이나 그 규모가 크기로는 공검지에 비견할 만한 곳이 없다." 하였다.

토산 土産

꿀〔蜂蜜〕, 황랍(黃蠟), 송이버섯〔松蕈〕, 산무애뱀〔白花蛇〕, 붕어〔鯽魚〕, 은구어(銀口魚 은어)

학교 學校

향교(鄕校) 현 서쪽 5리에 있다.

궁실 宮室

객관(客館)

우련당(友蓮堂) 객관 서쪽에 있다.

명은루(明隱樓)

쾌재정(快哉亭)

기정(岐亭)

봉수 烽燧

성산 봉수(城山烽燧) 현 남쪽 10리에 있다. 남쪽으로 상주 소산(所山)에 응하고, 북쪽으로 문경현 선암산(禪巖山)에 응한다.

우역 郵驛

덕통역(德通驛) 현 동쪽 7리에 있다.

다방원(茶方院) 현 동쪽 8리에 있다.

함제원(咸濟院) 현 남쪽 13리에 있다.

당교원(唐橋院) 당교 곁에 있다.

관천원(串川院) 현 동쪽 7리에 있다.

관량 關梁

당교(唐橋) 현 북쪽 6리에 있다. 신라 고기(古記)에 "당나라 소정방(蘇定方)이 고구려와 백제를 토벌하고 나서 또 신라를 정벌할 것을 도모하여 이곳에 머물러 주둔하였다. 김유신(金庾信)이 그 계책을 알고 당나라 군사에게 잔치를 베풀어 취하게 하고는 모두 묻어 버렸다." 하였다. 후인들이 그로 인하여 당교라고 이름하였다.

사묘 祠廟

사직단(社稷壇) 현 서쪽에 있다.

문묘(文廟) 향교에 있다.

성황사(城隍祠) 현 서쪽 3리에 있다.

여단(厲壇) 현 북쪽에 있다.

사찰 寺刹

상안사(詳安寺), 안룡사(安龍寺), 개원사(開元寺), 보리사(普提寺), 상원사(上元寺) 모두 재악산에 있다.

황령사(黃嶺寺) 현 서쪽 황령산에 있다.

고적 古蹟

남산고성(南山古城) 현 남쪽 10리에 있다. 돌로 쌓았고 둘레가 4530자이다. 안에 우물이 하나 있었다. 지금은 없어졌다.

명환 名宦

본조

신소(辛紹)

인물 人物

본조

홍귀달(洪貴達) 세조 때 과거에 급제하고 여러 번 승진하여 홍문관 직제학에 이르렀다. 어려서부터 총명하고 빼어났으며 책 읽기를 좋아하였다. 강정왕(康靖王 성종) 때 이조판서와 양관 대제학이 되었다. 연산군이 즉위하여 날로 정사가 어지럽고 혼란에 빠지자 홍귀달이 누차 일로써 간하니, 임금이 못마땅하게 여겨 북변(北邊)으로 유배 보냈고 마침내 피살되었다.[143] 사람됨이 호방하고 해학을 잘하였고, 문장은 아름답고 풍부하였으며 뜻에 맞는 것을 가장 중시하였다. 시호는 문광(文匡)이다. 저서에 《허백정집(虛白亭集)》이 있다.

채수(蔡壽) 어려서부터 문명(文名)이 있었다. 강정왕조에 1등으로 과거에 급제하고 여러 번 승진하여 대사헌이 되었다. 공희왕조(恭僖王朝 중종조)에 정국 공신(靖國功臣)의 녹훈에 참여하고 인천군(仁川君)에 봉해졌다. 지중추부사로 있다가 물러나 전리(田里)에서 여생을 보냈다. 널리 배우고 잘 기억하여 독서할 때 불과 몇 번만 읽고도 바로 암송하였으며, 음률에도 밝았다. 산수를 지극히 사랑하여 일찍이 승지에서 파직되었을 때 성현(成俔)과 함께 금강산과 속리산 등 여러 산을 유람하였다. 행색은 단출하여 오직 거문고와 술만 가지고 다녔으므로 사람들이 높은 관직을 한 인물인 줄을 몰랐다. 시호는 양정(襄靖)이다. 아들 채소권(蔡紹權)은 형조 판서를 지냈다.

143 북변(北邊)으로……피살되었다 : 연산군 9년(1503) 겨울에 함경도 경원(慶源)으로 유배되고, 이듬해 6월에 서울로 압송되던 중 단천(端川)에서 피살되었다. 《虛白亭集 續集 虛白先生年譜》

진주목晉州牧

동쪽으로 함안군(咸安郡) 경계까지 67리, 진해현(鎭海縣) 경계까지 79리이다. 남쪽으로 사천현(泗川縣) 경계까지 28리, 고성현(固城縣) 경계까지 66리이다. 서쪽으로 단성현(丹城縣) 경계까지 38리, 곤양군(昆陽郡) 경계까지 27리, 하동현(河東縣) 경계까지 67리, 전라도 광양현(光陽縣) 경계까지 94리이다. 북쪽으로 삼가현(三嘉縣) 경계까지 45리, 의령현(宜寧縣) 경계까지 40리, 단성현 경계까지 47리이다. 서울과의 거리는 866리이다.

한전 旱田

수전 水田

건치연혁 建置沿革

본래 신라 거타주(居陀州)인데, 일명 거열(居烈)이라고 한다. 신문왕 때 고쳐 청주총관부(菁州摠管府)를 설치하였고, 살피건대 《고려사(高麗史)》 〈지리지(地理志)〉에 이르기를 "진주는 본래 백제의 거열성(居烈城)으로, 일명 거타(居陀)라고 한다. 신라 문무왕이 취하여 주를 설치하였고, 신문왕이 거타주를 나누어 청주(菁州)를 설치하였다." 하였다. 그런데 《삼국사기(三國史記)》 〈신라지리지(新羅地理志)〉에는 "본래 백제"라는 말이 없고, 〈백제지리지(百濟地理志)〉에도 보이지 않는다. 오운(吳澐)이 이미 원사(原史)에 따라 개정하였으므로[144] 지금 그것을 따랐다. 경덕왕 16년(757)에 강주(康州)를 설치하였으며, 혜공왕 때 다시 청주로 삼았다. 고려 태조 때 또 강주로 고치고, 성종 2년(983)에 강주목을 설치하였다가 얼마 뒤에 진주로 고치고 정해군 절도(定海軍節度)를 설치하였다.[145] 현종 때 군(軍)을 파하고 다시 진주목으로 삼았다. 본조 태조 때 진양대도호부(晉陽大都護府)로 승격하였다가 공정왕(恭定王 태종) 때 다시 진주목으로 삼았고, 혜장왕(惠莊王 세조) 때 진(鎭)을 설치하였다. 관장하는 면은 112개이다.

진관

군(郡) 4개 합천(陜川), 초계(草溪), 함양(咸陽), 곤양(昆陽)

현(縣) 9개 사천(泗川), 남해(南海), 삼가(三嘉), 의령(宜寧), 하동(河東), 산음(山陰), 안음(安陰), 단성(丹城), 거창(居昌)

144 오운(吳澐)이……개정하였으므로 : 원사는 《삼국사기》를 말한다. 오운이 《동사찬요(東史纂要)》 〈지리지 1 신라〉에서, 《고려사》 〈지리지〉의 "본래 백제의 거열성"이라는 내용이 《삼국사기》 〈지리지〉에 없음을 밝혔다.

145 얼마……설치하였다 : 《고려사》 권57 〈지리지 2〉 경상도 진주목에 "성종 14년(995)에 12주 절도사를 두면서 진주 정해군(定海軍)이라 부르고 산남도(山南道)에 예속하였다." 하였다.

관원

목사(牧使), **판관**(判官), **교수**(敎授) 각 1인이다.

군명 郡名

거타(居陀), **청주**(菁州), **강주**(康州), **진양**(晉陽) 별호는 진강(晉康)이다.

형승 形勝

오른쪽으로 지리산(智異山)**을 점거하고, 남쪽으로 큰 바다와 맞닿아 있다.** 진주는 호남과 영남 사이의 일대 도회지이다. 오른쪽으로 지리산을 점거하고 남쪽으로 큰 바다와 맞닿아 있다. 청천(菁川)이 가운데를 굽이굽이 흐르고 성이 그 위에 임하고 있어 형세와 제도가 동남 지방 온 고을 중에서 가장 우수하다.

산을 안고 물을 둘러 동남쪽을 통제하며, 비봉산(飛鳳山)**이 북쪽에서 멈추고, 망진산**(望晉山)**이 남쪽에서 가까이 솟아 있다.** 본조 하륜(河崙)의 〈봉명루기(鳳鳴樓記)〉에 이르기를 "긴 강이 그 사이에서 흐르는데 동서쪽의 여러 산이 구불구불 사방을 둘렀다." 하였다. 또 정이오(鄭以吾)의 〈개경원기(開慶院記)〉[146]에 "진주의 진산(鎭山)이 높직하게 구름 위에 솟았으며, 양 기슭이 비스듬히 내려와 옆으로 동서로 뻗었다가 다시 서로

146 정이오(鄭以吾)의 개경원기(開慶院記) : 〈진주 개경원기(晉州開慶院記)〉이다. 《郊隱集 下》

감싼다. 감싼 복판은 탁 트이고 사방이 편평한데, 진주가 거기에 자리 잡았다. 두류산(頭流山) 동서쪽의 산골 물이 모여서 강이 되어 그 남쪽을 횡단한다.[147]" 하였다.

영남 제일의 강산이다. 고려 이인로(李仁老)의 《파한집(破閑集)》에 "진양 강산의 뛰어난 경치는 영남 제일이다." 하였다.

큰 산과 큰 강이 있다. 본조 이첨(李詹)의 서(序)[148]에 "인물이 나서 나라에 보탬이 된 경우를 보면 대부분 큰 산과 큰 강의 성대하고 청숙(淸淑)한 기운에서 초래된 것이다." 하였다.

토지가 비옥하고 풍요롭다. 본조 하연(河演)의 기문[149]에 "진양은 토지가 비옥하고 풍요롭다." 하였다.

동방의 육해(陸海)이다. 이첨의 〈진양평(晉陽評)〉에 "진양은 동방의 육해이다. 해마다 나라에 바치는 수산물과 토산물이 영남 여러 고을의 반을 차지한다." 하였다.

풍속 風俗

선비들은 시서(詩書)를 숭상하고, 풍속은 부유함과 화려함에 힘쓴다. 지

147 두류산(頭流山)……횡단한다 : 강은 섬진강(蟾津江)이다. 동서로 뻗은 지리산의 산골 물이 섬진강으로 흘러들어 그 남쪽을 가로질러 흐르고 바다에 이른다는 말이다. '동서쪽'은 정이오의 《교은집(郊隱集)》 하(下) 〈진주 개경원기〉에는 '東南'으로 되어 있는데, 《대동여지도》 등에 근거하여 그대로 번역하였다.

148 이첨(李詹)의 서(序) : 〈진양평(晉陽評)〉이다. 《雙梅堂篋藏集 卷22》

149 하연(河演)의 기문 : 〈진주 향교 사교당기(晉州鄕校四教堂記)〉이다. 《敬齋集 卷2》

지(地志)

학문 좋아하는 것을 업으로 삼는다. 본조 하연의 〈사교당기(四教堂記)〉[150]에 "학문 좋아하는 것을 업으로 삼아서 풍속이 이미 완성되었다." 하였다.

농사와 누에치기에 부지런히 종사한다. 본조 하륜(河崙)의 〈촉석루기(矗石樓記)〉에 "농부와 잠부(蠶婦)가 부지런히 맡은 일에 종사하고, 효성스러운 아들과 사랑스러운 손자가 힘을 다해 효도한다." 하였다. 또 이르기를 "마을 사람들은 서로 화락하고 밥 짓는 연기가 집집마다 피어오른다."[151] 하였다.

문학을 좋아하고, 절행을 숭상한다. 본조 허목(許穆)의 〈이천학사기(伊川學舍記)〉에 "진주는 예로부터 재주 있고 덕망 있는 선비가 많은 곳으로 일컬어졌고, 그 풍속은 문학을 좋아하고 절행을 숭상하였다. 그러나 전쟁을 겪은 뒤로 국가에서 다시 진수(鎭帥)를 설치하자,[152] 부임해 온 관원이 대부분 무인인지라 오로지 군수 물자를 비축하고 병력을 강화하는 데만 힘을 쏟았다. 이 때문에 그곳 사람들이 무공(武功)과 작상(爵賞)을 선망하게 되어 점차 유행하고 숭상하는 풍속도 바뀌고 말았다. 이후 무신들이 백성들의 화합을 해치는 사례가 많다 하여 고을의 목사와 판관을 별도로 문관으로 선발하여 다스림을 전담하게 하였다. 그러자 진주의 인사들이 마침내

150 사교당기(四教堂記) : 〈진주 향교 사교당기(晉州鄕校四教堂記)〉이다. 《敬齋集 卷2》

151 마을……피어오른다 : 이 내용은 하륜의 〈촉석루기〉가 아닌 〈촉석성문기(矗石城門記)〉에 나온다. 《浩亭集 卷2》

152 전쟁을……설치하자 : 진수는 각 군영의 수장인 병마절도사와 수군절도사를 통칭하는 말로, 절도사가 있는 병영이나 수영을 지칭하기도 한다. 선조 36년(1603)에 임진란 때 폐허가 된 합포(合浦)의 병영을 진주로 옮겨 설치하였는데, 이때부터 진주는 절도사가 목사를 겸하게 되었다고 한다. 《輿地圖書 慶尙道 晉州牧 建置沿革》

쏠리듯이 학예(學藝)에 힘을 쏟아 무용(武勇)을 부끄럽게 여기고 예의(禮義)를 담론하게 되어 아름답던 옛날의 풍속이 거의 회복되었다." 하였다.

민속이 음사(淫祀)를 숭상한다. 허목의 글[153]에 "추운 겨울에도 쌓인 눈이나 얼음을 보지 못하며, 수초(水草)는 봄처럼 푸릇푸릇하고 숨어 있어야 할 벌레들이 돌아다닙니다. 그곳 백성들은 음사를 숭상하여 밤낮으로 요망한 무당이 귀신들을 꾸짖습니다. 바닷가의 풍속은 대동소이합니다." 하였다.

산천 山川

비봉산(飛鳳山) 주 북쪽 1리에 있다. 진산(鎭山)이다.

지리산(智異山) 주 서쪽 100리에 있다. 상봉을 천왕봉(天王峯)이라 하는데, 험준하게 하늘에 닿아 있으니 전라도와 경상도의 여러 산 및 거제도(巨濟島)와 대마도(對馬島) 등 여러 섬이 모두 눈 밑에 있어 마치 작은 언덕처럼 보인다. 남원부(南原府)에 자세히 보인다. 산 북쪽은 함양군(咸陽郡) 경계이다. 본조 이륙(李陸)의 유산록(遊山錄)[154]은 다음과 같다.

"지리산은 일명 두류산(頭流山)이라고 하는데, 영남과 호남으로 갈라지는 교차로에 웅장하게 자리 잡고 있어 높이와 너비가 몇백 리인지 알지 못한다. 1개 목(牧), 1개 부(府), 2개 군(郡), 5개 현(縣), 4개 부읍(附邑 속읍)이 산을 빙 둘러 있으니, 그 동쪽은 진주(晉州)·단성(丹城)이고, 그 남

153 허목의 글 : 〈종형에게 답하는 편지(答從兄書)〉이다. 《記言 卷21》

154 이륙(李陸)의 유산록(遊山錄) : 〈지리산기(智異山記)〉이다. 《靑坡集 卷2》

쪽은 곤양(昆陽)·하동(河東)·살천(薩川)·적량(赤良)·화개(花開)·악양(岳陽)이고, 그 서쪽은 남원(南原)·구례(求禮)·광양(光陽)이고, 그 북쪽은 함양(咸陽)·산음(山陰)이다. 산 위에 가장 높이 솟은 봉우리가 둘이니, 동쪽을 천왕봉이라고 하고 서쪽을 반야봉(般若峯)이라고 하는데, 둘 사이의 거리가 100여 리이며 항상 구름에 가려져 있다. 천왕봉에서 조금 내려와서 서쪽에 향적사(香積寺)가 있고 또 서쪽으로 50리쯤에 가섭대(迦葉臺)가 있으며 대 남쪽에는 영신사(靈神寺)가 있다. 서쪽으로 30여 리를 내려오면 넓게 트인 땅이 있는데 평탄하고 비옥하며 가로세로가 모두 6, 7리는 된다. 간간이 땅에 물기가 배어 있어 곡식을 심기에 알맞다. 하늘까지 닿은 오래된 잣나무가 있어 낙엽이 쌓이면 정강이까지 빠진다. 복판에 서서 사방을 돌아보면 끝을 알 수 없으니 완연히 일대의 평야이다. 굽이진 길로 비스듬히 남쪽으로 내려오면 계곡을 따라 의신사(義神寺), 신흥사(神興寺), 쌍계사(雙溪寺) 세 절이 있고, 의신사에서 서쪽으로 꺾어 20여 리에 칠불사(七佛寺)가 있다. 쌍계사에서 동쪽으로 한 고개를 넘으면 불일암(佛日菴)이 있다. 그 밖에도 이름난 사찰을 이루 다 기록할 수 없다. 그런데 산 절정에 있는 향적사 등 몇몇 절은 모두 지붕을 널빤지로 덮고 거주하는 승려도 없으며 오직 영신사만 도와(陶瓦 기와)를 썼는데 거주하는 승려는 역시 한두 명에 불과하다. 산세가 너무 험준하고 마을 인가와 멀리 떨어져 있으므로 웬만한 고승이 아니면 거기에 안주할 자가 드물다.

수원(水源)은 영신사의 작은 샘에서 시작되어 신흥사 앞까지 이르러서는 이미 큰 내가 되어 섬진강에 흘러드니, 이 내를 화개동천(花開洞川)이라고 한다. 천왕봉에서 동쪽으로 내려오면 천불암(千佛菴)과 법계사(法戒寺)가 있고, 천불암에서 조금 북쪽으로 올라가면 작은 굴이 있는데 동쪽으로 대해(大海)를 바라보고 서쪽으로 천왕봉을 등지고 있어서 맑은 운치가 절정을 이루니, 이를 암법주굴(巖法主窟)이라고 부른다. 또 두 물이 있으니, 하나는 향적사 앞에서 나오고 하나는 법계사 아래에서 나와 살천에 이르러 하나로 합류하고 소남진(召南津) 아래로 흘러 들어간 다음 진주를 두르며 동쪽으로 흐르니, 이를 청천강(菁川江)이라고 한다. 소남진은 산 북쪽의 물이 동쪽으로 내려와 단성현에 이르러 또 서쪽으로 꺾인 곳에 있다. 살천촌(薩川村)에서 20여 리를 가면 보암사(普菴寺)가 있는데, 그 살천촌 안쪽을 일러 내산(內山)이라 하고 바깥쪽을 일러 외산(外山)이라 한다. 보암사에서 곧장 올라 빠른 걸음으로 하루 반이면 천왕봉에 이를 수 있다. 그러나 바위 절벽이 험준하여 샛길도 찾을 수 없는 데다 홰나무와 노송나무가 하늘을 가리고 있고 아래에는 가는 대가 빽빽하며, 간혹 말라 죽은 나무가 천 길 벼랑에 가로놓여 있는데 이끼가 끼고 껍질이 벗겨져 있다. 또 폭포가 멀리 구름 끝에서부터 그 사이를 뚫고서 아래로 쏟아져 내리는데 길이를 헤아릴 수 없다. 나아가도 발 돌릴 곳이 없고 돌아보면 뒤가 보이지 않으니, 수십 그루 나무를 베고 나서야 비로소 한 자 폭의 하늘을 볼 수 있다. 일 만들기를 좋아하는 자들은 가끔 돌덩이를 주워 바위 위에 얹어 길을 표시하기도 하였다.

벼랑과 계곡 사이에는 빙설이 여름이 지나도록 녹지 않으니, 6월에는 서리가 내리기 시작하고 7월에는 눈이 내리기 시작하며 8월에는 큰 얼음이 언다. 겨울 초입에 들어서면 눈이 몹시 많이 와서 골과 구렁이 모두 편평해지므로 사람들이 왕래할 수 없다. 그러므로 산에 사는 이들은 가을이면 들어가서 이듬해 늦은 봄이 되어서야 산에서 내려온다. 혹 산 아래에는 천둥 번개가 크게 치면서 비가 오는데 산 위에는 날씨가 청명하여 구름 한 점 없기도 하니, 이는 산이 높아 하늘에 가까우므로 기후가 자연히 평지와 전혀 다르기 때문이다. 대체로 이 산은 아래쪽에는 감나무와 밤나무가 많고 조금 올라가면 모두 홰나무이다. 홰나무 지대를 지나면 모두 삼나무와 노송나무인데 거의 반은 말라 죽어서 푸른색과 흰색이 서로 섞여 있으므로 바라보면 마치 그림 같다. 맨 위에는 단지 철쭉만 있는데 나무의 키가 한 자도 채 안 된다. 온갖 맛좋은 나물과 진귀한 과실이 다른 산보다 풍성하여 수십 고을에서 모두 그 이익을 얻는다."

○ 본조 김종직(金宗直)의 유산록(遊山錄)[155]은 다음과 같다.

"이 산은 북으로부터 내리 달려 남원에 이르러 먼저 일어난 것이 반야봉이 되었고, 동쪽으로 거의 100여 리를 뻗어서 천왕봉에 이르러 다시 우뚝하게 솟은 다음 북쪽으로 감아 돌다 다하였다. 그 사면에는 갈라져 나온 온갖 봉우리가 빼어남을 겨루고 계곡물이 다투어 흐르는데, 아무리 계산에 능한 사람일지라도 그 숫자를 다 헤아리지 못할 것이다. 내가 천왕봉에 올랐을 때는 날씨가 막 개어 사방에 구름 한 점 없고 그저 창연하고 망연하여 어디가 끝인지 알 수 없었으니, 날아가는 기러기나 고니도 우리 위로 날지 못했다. 원근의 여러 산을 손가락으로 가리켜 보니, 북쪽에는 덕유산(德裕山)·계룡산(鷄龍山)·주우산(走牛山)·수도산(修道山)·가야산(伽倻山)·팔공산(八公山)·청량산(淸涼山)이 있고, 동쪽에는 비슬산(毗瑟山)·운문산(雲門山)·원적산(圓寂山)이 있고, 남쪽에는 팔전

155 김종직(金宗直)의 유산록(遊山錄) : 〈두류산 유람록(遊頭流錄)〉이다. 《佔畢齋集 文集 卷2》

산(八巓山)이 있고, 서쪽에는 무등산(無等山)·변산(邊山)·금성산(錦城山)·위봉산(威鳳山)·모악산(母岳山)·월출산(月出山)·성수산(聖壽山) 등이 있다. 이 산들은 혹은 조그마한 언덕 같고 혹은 늘어놓은 음식 접시 같다. 계립령(鷄立嶺) 이북으로는 푸른 산기운이 창공에 널리 퍼져 있고, 대마도 이남으로는 신기루가 하늘에 닿아 있는데, 안계(眼界)가 이미 다하여 더는 분명하게 볼 수 없었다."

또 말하기를 "대저 두류"[156] 하였다. ○ 본조 이첨의 시에,

내 듣자니 백두산이	吾聞白頭山
남으로 와서 바다에 닿아 뿌리 서렸다지	南來抵海根盤盤
멀고 먼 삼천리에 멧부리 이어졌고	迢迢連嶂三千里
험지는 모두 다 우리나라 관문 되었네	險處皆爲東國關
구불구불 기가 모여 돌연히 솟았는데	蜿蟺氣積突然起
천궁이 정상에 있어 제사를 누리네	天宮壓頂享禋祀
천궁은 하늘과 한 자도 안 되는 거리라	天宮去天不盈尺
뭇 산들 나직이 거느리고 뭇 물들 삼킨다네	平挹群山呑衆水
바람과 구름이 비비대서 나무가 못 크고	風揉雲練木不長
응달 벼랑엔 유월에야 눈이 처음 녹는다지	陰崖六月雪初漲
천태산[157] 높이가 사만팔천 길이라지만	天台四萬八千丈
이 산과 견주어 보면 하늘과 땅이로세	若比玆山隔霄壤

156 대저 두류 : 대본에는 '夫以頭流'로 되어 있는데, 이하 탈문이 있는 듯하나 근거가 불분명하여 그대로 번역하였다.

157 천태산 : 중국의 절강성(浙江省) 영해현(寧海縣)에 있는 산으로, 높고 경치 좋기로 유명하며 신선이 산다고 전한다.

유인이 은거하여 이 속을 다니면서　　幽人隱約此中行
만 구렁 솔바람 소리 모두 다 겪었네　　萬壑度盡松風聲
문득 선부[158]를 찾아 옥피리를 부노라니　　却尋仙府吹玉笙
그 소리 완연히 봉황 울음 같아라　　嘈然宛似鳳凰鳴

하였다.

옥산(玉山) 주 서쪽 55리에 있다.

우산(牛山) 주 서쪽 65리, 지리산 남쪽 기슭에 있다. 형상이 소가 엎드려 있는 것과 같으므로 그렇게 이름하였다. 고려 때 장군 강민첨(姜民瞻)이 이 산에 우방사(牛房寺)와 모방사(茅房寺) 두 절을 창건하였으니, 강민첨의 유상(遺像)이 지금도 모방사에 남아 있다.

망진산(望晉山) 주 남쪽 6리에 있다.

영봉산(靈鳳山) 주 동쪽 55리, 반성폐현(班城廢縣) 동쪽에 있다.

집현산(集賢山) 주 북쪽 40리에 있다. 단성현에도 보인다.

월아산(月牙山) 주 동쪽 15리, 월아부곡(月牙部曲)에 있다.

와룡산(臥龍山) 주 남쪽 60리에 있다. 사천현(泗川縣)에도 보인다.

송대산(松臺山) 주 동쪽 42리에 있다.

방어산(防禦山) 반성폐현 북쪽 15리에 있다. 일명 침산(砧山)이라고 하는데, 속음(俗音)이 서로 비슷하다.[159]

영랑점(永郎岾)

158 선부(仙府) : 옥황상제가 머물고 있다는 천상의 신선 세계를 말한다. 여기서는 지리산의 비경 지역을 비유한 말이다.

159 방어산(防禦山)……비슷하다 : 침(砧)의 속음이 '방아'이므로, 음차한 방어(防禦)와 비슷하다는 말이다.

청학동(靑鶴洞) 지리산 안에 있다. 주와의 거리는 서쪽으로 147리이다. ○ 고려 이인로(李仁老)의 《파한집(破閑集)》에 다음과 같이 말하였다.

"지리산은 수백 리에 걸쳐 서려 있고 빙 둘러 10여 개의 고을이 자리 잡고 있으니, 한 달이 걸려야 그 주변 경계를 다 둘러볼 수 있다. 옛 노인들로부터 전해 오기를 '그 안에 청학동이 있는데, 길이 매우 좁아서 사람이 겨우 통행할 정도이고, 구부리고 엎드려서 몇 리쯤 지나면 그제서야 확 트인 넓은 땅을 만난다. 사방이 모두 비옥한 땅이라 곡식을 경작하기에 알맞은데, 다만 청학이 그 안에서 서식하므로 그렇게 이름한 것이다. 옛날에 세상을 피해 숨어 살던 자들이 거주한 곳이었던 듯하니, 무너진 담과 움이 여전히 가시덤불로 덮인 폐허 속에 남아 있다.' 한다. 예전에 내가 최 상국(崔相國)과 더불어 속세를 떠나 길이 숨을 뜻이 있었으므로 이 골짜기를 찾아가기로 약속하였다. 마침내[160] 화엄사(華嚴寺)에서 출발하여 화개현(花開縣)에 이르러 곧바로 신흥사(神興寺)에 가서 묵었는데, 지나는 곳마다 선경(仙境) 아닌 곳이 없었다. 일천 바위가 수려함을 겨루고 만 길 구렁 물이 다투어 흐르며, 대나무 울타리 안 띳집은 복사꽃에 가려졌다 비쳤다 하니, 자못 인간 세계가 아니었다. 그러나 이른바 청학동은 찾지 못하였다. 내가 이로 인하여 바위에 시를 남겼으니,

두류산 아득히 높아 저녁 구름 나직한데 　頭流山迥暮雲低
만 골짜기 천 바위가 회계[161]와 비슷해라 　萬壑千巖似會稽

160 마침내 : 대본에는 '遊'로 되어 있는데, 문맥 및 이인로의 《파한집》 권상(卷上)에 근거하여 '遂'로 고쳐 번역하였다.

161 회계(會稽) : 회계산(會稽山)이다. 중국 절강성 소흥현(紹興縣)에 있는 산으로, 진(晉)나라 고개지(顧愷之)가 회계의 산천에 대해 "천 바위는 빼어남을 다투고, 만 골짜기는 흐름을

지팡이 짚고 청학동 찾아 나서려는데 策杖欲尋青鶴洞
수풀 너머로 흰 잔나비 울음만 들리네 隔林空聽白猿啼
누대 오르니 멀리 삼신산이 아스라하고 樓臺縹緲三山遠
바위에 이끼 끼어 넉 자 글씨 희미하네 苔蘚微茫四字題
신선 사는 곳이 어디냐고 물어보렸더니 始問仙源何處是
낙화만 물에 떠내려와 어딘지 모르겠네 落花流水使人迷

하였다."

본조 허목의 〈청학동기(青鶴洞記)〉[162]는 다음과 같다.

"남쪽 지방의 산 중에 오직 지리산이 가장 심원하고 그윽하여 신령한 산이라고 불린다. 깊숙이 자리한 바위며 빼어난 경치로 기이하다고 지명된 곳을 이루 다 기록할 수 없다. 그중에서도 청학동은 더욱 기이하다고 일컬어져 예로부터 언급되어 왔는데, 이곳은 쌍계사 석문 위에 있다. 옥소(玉簫)의 동쪽 계곡을 지나면 온통 깊은 물과 큰 바위인지라 사람의 발길이 닿지 않는다. 쌍계사 북쪽 언덕에서 산골짜기를 따라 올라가서 동쪽 언덕의 바위와 구렁 사이를 건너 들어간 다음, 몸을 굽혀 기어올라 가서 불일암 앞 대의 석벽 위에 이르러 남쪽을 향해 서면 마침내 청학동이 그 아래에 있다. 높은 산봉우리의 운무 사이에 바위 골짜기와 깎아지른 암석들이 보이는데, 날짐승이나 길짐승은 보이지 않고 소나무와 대나무, 단풍나무가 많이 자라고 있다. 서남쪽 석봉(石峯) 아래에는

다툰다. 초목들은 울창하게 뒤덮여 마치 구름이 피어나고 노을이 무성한 것과 같다."라고 묘사하였다. 《晉書 顧愷之列傳》

162 허목의 청학동기(青鶴洞記) : 〈지리산 청학동기(智異山青鶴洞記)〉이다. 《記言 卷28》

옛날에 학이 사는 둥지가 있었다. 산중 노인들 사이에 전해 오기를 '학은 날개는 검고 정수리는 붉으며 다리는 자색이지만 햇빛 아래서 보면 날개와 깃이 다 푸른색이다. 아침이면 날개를 털고서 날아올라서는 빙빙 돌며 위로 올라 아득한 창공 속으로 들어갔다가 저녁이 되면 둥지로 돌아왔는데, 지금은 오지 않은 지가 거의 100년이 되었다.'라고 한다. 그러므로 이 봉우리를 청학봉(靑鶴峯)이라고 한다. 남쪽으로 향로봉(香爐峯)을 마주하고 그 동쪽에는 3개의 석봉이 조금 낮게 늘어서 있으며, 그 동쪽 골짜기도 모두 석벽과 기암이다."

삼신동(三神洞) 지리산 안에 있다. 화개부곡(花開部曲)에서 시내를 거슬러 올라 북쪽으로 들어가면 수석(水石)이 기이하고 험하다. 이 길로 20여 리를 가서 돌다리를 하나 건너는데, 다리 입구 석벽에 각자(刻字)가 있으니 '삼신동(三神洞)'이라고 새겨져 있다. 세상에서 신라 최치원(崔致遠)이 쓴 것이라고 전한다. 바위 계곡은 그윽하고 기이하며, 흐르는 냇물은 시원하고 깨끗하며, 간간이 질 좋고 기름진 전토(田土)가 있다. 골 동쪽에 신흥사가 있으니, 최고의 명찰로 일컬어진다.

삼정동(三井洞) 지리산의 천왕봉과 반야봉 두 산봉 사이에 있으니, 산에서 가장 정중앙에 자리한다. 삼신동에서 서북쪽으로 40여 리를 가도록 계곡이 극히 험하다가 여기에 이르러 자못 넓고 평평해지는데 비옥한 토지가 사방으로 6, 7리는 된다. 간간이 지세가 낮고 수분이 많아 곡식을 심기에 적당하다. 예전에 삼정암(三井菴)이 있었으므로 거기서 이름한 것이다. 본조 이륙(李陸)의 유산록(遊山錄)에 "영신사(靈神寺)에서 서쪽으로 30여 리를 내려오면 넓게 트인 땅이 있는데 평탄하고 비옥하며 하늘까지 닿은 오래된 잣나무[163]가 있어 낙엽이 쌓이면 정강이까지 빠진다. 복판에 서서 사방을 돌아보면 끝을 알 수 없으니 완연히 일대의 평야이다."라고 한 것이 바로 이곳이다.

묵계동(默契洞) 바로 지리산 동남쪽 골짜기이다. 악양폐현(岳陽廢縣)에서 계곡을 따라 북쪽으로 들어가면 계곡 사이에 험준하고 막힌 곳이 40여 리는 된다. 수원지까지 가면 지대가 높고 편평하며 확 트인 곳이 있는데, 땅도 비옥하여 곡식을 심을 만하며 지리산 중에서도 최고의 명승지이다. 근래 민가 수십 호가 들어가 살고 있다. 골짜기 동쪽 10여 리 되는 곳에 옛날에는 묵계사(默契寺)가 있었는데 지금은 없어졌다.

덕천동(德川洞) 주 서쪽 80리에 있으니, 바로 지리산 동쪽 골짜기이다. 가운데가 매우 넓게 트여 있고, 산수가 맑고 깨끗하여 일대 정경(情景)이 상쾌하다. 가정 연간에 조식(曺植)이 이곳에 거처를 정하고 살았으므로 후인들이 서원을 세웠다. 서원 앞에 세심정(洗心亭)이 있으며, 골짜기 입구의 석벽에는 '입덕문(入德門)' 세 글자가 크게 새겨져 있다.

석벽(石壁) 주 동쪽 7리에 있다. 석벽이 가로로 병풍처럼 펼쳐져 있으며, 진수(晉水)가 그 아래를 흐른다. 석벽 길이는 140여 보이다.

삽암(鈒巖) 주 서쪽 120리, 섬강(蟾江) 변에 있다. 어선이 항상 이곳에 정박한다.

바다〔海〕 주 남쪽 60리에 있다.

진수(晉水) 그 원류는 둘인데, 하나는 안음현(安陰縣) 덕유산(德裕山)에서

163 오래된 잣나무 : 대본에는 '老松'으로 되어 있는데, 《청파집(靑坡集)》 권2 〈지리산기〉 및 본책 본목 산천의 지리산에 근거하여 '松'을 '柏'으로 고쳐 번역하였다.

나오고 하나는 지리산 운봉현(雲峯縣) 지경에서 나와 산음현(山陰縣) 서쪽에서 합류하고, 단성(丹城)을 거쳐 동남쪽으로 흘러 주 서쪽에 이르러 살천(薩川)과 합해진다. 물길이 주성(州城)을 두르며 서쪽으로 남문 밖을 경유하는데, 일명 청천강(菁川江)이라 하고 남강(南江)이라고도 칭한다. 또 동쪽으로 40여 리 흘러 의령현 지경에 들어간다. 본조 조위(曺偉)가 진강(晉江)을 유람하며 지은 시[164]에,

누각 아래 긴 강은 백 길이 맑은데	樓下長江百丈淸
채색 배 비스듬히 끌며 거울 속을 가네	彩舟斜曳鏡中行
햇살은 집집마다 드리운 발에 그림자 일렁이고	日搖簾幕千家影
바람은 십 리 먼 곳까지 피리 소리 전하네	風送簫笳十里聲
산 아지랑이 아른아른 절벽에서 피고	嵐氣霏微生峭壁
물결 빛 넘실넘실 높은 성을 움직이네	波光瀲灩動高城
돌아보니 지척에는 홍진 자욱한 속세 길인데	回頭咫尺紅塵道
부러워라 백사장엔 물새 한 마리 나풀대누나	羡殺沙鷗一點輕

하였다.

섬진(蟾津)[165] 악양폐현 서쪽에 있다. 주와의 거리는 서쪽으로 93리이다. 전라도 구례현(求禮縣)의 섬강 물이 지리산 서남쪽의 여러 물과 만나 이곳에 이르러 섬진나루〔蟾津渡〕가 되고 또 동남쪽으로 흘러 바다에 들어간다.

살천(薩川) 원류는 지리산 동쪽에서 나온다. 여러 골짜기의 물이 살천동(薩

164 조위(曺偉)가……시 : 〈촉석강(矗石江)〉이다. 《梅溪集 卷3 燕行錄》

165 섬진(蟾津) : 대본에는 '蟾江'으로 되어 있는데, 문맥 및 《신증동국여지승람》 권30 〈경상도 진주목〉 산천 등에 근거하여 고쳐 번역하였다.

川洞)에 이르러 모여서 하나가 되고 동쪽으로 40여 리 흘러 주 서쪽 15리에 이르러 진수에 합해진다.

화개천(花開川) 화개부곡에 있다. 주와의 거리는 서쪽으로 136리이다. 원류는 지리산 남쪽에서 나온다. 영신사(靈神寺) 봉우리 및 삼정동의 물이 흘러 삼신동 남쪽을 지나 청학동에 모여 합해지고, 물이 또 남쪽으로 흘러 섬강에 들어간다.

학연폭포(鶴淵瀑布) 지리산 청학동에 있다. 높은 산봉우리가 모여 있고 깎아지른 절벽이 매우 가파른데, 물이 산 위에서 100여 자를 쏟아져 내려 흡사 흰 무지개 같으며 소리가 깊은 골짜기를 진동한다. 그 아래에 못이 형성되었으니 학연(鶴淵)이라고 하는데 그 깊이는 바닥을 알 수 없다. 아래로 흘러 30보쯤에 또 용추(龍湫)가 있는데, 헤아릴 수 없이 깊고 그 안에 용이 숨어 있다. 폭포 남쪽 벼랑에 불일암이 있고, 불일암 앞에는 완폭대(玩瀑臺)[166]가 있는데 신라 최치원이 폭포를 감상한 곳이라고 서로 전한다.

반룡포(盤龍浦) 주 남쪽 79리에 있다. 바다 포구〔海浦〕이다.

강주포(江州浦) 주 남쪽 30리, 사천현과의 경계에 있다. 어량(魚梁)이 있다.

금양포(金陽浦) 주 남쪽 50리, 곤양군(昆陽郡)과의 경계에 있다. 어량이 있다.

구라량(仇羅梁) 주 남쪽 60리에 있다. 또한 바다 포구이다. 이 포구를 통해 흥선도(興善島)에 들어간다.

금산지(金山池) 주 동쪽 20리에 있다. 둘레가 20리이고, 둑 길이는 4리이다. 관개의 이익을 얻는 밭이 매우 넓다.

166 완폭대(玩瀑臺) : 대본에는 '玩瀑'으로 되어 있는데, 본책 본목 사찰의 불일암에 근거하여 보충하여 번역하였다.

부지(釜池) 주 북쪽 2리에 있다. 땅이 솥처럼 우묵 패여 있으므로 그렇게 이름하였다. 둑의 길이는 800여 보이다.

가차례지(加次禮池) 주 남쪽 10리, 가차례부곡(加次禮部曲)에 있다. 둘레가 10리이고, 둑 길이는 400보이다.

홍선도(興善島) 주 남쪽 70리, 바다 가운데에 있다. 둘레가 90리이다. 고려 때 홍선현(興善縣)으로 삼았는데 뒤에 폐하고 직촌(直村)으로 삼았다. 지금 목장이 있다.

토산 土産

종이〔紙〕, **대나무**〔竹〕, **죽전**(竹箭), 망진산(望晉山), 적량(赤良), 청암(靑巖), 삽암(鈒巖), 영선(永善) 등지에서 난다. **석회**(石灰), **옻**〔漆〕, **차**〔茶〕, 신라 흥덕왕 때 당나라에 들어갔다가 돌아온 사신 대렴(大廉)이 차 종자를 가져와서 지리산에 심도록 하였으니, 흥덕왕 때 이르러 비로소 무성해졌다. **꿀**〔蜂蜜〕, **황랍**(黃蠟), **감**〔柹〕, **밤**〔栗〕, **잣**〔海松子〕, **석류**(石榴), **매실**(梅實), **오미자**(五味子), **생강**〔薑〕, **송이버섯**〔松蕈〕, **녹용**(鹿茸), **독활**(獨活), **당귀**(當歸), **쑥**〔艾〕, 지리산에서 난다. **소금**〔鹽〕, **대구어**(大口魚 대구), **문어**(文魚), **황어**(黃魚), **전복**〔鰒〕, **낙지**〔絡蹄〕, **쏘가리**〔錦鱗魚〕, **누치**〔訥魚〕, **은구어**(銀口魚 은어), **조개**〔蛤〕, **홍합**(紅蛤), **게**〔蟹〕, **해삼**(海參), **굴**〔石花〕, **미네굴**〔土花〕, **미역**〔藿〕, **김**〔海衣〕, **청각**(靑角)

성곽 城郭

촉석성(矗石城) 주 남쪽 2리에 있다. 예전에 토성(土城)이 있었는데 무너지고 훼손되었다가 고려 말에 증수하였다. 돌로 쌓았고 둘레가 4359자이다. 문 3개를 세웠는데 남쪽을 예화(禮化), 서쪽을 의정(義正), 북쪽을 지제(智濟)라 한다. 성안에 우물과 샘이 6개 있다. 하륜(河崙)의 기문[167]에 "성 둘레는 800보이고 높이는 세 길이 넘는다. 청천(菁川)이 서쪽을 두르고, 긴 강이 남쪽에 흐르며, 품자(品字) 모양의 해자(垓字)가 동쪽에 벌여 있고, 세 곳의 못물이 그 북쪽에 모여든다. 또 성과 못 사이에 참호를 파서 서쪽에서 동쪽으로 갔다가 꺾이어 다시 남쪽으로 가서 강에 이른다." 하였다.

공서 公署

우도 병마절도사영(右道兵馬節度使營) 촉석성 안에 있다. 예전에 창원부(昌原府) 합포(合浦)에 있었는데, 선조 때 이곳으로 옮겨 설치하였다.

적량 만호진(赤梁萬戶鎭) 주 남쪽 113리에 있다. 석성(石城)이 있는데, 둘레가 1180자이다. ○ 수군만호(水軍萬戶) 1인이 있다.

소촌도 찰방사(召村道察訪司) 주 동쪽 24리에 있다. 소촌(召村), 상령(常令), 평거(平居), 부다(富多), 지남(知南), 배둔(背屯), 송도(松道), 구허(丘虛), 관율(官栗), 문화(文和), 영창(永昌), 동계(東溪), 양포(良浦), 완사(浣紗), 오양(烏壤), 덕신(德新) 등 16개 역을 관할한다. ○ 찰방 1인이 있다. 예전에는 승(丞)이라 하였는데, 지금은 찰방을 둔다.

167 하륜(河崙)의 기문 : 〈촉석성문기(矗石城門記)〉이다. 《浩亭集 卷2》

학교 學校

향교(鄕校) 주 동쪽 3리에 있다. 사교당(四敎堂)이 있다. ○ 하연(河演)의 기문[168]은 다음과 같다.

"우리 고을의 학교에는 본래 강당이 없었는데, 전 교관(敎官) 조보인(趙寶仁)이 주 목사에게 의논하고 조치하여 재목을 마련하였으며, 지금의 교관 강원량(姜元亮)이 부지런히 감독하여 완공하였다. 이에 당 이름을 사교(四敎)라 하였다. 진주 고을은 지리산의 영기(英氣)와 남해의 정기(精氣)가 빚고 화합한 곳으로, 토지가 비옥하고 인물이 번화한 점이 다른 고을에 견줄 바가 아니다. 내가 일찍이 들으니, 은열공(殷烈公) 강민첨(姜民瞻)이 이 향교에서 수학하여 공업(功業)이 빛났고, 그 후로 인재가 더욱 번성하였다고 한다. 근고에 문경공(文敬公) 강군보(姜君寶), 우리 선조인 원정공(元正公) 휘 즙(楫)과 어사대부 휘 윤원(允源), 청주군(菁州君) 하을지(河乙沚), 참찬 정을보(鄭乙輔) 그리고 국초 이래로 문충공(文忠公) 하륜(河崙), 문정공(文定公) 정이오(鄭以吾), 양정공(襄靖公) 하경복(河敬復)은 모두 이 향교에 취학하여 뛰어난 성취를 이룬 분들로, 문관으로나 무관으로나 모두 당시에 이름을 날렸다. 우리 고을의 영험한 지기(地氣)와 걸출한 인재는 세상에서 훌륭하다고 일컬어지는 바이나, 가르치고 양성하는 공력에서 말미암은 것이 아니라고 단정할 수 없다. 지금 여러 학생에게는 평상시[169] 강독하는 데에 편리함이 있고,

168 하연(河演)의 기문 : 〈진주 향교 사교당기(晉州鄕校四敎堂記)〉이다. 《敬齋集 卷2》

169 평상시 : 대본에는 없는데, 《경재집(敬齋集)》 권2 〈진주 향교 사교당기(晉州鄕校四敎堂記)〉에 근거하여 보충하여 번역하였다.

때가 되면[170] 성균관에서 하는 방법대로 과시(課試)한다. 또 주목(州牧)과 교관이 여가 있는 날에 여기에 와서 책을 펴고 강문(講問)하거나 시제(詩題)를 내어 시를 짓게 하여 조용히 영재를 교육하는 즐거움을 즐긴다.

그러나 사교라는 명칭을 붙인 뜻이 이것만은 아니다. 학문을 하는 데에는 두 길이 있으니, 실제에 힘쓰는 학문이 있고 명예에 힘쓰는 학문이 있다. 실제에 힘쓰고 외면을 돌아보지 않는 것은 자기를 위한 학문〔爲己之學〕이고, 명예에 힘써서 이름을 따르는 습속에서 벗어나지 못하는 것은 남을 위한 학문〔爲人之學〕이다. 사람이 태어나 8세에 모두 소학에 들어가면서부터 대학의 가르침을 받기에 이르기까지, 날마다 음식을 먹고 행동하고 말하는 모든 일이 학문이다. 근본을 북돋우고 성정(性情)을 함양하여 차례를 따라 진보하며, 공부가 성취되거든 덕성을 높이고 경학을 연마하면 문장에 뜻을 두지 않아도 그 글이 의리의 근원에서 나오고, 정사(政事)에 뜻을 두지 않아도 그 정사가 도덕의 효용을 발하게 된다. 이것이 바로 마음을 바루고 몸을 닦는 것이 나라를 다스리고 천하를 태평하게 하는 근본이 되는 소이이다. 공자의 사교(四敎)는 글을 배우고 행실을 닦으며 충(忠)과 신(信)을 마음에 보존하도록 가르친 것이니,[171] 이 중에 충과 신이 근본이다. 당을 이름한 뜻이 깊

170 때가 되면 : 대본에는 없는데, 《경재집(敬齋集)》 권2 〈진주 향교 사교당기(晉州鄕校四敎堂記)〉에 "봄가을의 좋은 철이 되면 성균관에서 과시하는 방법대로 따라하였다."라고 한 데 근거하여 보충하여 번역하였다.

171 공자의……것이니 : 《논어》 〈술이(述而)〉에 "공자가 네 가지 요목(要目)을 가지고 가르치셨으니, 즉 문과 행과 충과 신이었다." 한 데서 나온 말이다.

고 간절하다. 여러 학생은 마땅히 마음에 지녀서 나날이 새롭게 할 것이다."

덕천서원(德川書院) 주 서쪽 80리에 있다. 사당을 세워 조식(曺植)을 향사하고 최영경(崔永慶)을 배향하였다.

궁실 宮室

객관(客館) 태종조에 목사 안노생(安魯生)이 중수하였다.

봉명루(鳳鳴樓)

봉수 烽燧

대방산 봉수(臺方山烽燧) 주 남쪽 114리에 있다. 남쪽으로 남해현(南海縣) 금산(錦山)에 응하고, 북쪽으로 각산(角山)에 응한다.

망진산 봉수(望晉山烽燧) 남쪽으로 사천(泗川) 안점(鞍岾)에 응하고, 북쪽으로 광제산(廣濟山)에 응한다.

각산 봉수(角山烽燧) 주 남쪽 76리에 있다. 남쪽으로 대방산에 응하고, 서쪽으로 곤양(昆陽) 우산(牛山)에 응하고, 북쪽으로 사천 안점에 응한다.

광제산 봉수(廣濟山烽燧) 주 북쪽 31리에 있다. 남쪽으로 망진산에 응하고, 북쪽으로 단성(丹城) 입암산(笠巖山)에 응한다.

우역 郵驛

소촌역(召村驛) 주 동쪽 24리에 있다. 찰방사(察訪司) 본역이다.

영창역(永昌驛) 주 남쪽 52리에 있다.

문화역(文和驛) 주 남쪽 60리에 있다.

평거역(平居驛) 주 서쪽 10리에 있다.

정수역(正守驛) 주 서쪽 54리에 있다.

평사역(平沙驛) 주 서쪽 119리에 있다.

소남역(召南驛) 주 서쪽 29리, 소남나루〔召南渡〕 서쪽에 있다.

안간역(安間驛) 주 북쪽 42리에 있다.

부다역(富多驛) 주 동쪽 59리에 있다.

개경원(開慶院) 주 동쪽 2리에 있다.

장박지원(長朴只院) 주 서쪽 49리에 있다.

유현원(杻峴院) 주 북쪽 30리에 있다.

분현원(盆峴院) 주 동쪽 20리에 있다.

가수개원(可樹介院) 주 동쪽 59리에 있다.

섬진원(蟾津院) 섬진[172] 언덕에 있다.

영창원(永昌院) 영창역 곁에 있다.

남제원(南濟院) 주 남쪽 4리에 있다.

어속원(於束院) 주 동쪽 62리에 있다.

추모원(楸母院) 주 서쪽 15리에 있다.

172 섬진 : 대본에는 '蟾江'으로 되어 있는데, 《신증동국여지승람》 권30 〈경상도 진주목〉 역원(驛院)에 근거하여 고쳐 번역하였다.

철소원(鐵所院) 주 북쪽 30리에 있다.

서정자원(西亭子院) 주 서쪽 5리에 있다.

소남원(召南院) 소남역 곁에 있다.

구라량원(仇羅梁院) 구라량에 있다.

신원(新院) 주 북쪽 40리에 있다.

차의원(車衣院) 주 북쪽 13리에 있다. 낙빈루(樂賓樓)가 있다.

관량 關梁

삼천보(三千堡) 주 남쪽 74리에 있다. 석성(石城)이 있는데 둘레가 2050자이다. 권관(權管)을 두어 머무르며 방비하게 한다.

구라량영(仇羅梁營) 구라량 각산(角山)에 있다. 홍선도에 들어가는 자는 이곳을 통한다. 예전에는 만호(萬戶)가 있었는데, 뒤에 고성(固城) 사량(蛇梁)으로 옮겼다. 지금은 유지만 남아 있다.

십수교(十水橋) 주 남쪽 28리, 사천현과의 경계에 있다.

소남나루〔召南渡〕 주 서쪽 29리에 있다.

남강나루〔南江渡〕 주 남쪽 1리에 있다. ○ 이상 두 나루는 모두 진수(晉水) 나루이다. 이곳 아래로 15리를 흘러가서 또 운당나루〔雲堂渡〕가 있다.

사묘 祠廟

사직단(社稷壇) 주 서쪽에 있다.

문묘(文廟) 향교에 있다.

성황사(城隍祠) 주 남쪽 5리에 있다.

강민첨(姜民瞻) **사당** 주 관사 안에 있다. 천희(天禧) 2년(1018, 현종9)에 강민첨이 거란군과 싸워 공을 세웠으므로 본주를 승격하여 목(牧)으로 삼았다. 이에 고을 사람들이 지금까지 제사 지낸다.

천왕봉사(天王峯祠) 지리산 천왕봉 위에 있다. 세속에서 성모사(聖母祠)라고 일컫는다. 돌로 만든 여상(女像)이 있으니, 세속에서 석가의 어머니 마야부인(摩耶夫人)이라고 전한다. 고려 이승휴(李承休)는 이르기를 "태조의 어머니 위숙왕후(威肅王后)이다."라고 하였다.[173] ○ 김종직의 유산록(遊山錄)[174]에 이르기를 "서축(西竺)은 우리나라와 백천(百千)의 세계로 막혀 있는데, 가유국(迦維國)의 부인이 어떻게 이 땅의 신이 될 수 있겠는가. 심하다, 불자들의 망녕되고 현혹하는 말이여! 심지어 위숙왕후라는 설은 고려인들이 선도산(仙桃山) 성모(聖母)에 관한 말을 익히 듣고서 자기 임금의 계통을 신격화하고자 이런 말을 만들어 낸 것이다. 그런데 이승휴는 그 말을 믿고 《제왕운기(帝王韻紀)》에 기록해 놓았으니, 이 또한 분명히 가리지 않을 수 없다." 하였다. 김일손(金馹孫)의 유산록[175]에 "내가 글을 짓고 장차 성모에게 술을 올리려 하니, 정여창(鄭汝昌)이 만류하였다. 내가 말하기를 '장차 위숙(威肅)이니 마야(摩耶)니 하는 말을 빼고 산령이라고 하면 술을 올릴 수 있을 것입니다.' 하니, 여창이 말하기를 '일찍이 공

173 고려……하였다 : 이승휴의 《제왕운기》에 성모를 태조의 어머니로 지칭하는 내용이 나오고, 원주(原註)에 성모를 가리켜 지리산 천왕이라고 하였다. 《帝王韻紀 卷下 本朝君王世系年代》

174 김종직의 유산록(遊山錄) : 〈두류산 유람록(遊頭流錄)〉이다. 《佔畢齋集 文集 卷2》

175 김일손(金馹孫)의 유산록 : 〈두류산 기행록(頭流紀行錄)〉이다. 《濯纓集 卷5》

자가 태산(泰山)이 임방(林放)만도 못하겠느냐고 하였습니다.[176] 또한 나라에서 분향할 때 산령에게는 하지 않고 매양 성모에게는 하였습니다. 그대는 장차 어찌할 것입니까?' 하였다. 내가 말하기를 '그렇다면 두류산의 신령이 흠향하지 않을 것입니다. 진산(鎭山)의 신령을 버리고 번거롭게 음사(淫祀)를 행하는 것이야말로 제례를 맡은 자의 과실입니다.' 하고 마침내 그만두었다." 하였다.

여단(厲壇) 주 북쪽에 있다.

능묘 陵墓

하륜(河崙) 묘 주 북쪽 오이방(梧耳方)에 있다.

이정(李楨) 묘 주 -원문 다수 결락- 대동(大洞)에 있다.

조식(曺植) 묘 주 서쪽 80리, 덕천동(德川洞)에 있다.

사찰 寺刹

단속사(斷俗寺) 지리산 동쪽에 있다. 신라 신하 유순(柳純)이 관직을 사양

176 일찍이……하였습니다 : 임방이 스승인 공자에게 예(禮)의 본질에 대해 묻자, 공자가 "예란 사치스럽기보다는 검소한 것이 낫고, 상(喪)은 잘 치르기보다는 슬퍼하는 것이 낫다." 라고 대답했는데, 후에 계씨(季氏)가 태산에 여제(旅祭)를 지내려 한다는 말을 듣고는 "태산이 어찌 임방만 못하겠느냐." 한 데서 나온 말로, 태산이 예의 본질을 묻는 임방만큼도 예를 모르겠느냐는 뜻이다.《論語 八佾》 여기서는 두류산의 신령도 참람한 예를 싫어하지 않겠느냐는 뜻으로 말한 것이다.

하고 불가에 귀의하여 이 절을 창건하고 단속(斷俗)이라 이름하였다. 골짜기 입구에 신라 최치원이 쓴 '광제암문(廣濟嵒門)' 넉 자가 새겨진 돌이 있다. 또 최치원의 독서당이 있었는데 뒤에 없어지고 승려 대감(大鑑)의 영당(影堂)이 되었다. 또 신라 병부 영(兵部令) 김헌정(金獻貞)이 지은 승려 신행(神行)의 비명(碑銘), 고려 평장사 이지무(李之茂)가 지은 승려 대감의 비명, 한림학사 김은주(金殷舟)가 비문을 지은 진정대사(眞定大師)의 비가 있다. ○ 강회백(姜淮伯)이 포의(布衣) 시절에 이 절에서 글을 읽으면서 직접 뜰 앞에 매화나무 한 그루를 심었는데, 뒤에 관직이 정당문학에 이르렀으므로 이로 인하여 정당매(政堂梅)라고 불렀다.

덕산사(德山寺) 지리산 동쪽에 있다.

오대사(五臺寺) 지리산 동쪽에 있다. 살천부곡(薩川部曲)에서 남쪽으로 고개 하나를 넘으면 다섯 산봉우리가 나란히 서 있는데 그 형상이 대(臺)와 같으니, 절이 그 안에 있으므로 그렇게 이름한 것이다. 또 수정사(水精社)라고도 칭한다. 고니 알만 한 수정 구슬이 있는데, 여의주라 부르며 은줄로 얽어 두고는 보배로 전해 온다. 고려 권적(權適)의 기문[177]에 "지리산은 우리나라의 거진(巨鎭)으로 높고 깊으며 넓고 커서 천하에 견줄 만한 곳이 없다. 그리고 오대사가 또 산 남쪽에 자리하는데, 그 산이 5겹으로 높아졌다 낮아졌다 하여서 은은하게 마치 대를 포개 놓은 듯한 모습이므로 그것을 취하여 절 이름을 지은 것이다. 일천 봉우리가 빙 둘러 호위하고 온 골이 한자리에 모여들어 마치 현성(賢聖)이 그 안에 숨어 살고 있는 듯하다." 하였다.

177 권적(權適)의 기문 : 〈지리산 수정사기(智異山水精社記)〉이다. 《東文選 卷64》

청암사(靑巖寺) 지리산 동쪽에 있다.

쌍계사(雙溪寺) 지리산 남쪽에 있다. 화개부곡(花開部曲)에서 시내를 따라 북쪽으로 80여 리 가면 이 절에 이른다. 신라 최치원이 일찍이 세상을 피해 이곳에서 글을 읽었다. 뜰에는 거의 100아름 되는 늙은 홰나무가 있는데, 그 뿌리가 북쪽으로 작은 시내를 건너 마치 다리처럼 얼기설기 얽힌 채 이어져 있으므로 절의 승려가 그것을 이용해 다리를 만들었다. 최치원이 직접 심었다고 전해 온다. 골 입구에 두 개의 바위가 마치 문처럼 서로 마주 보고 있는데, 동편 바위에는 '쌍계(雙溪)', 서편 바위에는 '석문(石門)'이라고 새겨져 있다. 또 최치원이 비문을 지은 승려 진감(眞鑑)의 비가 있다. 절 북쪽에는 또 팔영루(八詠樓) 유지가 있는데 이 또한 최치원이 올랐던 곳이라고 한다. ○ 최치원이 이 절에 있을 때 호원 상인(顥源上人)에게 부친 시[178]에,

종일토록 머리 숙여 붓끝만 놀려 온 채	終日低頭弄筆端
사람마다 입을 닫아 속내 얘긴 어렵다가	人人杜口話心難
속세 멀리 떠나와서 비록 기뻐할 만하나	遠離塵世雖堪喜
그렇대도 풍정[179]이야 그만둘 수 있으랴	爭奈風情未肯闌
붉은 단풍 진 산길엔 고운 놀 온통 어린 데다	影鬪晴霞紅葉徑
흰 구름 속 여울물은 밤비 소리 사뭇 내니	聲連夜雨白雲湍
시혼(詩魂)은 풍경 맞아 묶어 둘 수 없는 터로	吟魂對景無羈絆

178 최치원이……시 : 〈호원 상인에게 부치다(寄顥源上人)〉이다. 《孤雲集 卷1》

179 풍정(風情) : 평소의 지취(志趣) 혹은 시인의 시 짓는 풍류를 가리키는 듯하다.

사해에서 맺은 깊은 인연 도안 그가 그립구려[180] 四海深機憶道安

하였다.

불일암(佛日菴) 지리산 청학동 서쪽에 있다. 쌍계사와의 거리는 10여 리이다. 벼랑과 골짜기가 매우 험준하여 지나갈 만한 좁은 길도 없어, 절벽 허리를 깎아 겨우 한 사람이 다닐 정도의 길을 만들었는데, 왕래하는 이들은 모두 두려워 땀이 나고 머리털이 곤두선다. 암자는 또 높은 벼랑에 있어서 아래로 거의 백 길 가까이 된다. 암자 앞에 또 완폭대(玩瀑臺)가 있고 북쪽으로는 학연폭포(鶴淵瀑布)가 바라다보인다. 최치원이 폭포를 완상하던 곳이라고 서로 전한다. 허목(許穆)의 시[181]에,

불일암 올라서서 천 길 계곡 굽어보니 佛日直俯千丈磎
찬 비탈 가파른 벽에 길 하나 겨우 났네 寒崖峭壁纔有路
세상 먼지 닿지 않아 연하는 짙어 가고 風塵不到煙霞老
울창한 골짜기엔 바위 빛깔 예스럽네 洞府蒼蒼石色古

하였다.

영대암(靈臺菴) 지리산 불일암 아래에 있다. 또 옥소암(玉蕭菴), 소운암(小雲菴), 보문암(普門菴), 학서암(鶴棲菴) 등이 있는데, 모두 정사(精舍)이다.

신흥사(神興寺) 지리산 삼신동에 있다. 절에 능파각(凌波閣)이 있다. 본조

180 사해(四海)에서……그립구려 : 진(晉)나라 고승 도안(道安)이 형주(荊州)에 와서 저명한 문학가인 습착치(習鑿齒)를 만나 "나는 미천(彌天) 석도안(釋道安)이오."라고 자신을 소개하자, 습착치 역시 "나는 사해 습착치요."라고 재치 있게 답변하며 서로 친해진 고사가 전한다.《晉書 習鑿齒列傳》 여기서 사해는 최치원이 도안과 인연을 맺은 세상을 말하고, 도안은 지기(志氣)가 고원한 호원 상인을 비유한 말이다.

181 허목(許穆)의 시 : 〈경진년 9월 3일에 화개동을 따라가서……(庚辰九月三日從花開洞……)〉이다.《記言 別集 卷1》

승려 휴정(休靜)이 기문을 지었다.

칠불사(七佛寺) 지리산 신흥사 서쪽 20리에 있다.

의신사(義神寺) 지리산에 있다. 신흥사에서 북쪽으로 20리 올라가면 이 절이 있다.

영신암(靈神菴) 지리산에 있다. 절의 뒤쪽 봉우리에 바위 하나가 우뚝 서 있고 그 꼭대기에 작은 바위를 이고 있어 마치 평상 같으니, 좌고대(坐高臺)라고 부른다.

철굴암(徹窟菴) 지리산에 있다. 상·중·하 세 암자가 있는데 모두 석굴(石窟)에 의지하여 만들었으며 샘이 있는데 몹시 차다.[182] 의신사에서 이 암자를 거쳐 올라가면 영신암과 향적암(香積菴) 등이 있다.[183]

향적암(香積菴) 천왕봉 아래에 있다. 천왕봉사(天王峯祠)에 향화(香火)를 받들기 위하여 지었다.

천불암(千佛菴) 천왕봉 아래에 있다. 집 모양의 바위가 있는데 수십 명이 들어앉을 만하다.

안양사(安養寺) 지리산 악양폐현(岳陽廢縣) 북쪽 20리에 있다. 오대사, 신흥사와 더불어 명승 사찰로 함께 일컬어진다.

묵계사(默契寺) 지리산 묵계동(默契洞)에 있다. 안양사 앞 시내에서 물길 따라 서북쪽으로 가다 보면 계곡이 매우 험하고 좁은데, 이 길로 40여 리 가면 이 절에 이른다. 지금은 없어졌다.

182 샘이……차다 : 대본에는 '有泉極劉'로 되어 있는데, 의미가 불분명하여 문맥에 근거하여 '劉'를 '冽'로 고쳐 번역하였다.

183 영신암과……있다 : 대본에는 '靈神香積等菴'으로 되어 있는데, 문맥에 근거하여 앞에 '有'를 보충하여 번역하였다.

응석사(凝石寺) 집현산(集賢山)에 있다. 하연(河演) 조부[184]의 진영(眞影)이 있다.

청곡사(淸谷寺) 월아산(月牙山) 서쪽에 있다.

법륜사(法輪寺) 월아산 동쪽에 있다.

와룡사(臥龍寺) 와룡산(臥龍山)에 있다. 고려 현종이 잠저(潛邸) 시절에 노닐던 곳이다.

우방사(牛房寺) 우산(牛山)에 있다.

용암사(龍巖寺) 영봉산(靈鳳山) 안에 있다. 고려 무외(無畏)[185]가 거처한 곳이다.

백천사(百川寺) 와룡산 서쪽에 있다.

고적 古蹟

반성폐현(班城廢縣) 주 동쪽 52리에 있다. 고려 현종 때 편입시켰다. 본조에서 그대로 따랐다.

영선폐현(永善廢縣) 주 동남쪽 48리에 있다. 본래 신라 일선현(一善縣)인데, 경덕왕 때 상선(尙善)으로 고치고 고성군(固城郡) 영현으로 삼았다. 고려 초에 영선으로 고치고, 현종 때 편입시켰다. 원종 때 거제 명진현(溟珍縣)이 왜구를 피하여 이곳에 임시로 우거하였으므로 그대로 명진이라고

184 하연(河演) 조부 : 하윤원(河允源)이다. 본목 인물 참조.

185 무외(無畏) : 고려 충렬왕, 충선왕, 충숙왕 때 활동한 천태종의 고승인 무외 국사(無畏國師)를 말한다.《東文選 卷68 靈鳳山龍巖寺重創記》

칭하였다. 본조 세종 때 이르러 비로소 옛 섬으로 돌아갔고, 현 또한 그대로 본주에 편입시켰다.

악양폐현(岳陽廢縣) 주 서쪽 121리에 있다. 본래 신라 소다사현(小多沙縣)인데, 경덕왕 때 악양으로 고치고 하동군(河東郡) 영현으로 삼았다. 고려 현종 때 본주에 편입시켰다. 본조에서 그대로 따랐다.

살천부곡(薩川部曲) 주 서쪽 81리에 있다.

화개부곡(花開部曲) 일명 합포(陜浦)라고 한다. 주 서쪽 136리[186]에 있다.

흥선폐현(興善廢縣) 바로 흥선도이다. 본래 주의 유질부곡(有疾部曲)인데, 고려 때 호칭을 승격하여 창선현(彰善縣)으로 삼았다. 충선왕 때 흥선으로 고쳤는데, 왜의 침략으로 사람과 물산이 모두 없어졌다. 지금은 직촌(直村)이 되었다. 원종 10년(1269)에 일본이 장차 변경 고을을 침략할 것이라는 소식을 듣고 여기에 소장되어 있던 국사(國史)를 진도(珍島)로 옮겼다.

굴촌폐현(屈村廢縣) 주 서쪽 50리에 있다. 신라 때 본주에 병합하였다.

송대산성(松臺山城) 흙으로 쌓았고 둘레가 4073자이다. 지금은 퇴락하였다.

성산성(城山城) 하나는 주 동쪽 44리에 있으며, 흙으로 쌓았고 둘레가 2814자이다. 또 하나는 주 서쪽 48리에 있으며, 돌로 쌓았고 둘레가 970자이다. 지금은 모두 퇴락하였다.

선천부곡(鐥川部曲) 일명 대야천부곡(大也川部曲)이라고 한다. 주 서쪽 40리에 있다. 고려 공민왕 때 남해현(南海縣)이 왜의 침략으로 땅을 잃자 이곳에 임시로 우거하면서 그대로 호칭을 남해라고 하였다. 본조 태종 6년

186 136리 : 《신증동국여지승람》 권30 〈경상도 진주목〉 속현 및 《대동여지도》 등에 근거할 때 '126리'의 오기인 듯하나, 근거가 불충분하여 그대로 번역하였다.

(1406)에 이르러 비로소 본도로 돌아갔다.

명환 名宦

신라

복세(福世) 신문왕 5년(685)에 청주 총관(菁州摠管)이 되었다.

김암(金巖) 혜공왕 때 강주 도독(康州都督)을 지냈다. 이르는 곳마다 마음을 다해 백성을 안무하였고, 농사일의 여가에 백성들에게 육진병법(六陣兵法)을 가르치니 백성들이 모두 편하게 여겼다.

향영(向榮) 헌덕왕 때 청주 도독(菁州都督)이 되었다. 웅주 도독(熊州都督) 김헌창(金憲昌)이 군사를 일으켜 모반하여 주군을 겁략하고, 향영을 위협하여 자기에게 귀속하도록 하였는데, 향영이 몸을 빼내어 더럽혀지지 않았다.

김흔(金昕) 헌덕왕 때 강주 도독이 되었다.

왕봉규(王逢規) 경애왕 때 권지강주사(權知康州事)를 지냈다. 당나라 명종이 회화대장군(懷化大將軍)으로 삼았다.

고려

왕해(王諧) 진주 부사(晉州副使)가 되었는데, 아전은 두려워하고 백성들은 고마워하였다. 동도 유수(東都留守)로 옮겨 가게 되자, 진주 백성들이 늙은이나 어린아이나 할 것 없이 모두 눈물을 흘리며 유임하기를 원하여 조정에 간청하기를 "우리 왕군(王君)을 1년 더 빌려주십시오." 하여 결국 예전 직임으로 복귀하였다. 왕해는 청렴하고 강직하며 큰 절개가 있었고, 계획하는 바가 모두 나라에 보탬이 되었다.

김준(金晙) 사록(司錄)에 보임되었고, 청렴결백하다고 하여 여러 번 승진하여 좌습유 지제고(左拾遺知製誥)가 되었다.

임민비(林民庇) 의종조에 진주 목사가 되었다.

채정(蔡靖) 신종조에 진주 목사가 되었다.

이행검(李行儉) 고종조에 사록에 조용되었고, 청렴하고 대범하다고 일컬어졌다.

전광재(全光宰) 고종조에 진주 부사가 되었다.

안진(安震) 진주 통판이 되었다.

이우(李瑀) 재간이 있어서 외직으로 나가 진주 목사가 되었는데, 백성들에게 은혜를 끼쳤다.

배극렴(裵克廉) 진주 목사가 되어 아름다운 정사를 많이 행하였다. 일찍이 어린 잣나무를 아헌(衙軒 동헌)에 직접 심었는데, 뒤에 시중에 제수되어 떠나자 고을 사람들이 추모하며 그 잣나무를 일컬어 시중백(侍中柏)이라 하였다.

본조

최이(崔迤) 영진주목사(領晉州牧事)가 되었다.

안노생(安魯生) 태종조에 간관(諫官)으로서 폄척되어 진주 목사가 되었다. 3년간 재임하고 소환되어 조정에 들어가서 예조 참의가 되었다. 재임하는 동안 청렴하고 공명하여 은혜로운 정사를 많이 행하였다.

임인산(林仁山), 정사(鄭賜), 이영견(李永肩) 모두 진주 목사가 되었다.

손소(孫昭) 진주 목사가 되었는데, 옥송(獄訟)을 잘 처리하였고 정사를 관대하게 행하여 백성들이 사모하였다.

김일손(金馹孫) 교수가 되었는데, 재임한 2년 동안 힘써 주 선비들을 이끌어 문학에 흥기하도록 하였다.

이우(李堣) 공희왕조(恭僖王朝 중종조)에 진주 목사가 되었는데, 정사를 청렴하고 대범하게 행하여 백성들과 휴식하는 데에 힘썼고 옥사와 시장을 소란스럽지 않게 하였으며, 은혜와 신의가 두터워 백성들이 아버지처럼 애중하였다. 상이 특별히 표리(表裏)를 하사하였다.

노진(盧禛) 공헌왕조(恭憲王朝 명종조)에 진주 목사가 되었는데, 주 백성들이 추모하여 뒤에 본도 관찰사가 되었다.

최립(崔岦) 선조조에 진주 목사가 되었다. 요부(徭賦)를 균등하게 하고 폐단을 혁파하는 것을 급선무로 삼았으며, 모든 학교와 관우(館宇)의 헐고 무너진 곳을 보수하거나 다시 세웠다. 주에서 관장하는 면이 100개가 넘었는데, 전부터 백성들이 요역이 균등하지 않고 아전들이 농간을 부리는 것을 괴로워하고 있었다. 최립이 주 선비 가운데 식견과 사려가 있는 자를 뽑아서 그와 함께 상량해서 원근을 참작하고 쌀을 융통하여 차출함으로써 더 내거나 덜 내는 일이 없게 하니 백성들이 매우 편하게 여겼다. 이에 성안(成案)[187]을 만들어 후임자가 금방 제도를 파기하지 않도록 하였다.

김성일(金誠一) 선조 때 왜구가 영남을 함락하자 김성일을 초유사(招諭使)로 삼았다가 곧이어 경상우도 관찰사에 제수하였다. 당시 열읍이 모두 무너지니 김성일이 말하기를 "진주는 바로 호남의 방패이니 적들이 반드시

187 성안(成案) : 진주의 상정 문안(詳定文案)이다. 《簡易集 卷3 晉州詳定文案跋》

쟁취하려고 할 것이다."라고 하고, 김시민(金時敏)과 함께 성을 수축하고 굳게 지켜 누차 적을 물리쳤으며, 사천(泗川), 진해(鎭海), 고성(固城)도 수복하였다. 또 곽재우(郭再祐)에게 영을 내려 현풍(玄風)과 영산(靈山)의 적들을 격퇴하도록 하니, 이에 강우(江右) 지방이 소통하게 되었다. 이듬해 과로와 분노로 병을 얻어 본주에서 죽었는데, 임종하면서 한 말이 모두 나랏일에 관한 것이었다. 그 뒤 두 달 만에 성이 함락되었다.

김시민(金時敏) 처음에 진주 판관이 되었는데, 임진년(1592, 선조25) 왜란에 적을 잘 방어하였다 하여 목사로 승진하였다. 적이 성을 공격하였으나 누차 패배하자 여러 주둔군을 합하여 포위하였다. 이에 김시민이 장수들과 함께 성호(城壕 해자)를 정비하고 군기(軍器)를 수선하며, 성첩(城堞)을 헤아려 부대를 나누고 계략을 짜서 적을 방어하였다. 적이 포위하고 7일 밤낮을 공격하였는데 과반수가 살상되자 쌓인 시체를 태우고 남은 군사를 이끌고 물러갔다. 이듬해에 적이 반드시 설욕하고자 하여 다시 총력을 다해 공격해 왔다. 당시 김시민은 승진하여 병사(兵使)가 되어 적과 8일 동안 교전하였는데, 밖에서 지원병이 이르지 않아 성이 마침내 함락되고 창의사(倡義使) 김천일(金千鎰), 병사 최경회(崔慶會) 등과 함께 모두 전사하였다.[188]

188 이듬해에……전사하였다 : 김시민은 임진왜란 당해 연도인 1592년에 경상 우병사에 제수되었고 그해에 죽은 것으로 기록되어 있다. 《宣祖修正實錄 25年 10月 1日》《海左集 卷35 贈領議政諡忠武金公行狀》 따라서 이듬해에 김천일, 최경회와 함께 전사하였다는 위 내용에는 오류가 있는 듯하나, 근거가 불충분하여 그대로 번역하였다.

유우 流寓

한유한(韓惟漢) 고려 송경(松京) 사람이다. 관직에 나가는 것을 즐거워하지 않았다. 최충헌(崔忠獻)이 국정을 마음대로 하고 관직을 파는 것을 보고 탄식하여 말하기를 "변란이 장차 일어나겠다." 하고는, 처자를 이끌고 지리산에 은거하였다. 맑은 행실과 굳은 절개를 지니고 세상 사람들과 교유하지 않았으므로 사람들이 그 풍도를 고상하게 여겼다. 징소하여 서대비원 녹사(西大悲院錄事)로 삼았으나 끝내 나아가지 않고, 마침내 깊은 산골로 옮겨 살면서 종신토록 돌아오지 않았다. ○ 주지(州志)에 "고려 때 어떤 명사가 지리산에 은거하고 있었는데, 소신과 품행이 고결하고 세상일에 간여하지 않았다. 왕이 듣고 사신을 보내 맞아들이려고 하였는데, 사양하며 말하기를 '외신(外臣)이 아는 바가 없으므로 왕명을 쉽게 받아들일 수 없습니다.' 하고는 즉시 문을 닫고 나오지 않았다. 사신이 문을 밀치고 들어가 보았더니, 벽에다 '임금의 한마디 말씀이 산골에 들려 오니, 비로소 내 이름이 인간 세상에 남아 있는 줄 알았네.〔一片絲綸來入洞 始知名字落人間〕'라는 한 구절만 써 놓고는 북쪽 창문을 통해 도망친 후였다. 후인들은 아마도 이 사람이 한유한일 것이라고 한다." 하였다.

인물 人物

고려

하공진(河拱辰) 목종 때 상서 좌사낭중(尙書左司郞中)이 되었다. 현종이 거란 군사를 피해 남쪽으로 행차하였을 때 하공진이 표장(表狀)을 받들고 거란군 진영으로 가서 군사를 돌릴 것을 청하자, 거란 군주가 허락하고 마침내 하공진을 억류하였다. 억류된 동안 속으로는 본국으로 돌아갈 대책을 세우면서도 겉으로는 충성스럽고 근실한 태도를 보이니, 거란 군주가 매우 아끼고 대우해 주었다. 하공진은 우량한 말을 많이 사서 동쪽으로 가는 길에 배열해 두고 돌아갈 계책으로 삼았다. 어떤 사람이 그 모의를 고발하여 거란 군주가 그를 국문하니, 하공진은 모두 사실대로 대답하고 또 말하기를 "신이 본국에 대하여 감히 두 마음을 갖지 못하니, 살아서 대국을 섬기기를 원치 않습니다." 하였다. 이에 거란 군주가 의롭게 여겨 용서하고, 절개를 고쳐 충성을 바치라고 명하였으나, 하공진은 더욱 거칠게 말하며 굽히지 않다가 마침내 죽음을 당하였다. 멀리서 공부 시랑에 증직하였다.

강민첨(姜民瞻) 서생(書生) 출신으로 기용되었는데, 의지와 기절(氣節)이 강건하고 과감하였다. 목종조에 과거에 급제하고, 현종조에 대장군으로서 강감찬을 보좌하여 거란군을 크게 격파하였다. 응양상장군 주국(鷹揚上將軍柱國)에 발탁되고 우산기상시(右散騎常侍)에 전보되었으며, 추성치리익대 공신(推誠致理翊戴功臣)의 호를 하사받았다. 병부 상서로서 죽고 태자태부에 추증되었다.

강창서(姜彰瑞) 어려서 본주 향교에 다녔는데 학업에 힘쓰고 글을 잘 지었으니, 강 이남의 학생 가운데 그보다 나은 자가 없었다. 희왕(熙王) 8년[189] 봄에 장차 성시(省試)를 보러 가려는데, 사호(司戶)[190]인 아버지가 마침 죄

189 희왕(熙王) 8년 : 희왕은 고려 21대 희종을 말하는데, 희종은 재위 7년(1211)에 폐위되었으므로 8년은 오기인 듯하나 근거가 불충분하여 그대로 번역하였다.

190 사호(司戶) : 호적을 맡아보던 관리이다.

에 연루되어 옥에 갇히게 되었다. 강창서가 주에 나아가 방면해 주기를 청하였으나 관에서 불허하고 말하기를 "네가 만약 장원 급제에 오르면 속죄해 줄 수 있다." 하였는데, 과연 장원으로 급제하였다. 돌아오게 되자 목백(牧伯 목사)이 관리들을 거느리고 성 밖까지 나가 맞이하였다. 이어 그 집에 나아가 크게 잔치를 벌이고 부모에게 술잔을 권하며 경사를 치하하니, 온 경내가 영화롭게 여겼다. 여러 번 승진하여 직한림원이 되었다.

하을지(河乙沚) 학문에 힘쓰고 문장에 능하였다. 충혜왕조에 과거에 장원으로 급제하였다. 공민왕 때 여러 관직을 거치고, 신우(辛禑) 때[191] 계림 원수(鷄林元帥)가 되고 청주군(菁州君)에 봉해졌다.

하즙(河楫) 관직이 찬성사에 이르렀고 진천군(晉川君)에 봉해졌다. 시호는 원정(元正)이다.

하윤원(河允源) 하즙의 아들이다. 충혜왕 말에 과거에 급제하고, 공민왕조에 전리 총랑(典理摠郎)으로서 여러 장수를 따라 경성(京城 개경)을 수복하여 그 공으로 이등공신이 되었다. 신돈(辛旽)이 권세를 부릴 때 혼자 아부하지 않았다. 신우 초에 대사헌이 되었는데, "그른 것을 알면서 결정을 그르게 하면 황천이 벌을 내린다.〔知非誤斷 皇天降罰〕"라는 여덟 글자를 목판에 써서 대 위에 걸어 놓은 연후에 정사를 보았다. 부모상을 당하여 여묘하는 중에 임금이 글을 내려 징소하였는데, 글이 이르기 전에 죽었다.

정을보(鄭乙輔) 글을 잘 지었다. 여러 관직을 거쳐 참찬문하부사에 이르렀

191 신우(辛禑) 때 : 대본에는 없는데, 《고려사》에 하을지가 공민왕 때 전공 정랑(典工正郎), 강화 만호(江華萬戶)를 역임하였고, 신우 때 계림 원수에 제수되었다고 한 데 근거하여 보충하여 번역하였다. 《高麗史 卷40·卷44 恭愍王世家, 卷27 河乙沚列傳》

다. 상서 공부시랑에 증직되고, 청천군(菁川君)에 봉해졌다.

강시(姜蓍) 19세 때 성균시(成均試)에 입격하였다. 판도 판서, 문하찬성사를 역임하였으며, 추충보조 공신(推忠輔祚功臣)의 호를 하사받고 진산군(晉山君)에 봉해졌다. 시호는 공목(恭穆)이다.

정유(鄭愈), 정손(鄭愻) 모두 지선주사(知善州事) 정임덕(鄭任德)의 아들이다. 공민왕조에 아버지를 따라 하동군(河東郡)에서 수자리를 살고 있었는데, 왜적이 밤을 타 갑자기 쳐들어와서 사람들이 모두 달아났다. 정임덕이 말을 탈 수 없어서 형제가 부축하여 도망가는데, 적이 가까이 뒤쫓아오자 정유가 말을 탄 채 활을 쏘아 몇 명을 죽이니 적이 감히 다가오지 못하였다. 한 왜적이 칼을 휘두르며 돌진하여 정임덕의 뺨을 찌르니 정손이 제 몸으로 막고 또 4명을 베었다. 이에 정임덕은 화를 면하였으나 정손은 결국 적에게 죽음을 당하였다. 일이 보고되어 정유에게 종부시 승을 제수하였다.

여효제(余孝悌) 성품이 지극히 효성스러워 항상 힘을 다해 부모를 섬겼으며, 어머니가 돌아가시자 3년 동안 여묘하였다. 하루는 까마귀가 향안(香案) 위의 사배(砂杯)를 입에 물고 날아가니, 여효제가 탄식하며 말하기를 "까마귀가 비록 미물이라 하나 실로 반포(反哺)의 효성이 있다. 내 효심이 일찍이 까마귀만도 못하였으므로 이렇게 물고 가는 일이 생긴 것이다." 하고 심히 애통해하였다. 꿈에 한 노인이 나타나 말하기를 "슬퍼하지 마라. 3일이면 반드시 되찾을 것이다." 하였는데, 그 날짜가 되자 까마귀가 향안 위에 도로 물어다 두었다. 이에 듣는 이들이 모두 효성의 감응이라고 여겼다. 일이 알려져서 정려하였다.

강회백(姜淮伯) 강시의 아들이다. 과거에 급제하고, 공양왕 때 정당문학 겸 대사헌이 되어 시정(時政)에 대해 직언하였다. 간관(諫官) 김양진(金陽震)

등이 조준(趙浚)과 정도전(鄭道傳)의 죄를 논의할 때 강회백 또한 소장을 올려 조준 등을 논박하였는데, 이 일로 얼마 안 되어 진양(晉陽)에 유배되었다. 본조에 들어와 동북면 도순문사(東北面都巡問使)가 되고 죽었다. 《통정집(通亭集)》이 세상에 유전한다.

본조

하륜(河崙) 고려 말에 과거에 급제하고 중외의 관직을 역임하였으며, 경세제민의 역량이 있었다. 우리 공정왕(恭定王 태종)을 보좌하여 정사 좌명 공신(定社佐命功臣)이 되고 진산부원군(晉山府院君)에 봉해졌으며, 관직은 영의정에 이르렀다. 시호는 문충(文忠)이다. 《호정집(浩亭集)》이 남아 있다.

하연(河演) 하윤원(河允源)의 손자이다. 학문을 독실히 하고 행실을 삼갔으며 부모를 효성과 공경으로 섬겼다. 과거에 급제하고, 장헌왕조(莊憲王朝 세종조)에 관직이 영의정에 이르렀다. 영의정으로서 치사(致仕)하고 죽었는데, 불교 의식으로 장례를 치르지 말라는 유명(遺命)을 남겼다. 평소에 가산(家産)에 힘쓰지 않았고 성색(聲色)을 좋아하지 않았으며, 닭이 울면 일어나 의관을 바로 하고 대궐을 향해 정좌하였다. 오래도록 전선(銓選)을 관장하였는데 사적인 청탁을 전혀 받아들이지 않았다. 시호는 문효(文孝)이다. 아들 하우명(河友明)은 효행이 있었으며 관직이 동지중추부사에 이르렀다. 인천(仁川)에 자세히 보인다.

하경복(河敬復) 기국(器局)이 있었으며 서사(書史)에 통달하였다. 무과로 출신하여 현관(顯官)의 반열에 올라 의정부 찬성사에 이르렀다. 시호는 양정(襄靖)이다. 아들 하한(河漢) 또한 무용(武勇)으로 일컬어지고 관직이 중추부사에 이르렀으며, 시호는 강장(剛莊)이다.

정이오(鄭以吾) 과거에 급제하고 태조, 태종, 세종을 섬겼다. 관직은 대제학, 도총제에 이르렀다. 시호는 문정(文定)이다. 시를 잘 지었으며, 《교은집(郊隱集)》이 남아 있다.

정분(鄭苯) 정이오의 아들이다. 기국이 있었다. 단종 때 의정부 우의정에 올라 김종서(金宗瑞), 황보인(皇甫仁)과 더불어 삼정승이 되었는데, 계유정난 때 모두 피살당하였다.

정척(鄭陟) 향공진사(鄕貢進士)로서 과거에 급제하고, 관직이 판한성부사 수문전대제학에 이르렀다. 시호는 공대(恭戴)이다. 성품이 부지런하고 공손하였으며 청렴결백하여 스스로 지조를 지켰다. 모든 조정 의례(儀禮)에 대해 숙고하여 건의하는 바가 많았다. 혜장왕(惠莊王 세조)이 일찍이 그에게 말하기를 "세묘(世廟 세종)께서 청직(淸直) 두 글자로 경을 칭찬하신 그 말씀이 아직도 귓전에 남아 있다." 하고는 옷과 말을 하사하였다.

강석덕(姜碩德) 강회백의 아들이다. 젊어서 한 번 과거를 치르고 합격하지 못하자, 탄식하여 말하기를 "본래 즐거워할 만한 도의(道義)가 있는데, 어찌 과거를 볼 필요가 있겠는가." 하고 이후 더는 시험을 보지 않았다. 이행(李行)을 스승으로 삼고 백가(百家)의 여러 책을 모두 깊이 궁구하였다. 장헌왕이 그 학행을 알고서 기용하여 군수로 삼았고 여러 번 승진하여 대사헌이 되었으며, 관직이 지돈녕부사에 이르렀다. 시호는 대민(戴愍)이다. 올곧고 결백하며 강개하였고, 효성과 우애가 한결같이 정성에서 나왔다. 저술로 《완역재집(玩易齋集)》이 있다.

강희안(姜希顔) 강석덕의 아들이다. 과거에 급제하고, 관직이 인순부 윤(仁順府尹)에 이르렀다. 문장을 잘한다는 명성이 있었고 전서(篆書), 예서(隸書), 진서(眞書 해서(楷書)), 초서(草書) 등 글씨와 그림이 모두 절묘하였으니 세상에서 삼절(三絶)이라고 칭하였다.

강맹경(姜孟卿) 강회백의 손자이다. 과거에 급제하고, 역임한 관직이 모두 청요직이었다. 혜장왕조에 좌익 공신(佐翼功臣)으로서 진산부원군(晉山府院君)에 봉해지고, 관직이 영의정에 이르렀다. 시호는 문경(文景)이다.

강희맹(姜希孟) 강희안의 아우이다. 장헌왕조에 과거에 1등으로 급제하였고, 뒤에 익대 좌리 공신(翊戴佐理功臣)으로서 진산군(晉山君)에 봉해지고 관직은 의정부 좌찬성에 이르렀다. 시호는 문량(文良)이다. 시문이 정밀하고 깊으며 너그럽고 온화하였으며, 《사숙재집(私淑齋集)》 17권이 남아 있다.

모순(牟恂) 성품이 지극히 효성스러워서 어머니가 일찍이 독종(毒腫)을 앓자 모순이 종기를 빨아서 낫게 되었다. 어머니가 또 병이 위독하자 모순이 변의 맛이 단지 쓴지 보아서 병세의 경중을 증험하였다. 세종조에 과거에 급제하고, 관직은 좌사간대부(左司諫大夫)에 이르렀다.

하숙산(河叔山) 혜장왕조에 친시과(親試科)에 1등으로 급제하고, 관직이 낙안 군수(樂安郡守)에 이르렀다. 이후 병으로 인해 관직에 나가지 않았다.

강자평(姜子平) 과거에 수석으로 발탁되어 두 번 승지를 지냈고, 관직이 전라도 관찰사에 이르렀다. 아들 강형(姜詗)은 관직이 대사간에 이르렀는데, 연산군 때 갑자사화에 피살되었다.

정성근(鄭誠謹) 정척의 아들이다. 부모를 지극한 효성으로 섬겼고 상사(喪事)와 제사에 예를 극진히 하였다. 과거에 급제하고, 관직이 승지에 이르렀다. 강정왕조(康靖王朝 성종조)에 일찍이 사명(使命)을 받들어 대마도에 갔는데, 돌아올 때 저들이 보내 준 선물을 모조리 돌려주어 물리치고 돌아왔다. 뒤에 대마도주가 특별히 사람을 보내 그 물건을 가져와서 나누어 주기를 청하였다. 상이 그 청을 허락하자 정성근이 아뢰기를 "신이 저곳에 있을 때 받지 않았는데 여기에 이르러 받는다면 전후로 마음이 다른 것이니 참으로 바라지 않습니다." 하자, 상이 억지로 할 수 없어서 도로 돌려주어 보냈다. 상이 승하하자 정성근이 홀로 심상(心喪)으로 삼년상을 행하였다. 이에 사람들이 "충과 효가 모두 완전하다."라고 칭찬하였다. 연산군이 궤행(詭行)이라고 하여 죽였다.[192] 아들 정주신(鄭舟臣)은 과거에 급제하고 승문원 박사가 되었는데, 정성근이 죽자 역시 곡기를 끊고 죽었다. 공희왕(恭僖王 중종) 초에 정성근을 이조 참판에 추증하고 정문(旌門)을 내렸다.

하숙부(河叔溥) 하경복의 손자이다. 무과에 급제하고, 여러 관직을 역임하고 참판에 이르렀다. 청렴하고 대범하다고 일컬어졌다. 시호는 경절(敬節)이다.

강귀손(姜龜孫) 강희맹의 아들이다. 과거에 급제하고, 관직은 의정부 우의정에 이르렀다. 시호는 숙헌(肅憲)이다.

조지서(趙之瑞) 그 선조는 임천군(林川郡) 사람인데, 뒤에 주 사람이 되었다. 조지서는 생원시에 입격하고 문과 초시(初試)·중시(重試)에 모두 장원으로 급제하였다. 주에 예전에 삼장원봉(三壯元峯)이 있었는데, 사람들이 조지서에게서 증험되었다고 말하였다. 강정왕조에 세자 보덕이 되었는데, 연산군이 동궁에 있을 때 매일 진강(進講)하여 지극히 간절하게 효유하고 훈도하니 연산군이 그를 원수처럼 보았다. 연산군이 왕위를 잇자 외직을

192 연산군이……죽였다 : 궤행은 간사스러운 거짓으로 남을 교묘하게 속이는 행위를 말한다. 연산군은 미소한 관원이 임금에 대하여 외람되이 삼년상을 행한 것을 죄목으로 삼아 정성근을 처형하였다.《燕山君日記 10年 閏4月 8日》

청하여 창원(昌原)의 수령으로 나갔다가 관직을 내놓고 돌아와 지리산 아래에 거처를 정하고 살았으니, 그 서재를 '지족(知足)'이라 하고 자호로 삼았다. 연산군 10년(1504)에 정성근과 함께 피살되었다. 조지서는 충직하고 청백(淸白)하였다. 공희왕이 반정한 뒤에 도승지에 추증하고, 그 아들 조정(趙珵)에게 관직을 내렸다.

강혼(姜渾) 일찍이 과거에 급제하였고, 문사(文詞)에 능하였다. 연산군조에 승지가 되었다. 중종조에 정국 공신(靖國功臣)에 참여하고 진천군(晉川君)에 봉해졌다. 관직은 우찬성에 이르렀다.

조숙기(曺淑沂) 그 선조는 창녕(昌寧) 사람이다. 과거에 급제하고, 연산군조에 관직이 관찰사에 이르렀다.

하홍도(河弘度) 하즙의 후손으로 하자청(河自淸)의 6세손이다. 어려서부터 도를 구하는 뜻이 있었다. 광해군과 인조 대에 은거하여 행실을 돈독히 하고 학생들을 가르쳐서 향당이 그 효의(孝誼)에 감화되었다. 효종 때 유일(遺逸)로서 의흥 현감(義興縣監)에 제수되었으나 나아가지 않았다. 하홍도는 학문을 하면서는 옛사람처럼 되기를 기약하여[193] 종신토록 약속을 지켰고, 의리가 아니면 지푸라기 하나라도 남에게서 취하지 않았다. 예에 독실하였으니, 나라의 풍속에 여자의 계례(笄禮)를 시행하지 않았는데 유독 하홍도 집안에서는 이를 행하였다. 목사 성이성(成以性)이 일찍이 백성들을 다스리는 방책에 대해 물으며 백성들이 흩어지고 풍속이 피폐해진 것

193 학문을……기약하여 : 학문하는 목표를 옛사람의 행실을 본보기로 삼아 따르려는 데 두었다는 말이다. 허목이 지은 묘갈(墓碣)에 "선생의 학문은 사람이 일상생활을 하면서 지켜야 할 떳떳한 윤리 원칙에 근본을 두었고, 변함없이 지키는 소신과 실천해 나가는 방법은 한결같이 옛사람을 본보기로 삼았다." 하였다. 《謙齋集 卷11 墓碣》

을 한탄하니, 하홍도가 말하기를 "진(秦)나라가 가혹하게 하여 백성들이 포악해지고 한(漢)나라가 관대하게 하여 백성들이 순후해졌으니, 어찌 일찍이 백성들을 바꾸어 감화한 적이 있었습니까." 하였다. 후인들이 겸재(謙齋) 선생이라고 칭하였다.

열녀 列女

최씨(崔氏) 영암(靈巖)의 사인(士人) 최인우(崔仁祐)의 딸로, 본주 호장(戶長) 정만(鄭滿)에게 시집왔다. 고려 신우(辛禑) 때 왜적이 진주를 침략하여 온 고을 사람들이 달아나 숨었다. 당시에 정만은 일로 인해 서울에 가 있었는데 적이 마을에 난입하였다. 최씨는 당시 서른을 갓 넘긴 나이로 자색이 있었는데, 어린 자식들을 안고 끌고 달아나 산속으로 피하였다. 적이 사방으로 다니며 노략질하다가 최씨와 마주치자 칼을 빼 들고 위협하였다. 최씨는 나무를 끌어안고 버티면서 큰 소리로 꾸짖기를 "죽는 것은 똑같다. 적에게 더럽혀지고 죽느니 의롭게 죽는 편이 낫다." 하고 꾸짖기를 멈추지 않았다. 적이 마침내 해쳐서 나무 밑에서 죽었고, 아들 정습(鄭習)은 겨우 6세로 시신 곁에서 울부짖었다. 뒤에 도관찰사(都觀察使) 장하(張夏)가 보고하여 마침내 정문을 세우도록 명하고, 정습에게 이역(吏役)을 면제해 주었다.

정씨(鄭氏) 부사 조지서의 처이다. 본조 연산군 때 조지서가 해를 당하여 옥에 들어가게 되었을 때 술잔을 들고 이별하면서 말하기를 "내가 필시 돌아오지 못할 것인데, 우리 조부와 부친의 신주를 어찌하오." 하자, 정씨가 울면서 말하기를 "마땅히 죽어서라도 보존하겠소." 하였다. 조지서가 죽은 뒤에 그 집은 적몰되고, 정씨도 신분이 몰수되어 노비가 되었다. 그 아버지가 말하기를 "집안이 이미 패망하였는데 어찌 네 본가로 돌아오지 않느냐." 하자, 정씨가 말하기를 "지아비가 저에게 신주를 의탁하여 첩이 죽더라도 지키겠노라고 약속하였으니, 어찌 중간에 저버리겠습니까." 하고, 초야에 떠돌아다니면서 온갖 험난한 일을 다 겪으면서도 손수 나무 열매를 주워다가 질그릇에 음식을 장만하여 조석으로 곡읍하고 전(奠)을 올리며 삼년상을 마쳤다. 공희왕조에 정려하였다.

합천군陜川郡

동쪽으로 초계군(草溪郡) 경계까지 17리이다. 서쪽으로 거창현(居昌縣)[194] 경계까지 50리이다. 남쪽으로 삼가현(三嘉縣) 경계까지 24리이다. 북쪽으로 고령현(高靈縣) 경계까지 26리이다. 서울과의 거리는 732리이다.

한전 旱田

수전 水田

건치연혁 建置沿革

본래 신라 대량주군(大良州郡)인데, 양(良)자는 '야(耶)'로도 쓰고, 또 '야(野)'로도 쓴다. **경덕왕 때 고쳐 강양군(江陽郡)으로 삼았다. 고려 현종 때 승격하여 합주(陜州)로 삼았다.** 현종이 대량원군(大良院君)으로 있다

194 거창현(居昌縣) : 대본에는 '居昌郡'으로 되어 있는데, 본책 〈거창현〉 건치연혁에 근거하여 고쳐 번역하였다.

가 궐에 들어가 사위(嗣位)하니 외향(外鄕)이므로[195] 다시 승격한 것이다. 본조 태종 때 고쳐 합천군으로 삼았다. 관장하는 면은 -원문 2, 3자 결락-개이다.

관원

군수(郡守), 훈도(訓導) 각 1인이다.

군명 郡名

대량(大良), 강양(江陽), 합주(陜州)

형승 形勝

북쪽으로 성산(星山 성주(星州))에 통하고, 남쪽으로 진산(晉山 진주(晉州))에 닿는다. 본조 안노생(安魯生)의 기문

안팎이 시내와 산이다. 본조 하륜(河崙)의 〈징심루기(澄心樓記)〉에 "안팎이 시내와 산이라서 산에 올라 관망하는 아름다움을 갖추었다." 하였다.

뭇 산들이 공읍(拱揖)하고 있다. 본조 강희맹(姜希孟)의 기문[196]

195 외향(外鄕)이므로 : 현종의 어머니인 경종 비(妃) 황보씨(皇甫氏)의 고향이다.

196 강희맹(姜希孟)의 기문 : 〈합천 함벽루 중신기(陜川涵碧樓重新記)〉이다. 《私淑齋集 卷8》

풍속 風俗

검소하고 소탈함을 숭상한다.

산천 山川

북산(北山) 군 북쪽 1리에 있다. 진산(鎭山)이다.

사두산(蛇頭山) 군 서쪽 5리에 있다. 일명 송악(松嶽)이라고 한다.

옥산(玉山) 객관 서쪽 모퉁이에 있는 작은 산이다. 세속에서 현종이 거주했던 곳이므로 지금까지 궁터로 부른다고 한다.

가야산(伽倻山) 일명 우두산(牛頭山)이라고 한다. 야로폐현(冶爐廢縣) 북쪽 30리에 있다. 서쪽으로 비스듬히 뻗어 월류봉(月留峯)이 된다. 신라 말에 최치원 (崔致遠)이 나라가 장차 망할 줄을 알고 가족을 이끌고 이 산에 은거하였다. 고려 이색(李穡)의 시[197]에 "가야산은 경관이 천하에 빼어나고, 고운[198]은 천년 세월에 짝할 이 드물다네.〔伽倻之山最奇特 千載孤雲罕儔匹〕"라고 하였다.

가점산(可岾山) 군 북쪽 15리에 있다. 산 동쪽은 고령현 경계이다.

미숭산(美崇山) 야로폐현 동쪽에 있다. 고령현에도 보인다.

두모산(豆毛山) 오두산(烏頭山) 북쪽에 있다.

오두산(烏頭山) 야로폐현 남쪽 18리에 있다.

197 이색(李穡)의 시 : 〈동년 사공실의 시에 차운하여 사명을 받들고 가야산으로 가는 권 사관을 전송하다〔次同年司空實韻送權史官奉使伽耶山〕〉이다. 《牧隱藁 詩藁 卷4》

198 고운(孤雲) : 최치원의 호이다.

지을현(知乙峴) 군 동쪽 35리, 고령현과의 경계에 있다. 험하고 막혀 있다.

두리현(頭里峴) 군 서북쪽 30리에 있다.

아현(阿峴) 군 남쪽 25리, 삼가현과의 경계에 있다.

마현(馬峴) 군 북쪽 26리에 있다.

갈점(葛岾) 군 동쪽 27리에 있다.

홍류동(紅流洞) 가야산 남쪽에 있다. 골짜기가 매우 깊고 암석이 기이하며 폭포수가 쏟아져 세차게 부딪치며 흐른다. 매년 봄철이면 바위틈에 핀 꽃들이 물줄기를 따라 흘러나오므로 그렇게 이름한 것이다. 골 입구에 무릉교(武陵橋)가 있고 다리를 건너 5, 6리를 가면 최치원이 시를 지어 써 놓은 바위가 있다. 또 -원문 1, 2자 결락-리를 가면 해인사(海印寺)가 있다. ○ 본조 김종직(金宗直)의 시에,

아홉 굽이 폭포수가 성난 우레처럼 부딪치니	九曲飛流激怒雷
붉은 꽃잎 무수히 떨어져 물결 따라 오누나	落紅無數逐波來
반평생 동안 도원 가는 길 몰랐는데	半生不識桃源路
오늘에는 응당 시샘하는 경관 만나리	今日應遭物色猜

하였다.

견천(犬遷) 군 동쪽 13리에 있다. 벼랑을 따라 잔도(棧道)를 냈는데, 위로는 절벽을 지고 있고 아래로는 깊은 못을 굽어보며, 꾸불꾸불 굽이진 길이 2, 3리쯤 된다.

영수(瀯水) 일명 남강(南江)이라고 한다. 군 남쪽 5리에 있다. 원류는 덕유산(德裕山)에서 나오니, 바로 거창현 영수의 하류로 군 서쪽 지경에 들어간다. 또 거창 가조천(加祚川)과 합하고 모여서 부자연(父子淵)이 되고, 군 남쪽을 지나 초계군 경계에 이르러 황둔진(黃芚津)이 되고, 동쪽으로 흘러

낙동강(洛東江)에 들어간다.

징심천(澄心川) 징심루(澄心樓) 앞에 있다. 원류는 둘인데, 하나는 군 북쪽 상상곡(上上谷)에서 나오고 하나는 두리현에서 나와 군 서쪽 10리에서 합해진 다음 군 서남쪽을 감싸고 동쪽으로 흘러 영수에 들어간다.

야천(倻川) 야로폐현에 있다. 원류는 둘인데, 하나는 바로 홍류동 물이고 하나는 거창현 우두산(牛頭山) 동쪽에서 나와 야로현(冶爐縣 야로폐현) 북쪽 5리에서 합해진 다음 동쪽으로 흘러 고령현 경계에 들어가 용담천(龍潭川)이 된다.

부자연(父子淵) 군 서쪽 45리에 있다. 영수가 여기에 이르러 깊이 고여 못이 되었다. 세속에서 전하기를 "신라 때 장성(長城)을 쌓는 역사에 동원된 한 군졸이 오랜 부역을 마치고 돌아왔는데, 그 아버지와 못가에서 마주쳐 서로 부여잡고 슬프게 울부짖다가 함께 물에 빠져 죽었으므로 그대로 부자연이라고 불렀다."라고 한다.

둔덕탄(屯德灘) 군 서쪽 15리에 있으니, 바로 영수 여울이다.

음풍뢰(吟風瀨), **자필암**(泚筆巖) 모두 홍류동에 있다. 이 지역은 많은 산봉우리가 사방으로 솟아 있고 세찬 물살이 바람을 뿜어 대어 그 소리가 마치 전쟁터에서 말달리는 소리 같다. 큰 바위가 시냇가에 있는데 이끼가 끼지 않고 숫돌에 간 것처럼 매끄러워 붓으로 글씨를 써도 될 듯하다. 본조 강희맹이 일찍이 남쪽을 유람하다가 이곳에 이르러 말하기를 "이러한 승지(勝地)에 아직까지 그 이름이 없는가." 하고, 그 물 이름을 음풍뢰, 바위 이름을 자필암이라고 하였다.

황계폭포(黃溪瀑布) 군 서쪽 30리에 있다. 아래에 깊은 못이 있다.

토산 土産

철(鐵), 야로현 심묘리(深妙里)에서 난다. 석회(石灰), 종이〔紙〕, 먹〔墨〕, 옻〔漆〕, 꿀〔蜂蜜〕, 황랍(黃蠟), 감〔柹〕, 잣〔海松子〕, 오미자(五味子), 인삼(人蔘), 복령(茯苓), 송이버섯〔松蕈〕, 석이버섯〔石蕈〕, 산무애뱀〔白花蛇〕, 은구어(銀口魚 은어)

학교 學校

향교(鄕校) 진산(鎭山 북산(北山)) 기슭 1리쯤에 있다. 예전에는 군 북쪽 3리에 있었는데, 군수 황린(黃璘)이 이곳에 옮겨 지었다.

궁실 宮室

객관(客館)

징심루(澄心樓) 객관 남쪽에 있다. 본조 초에 지군사(知郡事) 윤목(尹穆)이 세우고 하륜이 명명하였다. 연을 심은 못이 있으니 군자지(君子池)라고 이름하였다. 안노생의 기문이 있다.

함벽루(涵碧樓) 군 남쪽 4리, 영수(濴水) 위에 있다. 절벽에 의지하여 긴 내를 굽어보고 있으며, 동쪽에는 사방으로 통하는 큰길이 있고 앞쪽에는 나루터가 가까이에 있다. ○ 고려 안진(安震)의 기문은 다음과 같다.

"내가 15세가 되어 학문을 시작하고부터 세상을 모른 지가 10여 년이었는데, 지난 정사년(1317, 충숙왕4) 가을에 중국으로 과거에 응시하러 가면서 도중에 평양에 들러 처음 부벽루(浮碧樓)를 보게 되었다. 그 후

5년 뒤에 진양(晉陽 진주)의 수령으로 나와서 또 장원루(壯元樓)에 올랐는데, 평생 본 남북의 절경 가운데 이 두 누각보다 나은 것이 없다고 혼자 생각하였다. 그러다 작년에 나랏일 때문에 강양(江陽 합천)을 가려는 도중에 한 누각을 보게 되었는데, 처마와 기둥이 춤추며 나는 듯하고 단청이 현란하여 마치 봉(鳳)이 하늘을 나는 것 같았다. 내가 객을 돌아보며 말하기를 '저 누각은 어느 때에 지었는가?' 하니, 객이 답하기를 '지금 태수가 새로 지은 것이다.' 하였다. 내가 듣고 기쁜 마음에 바로 배를 띄워 강을 건너서 난간에 올라 사방을 바라보니, 그 강산의 면모와 형세가 자못 전날의 두 누각보다 못하지 않았고 단청의 기이함과 교묘함은 더 훌륭하였다. 아, 이 고을이 생긴 이래로 이 강산이 있었으니, 옛날 영웅호걸 가운데 이 고을에 수령으로 온 이들도 많았을 것이다. 그러나 한 사람도 푸른 석벽을 파고 맑은 시내에 임하여 누각을 세운 자는 없었다. 오직 지금 군이 비로소 해냈으니 이 어찌 하늘이 만든 것을 땅이 감추어 두었다가 적임자에게 준 것이 아니겠는가. 이에 잔을 들고 노래하였으니, 그 노래에,

흰 구름이 나는데 산은 푸르르고	白雲飛兮山蒼蒼
밝은 달 떴는데 물은 넘실대누나	明月出兮水泱泱
누각 위의 사시 풍경 다 보아도 부족하거니	樓上四時看不足
아득한 이내 회포여, 하늘 저편을 그리도다[199]	緲緲予懷天一方

199 아득한……그리도다 : 소식(蘇軾)의 〈전적벽부(前赤壁賦)〉에 "아득한 나의 회포여, 하늘 저 끝에 있는 미인을 그리도다.〔渺渺兮余懷, 望美人兮天一方.〕"라고 한 구절에서 인용한 듯하다. 여기서는 함벽루의 아름다운 사시사철 풍경을 다 볼 수 없는 아쉬움을 드러낸 것으로 보인다.

산이 무너지고 물 또한 말라 버린들　山其崩兮水亦渴
사또의 은덕은 잊을 수 없으리라　使君之德不可忘

하였다. 객이 나에게 말하기를 '이 노래를 써서 이 누각의 기문으로 삼는 것이 좋겠다.' 하므로 나는 곧 붓을 가져다 그것을 썼다. 누각을 함벽루라고 칭한 이는 누구인가? 태수가 직접 이름한 것이다. 태수는 누구인가? 여러 대의 공신인 상락공(上洛公)의 맏아드님 김군(金君)[200]이다."

매월루(梅月樓) 객관 동쪽에 있다. 본조 성종 때 군수 김영추(金永錘)가 세웠는데, 앞에 네모진 못을 파고 연을 심었다. 김일손(金馹孫)의 기문[201]이 있다. ○ 본조 조위(曺偉)의 시[202]에,

강과 산은 마치 그림 속에 펼쳐진 듯하고　江山如在畫中開
굽은 난간 아로새긴 난간엔 티끌 한 점 없네　曲檻雕欄絶點埃
달을 향해 둥글고 이지러짐 따지지 말라　莫向纖阿問圓缺
이미 성긴 그림자가 그윽한 향기 가져왔으니　已將疎影暗香來

하였다.

봉수 烽燧

미숭산 봉수(美崇山烽燧) 남쪽으로 초계군 미타산(彌陀山)에 응하고, 동쪽

200 상락공(上洛公)의 맏아드님 김군(金君) : 상락공은 충선왕 때 상락군(上洛君)에 봉해진 김순(金恂)이고, 김군은 김순의 장남인 김영돈(金永暾)이다. 김영돈도 충혜왕 때 상락부원군에 책봉되었다.

201 김일손(金馹孫)의 기문 : 〈매월루기(梅月樓記)〉이다. 《濯纓集 卷3》

202 조위(曺偉)의 시 : 〈매월루(梅月樓)〉 중 제3수이다. 《梅溪集 卷1》

으로 고령현 망산(望山)에 응한다.

소현 봉수(所峴烽燧) 군 서쪽 49리에 있다. 남쪽으로 삼가현 금성산(金城山)에 응하고, 북쪽으로 거창현[203] 금귀산(金貴山)에 응한다.

우역 郵驛

금양역(金陽驛) 군 북쪽 7리에 있다.

권빈역(勸賓驛) 군 서쪽 35리에 있다.

남강원(南江院) 군 남쪽 5리에 있다.

정양원(正陽院) 군 남쪽 6리에 있다.

지현원(知峴院) 군 북쪽 19리에 있다.

아현원(阿峴院) 군 남쪽 22리에 있다.

두현원(頭峴院) 군 서쪽 22리에 있다.

관량 關梁

무릉교(武陵橋) 홍류동 입구에 있다. ○ 본조 김종직의 시[204]에,

그림 같은 무지개다리 놀란 물결에 잠겼는데	虹橋如畫蘸驚波
다리 위에 오가는 이들 조심스레 지나네만	橋上遊人側足過

203 거창현 : 대본에는 '居昌郡'으로 되어 있는데, 본책 〈거창현〉 건치연혁에 근거하여 고쳐 번역하였다.

204 김종직의 시 : 〈무릉교(武陵橋)〉이다. 《佔畢齋集 卷14》

옷을 걷고 건너갈 나를 그대들은 웃지 마소 我欲揭之君莫笑
고운 선생이 어찌 위태로운 길 밟으시었던가 孤雲寧蹈畏途麽

하였다.

사묘 祠廟

사직단(社稷壇) 군 서쪽에 있다.

문묘(文廟) 향교에 있다.

성황사(城隍祠) 군 동쪽 8리에 있다.

여단(厲壇) 군 북쪽에 있다.

사찰 寺刹

해인사(海印寺) 가야산 서쪽에 있다. 신라 애장왕(哀莊王)이 지었다. 신라의 승려 순응(順應), 이정(利貞), 희랑(希朗)의 유상(遺像)이 있다. 고려 때 《대장경》을 판각하고 서각(書閣)을 지어 보관하였으며, 역대의 실록도 이 절에 아울러 보관하였다. 고기(古記)에 이르기를 "가야산은 형세가 천하에 으뜸이고 지덕(地德 땅의 은택)은 우리나라에서 으뜸이라 참으로 정밀하게 수련할 만한 땅이다." 하였다. 또 최치원의 서암(書巖)과 기각(棋閣)이 있다. ○ 고려 염정수(廉廷秀)의 시에,

맑게 갠 봄날 산사에 한 점 티끌도 없으니 山寺春晴絶點埃
도심(道心)과 시상(詩想) 끝없어 추스르기 어렵네 道情詩思渺難裁
골짜기 안에 꽃 빛은 비단을 편 듯하고 洞中花色如鋪錦

다리 아래 시내 소린 우레가 지나는 듯 橋下溪聲似轉雷
이끼 덮인 기각에는 옛 글자 남아 있고 棋閣苔封餘古字
월봉[205]의 노송 옆엔 거친 대 하나 있네 月峯松老有荒臺
고운 선생 떠난 지 지금 어언 천년 세월인데 孤雲一去今千載
선인의 자취 마주하고 술 마시기 부끄러워라 羞對仙蹤倒酒盃

하였다. 본조 소경왕(昭敬王 선조) 24년(1591)에 절의 불상과 경판(經板)에 땀이 나서 줄줄 흘렀고, 효종 10년(1659)에도 그런 일이 있었다.

청량사(淸涼寺) 월류봉(月留峯) 아래에 있다. 최치원이 일찍이 이곳에서 노닐었다.

용계사(龍溪寺) 가점산에 있다.

안계사(安溪寺) 사두산 북쪽에 있다.

월광사(月光寺) 야로현 북쪽 5리에 있다. 세상에서 대가야의 태자 월광(月光)이 창건하였다고 전한다.

내원사(內院寺) 해인사 북쪽 5리에 있다. 절에 조현당(釣賢堂), 나월헌(蘿月軒), 득검지(得劍池)가 있는데, 득검지는 승려 옥명(玉明)이 절을 지을 때 못을 파다가 옛 검을 얻었으므로 그렇게 이름한 것이다.

소리암(蘇利菴) 가야산에 있다.

고적 古蹟

야로폐현(冶爐廢縣) 군 북쪽 30리에 있다. 본래 신라 적화현(赤火縣)인데,

205 월봉(月峯) : 월류봉이다. 가야산의 서쪽 줄기이다.

경덕왕 때 야로로 고치고 고령군 영현으로 삼았다. 현종 때 편입시켰다. 본조에서 그대로 따랐다.

미숭산성(美崇山城) 돌로 쌓은 고성(古城)이 있다. 둘레가 1643자이고, 안에 못 1개와 우물 6개가 있다.

갈점성(葛岾城) 돌로 쌓은 고성이 있다. 둘레가 2219자이다.

제시석(題詩石) 가야산 해인사의 골짜기를 홍류동이라 하는데, 곧 입구에 들어가서 무릉교를 건너 절 쪽으로 5, 6리쯤 가면 최치원이 시를 지어 써 넣은 돌이 있다. 그 시[206]에,

층층 바위 사이로 미친 듯 내뿜고 첩첩 산을 울리니	狂噴疊石吼重巒
사람 말소리는 지척 간에도 분간하기 어려워라	人語難分咫尺間
시비하는 소리 귀에 들릴까 항상 두려워	常恐是非聲到耳
일부러 계곡물로 산을 온통 두르게 했네	故敎流水盡籠山

하였다. 후인들이 이로 인하여 그 돌을 이름하여 치원대(致遠臺)라고 하였다.

독서당(讀書堂) 세상에서 전하기를 "최치원이 가야산에 은거하다가 어느 날 아침 일찍 일어나 집을 나가서 갓과 신을 숲속에 버려두었는데, 어디로 갔는지 모른다. 해인사 승려가 그날을 기일로 삼아 명복을 빌고 유상(遺像)을 독서당에 남겨 두었다." 한다. 당의 유지가 절 서쪽에 있다.

거덕사(擧德寺) 유지가 해인사 서쪽 5리에 있다. 최치원이 지은 〈석순응전(釋順應傳)〉에 "그 서쪽 산의 두 줄기 시내가 서로 만나는 지점의 물가에 거덕사라는 절이 있으니, 옛날 대가야의 태자 월광이 인연을 맺은 곳이

206 그 시 : 〈가야산 독서당에 제하다(題伽倻山讀書堂)〉이다. 《孤雲集 卷1》

다.……" 하였다.

반야사(般若寺) 가야산 아래에 있다. 절이 폐사된 지 이미 오래되었다. 고려 추밀원 지주사 김부일(金富佾)이 비문을 지은 원경화상(元景和尙)의 비가 있다.

명환 名宦

신라

종정(宗貞) 무열왕 8년(661)에 압독주(押督州)를 대야(大耶)[207]에 옮기고 아찬(阿飡) 종정을 도독으로 삼았다.

고려

임원후(任元厚) 인종조에 지합주사(知陜州事)가 되었는데, 근검하고 청백하였으며 은혜로운 정사가 백성들에게 미쳤다.

전원균(田元均) 지합주사가 되었는데 청렴하여 뇌물을 받지 않았고, 잔약한 백성을 돌보면서는 굽어살피고 불쌍히 여기지 않은 적이 없었다. 그러나 교활한 아전을 검속하면서는 매우 엄하게 죄악을 가려 다스리고 은폐된 간악한 행위를 귀신처럼 적발해 내었으므로 온 고을에서 공경하고 두려워하였다. 옥사를 처결하면서는 더욱 자세히 살폈으므로 비록 형장을 받은 자들이라도 모두 "전 사또가 처결한 것이다."라고 하였다.

207 대야(大耶) : 합천의 신라 때 이름인 대야주(大耶州)를 말한다.

이조년(李兆年) 충렬왕조에 예빈시 내급사(禮賓寺內給事)로 있다가 외직으로 나와 지합주사가 되었다.

본조

권진(權軫) 지합천군사(知陜川郡事)가 되었다. 훌륭한 정사를 행하여서 백성들이 노래 지어 부르기를 "권진 이전에도 권진 같은 원님 없었고, 권진 이후에도 권진 같은 원님 없으리라.〔權軫之前無權軫 權軫之後亦無權軫〕" 하였다.

조오(趙峿) 합천 군수가 되었는데, 비할 데 없이 청렴하고 지절(志節)이 있었다. 일찍이 군에 재임할 때 왕래하는 아들과 사위, 노복들에게 모두 개인 양식을 가져오게 하였고, 또 군에서 은구어(銀口魚)가 산출되었는데 처자에게는 먹지 못하도록 하였다.

조상치(曺尙治), 모순(牟恂) 모두 지합천군사가 되었다.

권득경(權得經), 정이우(鄭而虞) 모두 합천 군수가 되었다.

유호인(兪好仁) 강정왕조(康靖王朝 성종조)에 사헌부 장령이 되었는데, 어버이가 연로하다는 이유로 사직하고 외직으로 나와 합천 군수가 되었다. 재임 중에 죽었다.

이증영(李增榮) 공헌왕조(恭憲王朝 명종조)에 합천 군수가 되었다. 유애비(遺愛碑)가 남아 있으니, 조식(曺植)이 비문을 지었다.

유우 流寓

최치원(崔致遠) 신라 경주 사람이다. 당나라에 갔다가 귀국하여 진성왕 때 시무(時務) 12조(條)를 진달하니 왕이 아찬(阿飡)으로 삼았다. 당시 세상이 혼란스러웠으므로 때를 잘못 만난 데 대해 스스로 상심하여 더 이상 관직에 나갈 뜻이 없었다. 이에 산수 간을 마음 내키는 대로 돌아다니며 완상하고 시를 읊었다. 뒤에 고려 태조가 장차 나라를 일으키려는 것을 알고 글을 올렸으니, "계림은 누런 잎이요, 곡령은 푸른 솔이다.〔鷄林黃葉 鵠嶺靑松〕"[208]라고 하였다. 신라 왕이 이를 알고 그를 미워하자, 최치원은 즉시 가족을 끌고 가야산에 은거하여 모형(母兄 동복형)인 승려 현준(賢俊) 및 정현 선사(定玄禪師)와 속세를 초월한 교분을 맺고서 여생을 보냈다.

박소(朴紹) 본조 나주(羅州) 사람이다. 8세에 아버지를 여의고 남동생과 누이와 함께 외가를 따라 군의 야로현에 옮겨 살았다. 젊어서부터 도를 구하는 뜻이 있어서 《근사록(近思錄)》 등의 서책을 가지고 가야산에 들어가 깊이 몰두하여 침식을 잊을 정도로 궁구하였다. 박영(朴英)이 학문에 연원(淵源)이 있다는 소문을 듣고 찾아가서 배웠는데, 박영이 말하기를 "자네는 내 스승이지 내 벗이 아니다." 하였다. 김안국(金安國)이 영남의 관찰사로 있을 때 항상 공경하고 중히 여겨 매사를 반드시 그에게 자문하였다. 공희왕조(恭僖王朝 중종조)에 과거에 장원으로 급제하고, 누차 승진하여 이조 정랑,[209] 사간원 사간이 되었다. 김안로(金安老)의 간악함을 논핵하려고 하던 중에 김안로의 계략에 걸려 파직되고, 합천으로 돌아와 두문불출하고 강독하면서 스스로 즐기며 살다가 마침내 고향에서 죽었다. 호는 야

208 계림(鷄林)은……솔이다 : 계림은 경주이고 곡령은 개성의 송악(松嶽)으로, 신라와 고려의 흥망을 비유한 말이다.

209 이조 정랑 : 대본에는 '吏曹郎'으로 되어 있는데, 《사암집(思菴集)》 권4 〈야천 박공 신도비명(冶川朴公神道碑銘)〉 등에 근거하여 보충하여 번역하였다.

천(冶川)이다.

인물 人物

신라

죽죽(竹竹) 대야주(大耶州) 사람이다. 찬간(撰干) 학세(郝勢)의 아들이다. 선덕왕 때에 사지(舍知)가 되어 본주 도독 김품석(金品釋) 휘하에서 보좌하였다. 백제 장군 윤충(允忠)이 군사 1만 명을 거느리고 주성(州城)을 공격해 왔는데, 김품석이 성을 지킬 수 없게 되자 자결하였다. 이에 죽죽이 남은 병사를 거두어 성문을 닫고 항거하였다. 사지 용석(龍石)이 죽죽에게 말하기를 "지금 전세가 이와 같으니 항복하고 살아남아 훗날을 도모하는 것이 낫겠다." 하니, 답하기를 "내 아버지가 내 이름을 죽죽이라고 지은 것은 내가 세한(歲寒)에도 시들지 않고 꺾일지언정 굽히지는 말도록 한 것인데, 어찌 죽음을 두려워하여 살기를 구하겠는가." 하였다. 마침내 힘써 싸우다가 성이 함락되어 용석과 함께 죽었다. 왕이 듣고 슬프고 가슴 아파하며 죽죽에게는 급찬(級飡)을 증직하고 용석에게는 대내마(大奈麻)를 증직하였다.

거인(巨仁) 진성여주(眞聖女主)가 음행을 거리낌 없이 자행하여 나라의 기강이 무너지고 해이해졌다. 어떤 자가 시정(時政)을 비방하는 내용으로 조정 앞 도로에 방을 써 붙였다. 왕이 수색을 명하였으나 찾지 못하였는데, 혹자가 고하기를 "이는 필시 대야주에 숨어 사는 거인의 소행일 것입니다."라고 하였다. 왕이 거인을 체포하여 옥에 가두라고 명하였다. 장차 형

을 집행하려는데, 거인이 분하고 억울하여 옥 벽에 시를 썼다. 그 시에,

우공이 통곡하니 삼 년 동안 가물었고[210]	于公慟哭三年旱
추연이 슬퍼하니 오월에도 서리가 내렸다네[211]	鄒衍含悲五月霜
지금 나의 깊은 시름도 옛사람과 비슷한데	今我幽愁還似古
황천은 말이 없고 그저 창창할 뿐이네	皇天無語但蒼蒼

하였다. 그런데 그날 저녁에 갑자기 천둥 번개가 치고 우박이 내리니, 왕이 두려워하여 그를 풀어 주었다.

고려

이순목(李淳牧) 젊어서 주 아전이 되었는데, 책 읽기를 좋아하고 글을 잘 지어 매번 문회(文會)에서[212] 능히 운자에 따라 즉시 글을 지어 냈다. 과거에 급제하여 금성(錦城 나주)의 관기(管記)에 조용되었고, 누차 승진하여 보문각 대제에 이르렀으며 판비서성사에 올랐다.

210 우공(于公)이……가물었고 : 우공은 한(漢)나라 때 관리로, 판관 재임 시 옥송(獄訟)을 공정하게 판결하기로 이름났다. 동해군(東海郡)에 어떤 효부가 있었는데 그의 시어머니가 자살하자 시누이가 효부를 무고하였다. 우공이 효부의 무죄를 극력 간하였으나 태수가 듣지 않으므로 우공은 그 옥안(獄案)을 안고 통곡하였다. 태수가 끝내 효부를 죽이니 3년 동안 비가 오지 않았다고 한다. 《漢書 于定國傳》

211 추연(鄒衍)이……내렸다네 : 추연은 전국 시대 음양가(陰陽家)이다. 추연이 연나라 혜왕(惠王)을 충성을 다하여 모셨는데, 좌우에서 참소하여 구류를 당하였다. 이에 추연이 하늘을 우러러 통곡하자 5월인데도 하늘에서 서리가 내렸다고 한다. 《論衡 感虛》

212 매번 문회(文會)에서 : 대본에는 '□'로 되어 있는데, 《고려사》 권102 〈이순목열전〉에 '每於文會'라고 한 데 근거하여 보충하여 번역하였다.

본조

방유령(方有寧) 문과에 급제하고 중종조에 관직이 참판에 이르렀다.

이요(李瑤) 여러 관직을 거쳐 정헌대부에 이르렀다. 효행이 있어 모친상을 당하고 3년 동안 여묘하였다. 일이 알려져서 정려하였다.

송희규(宋希奎) 과거에 급제하여 현풍(玄風)과 상주(尙州) 등 5개 고을의 수령을 역임하였는데, 강명(剛明)하게 다스렸으므로 아전들이 감히 속이지 못하였다. 명종 초에 사헌부 집의가 되었다. 당시 수렴(垂簾) 정치가 행해지고 있었는데, 윤원형(尹元衡)과 이기(李芑)가 밀지로 대간을 협박하여 장차 사림에게 화를 입히려고 하자, 송희규는 정의를 지켜 굽히지 않으며 말하기를 "원형이 국구(國舅)로서 임금을 의로 인도하지 못하고 도리어 은밀히 국모를 사주하여 충량한 신하들을 해치려 하는가." 하고, 마침내 백인걸(白仁傑), 유희춘(柳希春) 등과 함께 유배되었다. 뒤에 전리로 돌아와 죽었다. 자호는 야계산옹(倻溪散翁)이다. 송희규는 어려서 도형(都衡)에게서 수학하여 아침에 갔다가 저녁에 돌아오고는 하였다. 하루는 도중에 한 노파가 공의 이름을 부르며 와서 장난치는데 얼굴이 커져서 솔숲에 꽉 찼으니 바로 요괴였다. 송희규가 몸을 날려 앞으로 나아가 때리려고 하자 그 형체가 점점 사그라들었고, 가면서 돌아보니 얼굴만 숲 위에 걸려 있을 뿐이었다. 그 용감하기가 이와 같았다. 소경왕조에 효행으로 정려하였다.

초계군草溪郡

동쪽으로 창녕현(昌寧縣) 경계까지 25리이다. 서쪽으로 합천군(陜川郡) 경계까지 13리이다. 남쪽으로 의령현(宜寧縣) 경계까지 28리이다. 북쪽으로 고령현(高靈縣) 경계까지 35리이다. 서울과의 거리는 745리이다.

한전 旱田

수전 水田

건치연혁 建置沿革

본래 신라 초팔혜현(草八兮縣)인데, 경덕왕 때 팔계(八溪)로 고치고 강양군(江陽郡 합천군) 영현으로 삼았다. 고려 초에 초계로 고치고, 현종 때 합주(陜州)에 편입시켰다가, 명종 때 다시 초계현을 설치하였으며, 충숙왕 때 승격하여 초계군으로 삼았다. 현 사람 정수기(鄭守琪)와 변우성(卞遇成)이 공을 세웠으므로 승격한 것이다. 본조에서 그대로 따랐다. 관장하는 면은 -원문 2, 3자 결락-개이다.

관원

군수(郡守), 훈도(訓導) 각 1인이다.

군명 郡名

팔계(八溪)

형승 形勝

사방이 산이고 8개의 물줄기가 흐른다. 군의 사면이 모두 산인데, 편평한 들이 넓게 펼쳐져 있다. 대암산(臺巖山)과 무월현(舞月峴) 등의 여러 골짜기 물이 여덟 줄기로 구불구불 흐르는데 뚜렷하여 헤아릴 수 있다.

산천 山川

청계산(淸溪山) 군 북쪽 1리에 있다. 진산(鎭山)이다.

소학산(巢鶴山) 군 북쪽 30리에 있다.

무월현(舞月峴) 군 서남쪽 10리에 있다.

대암산(臺巖山) 군 서쪽 10리에 있다.

고법현(高法峴) 군 동남쪽 14리에 있다.

구미현(仇彌峴) 군 북쪽 34리에 있다.

미타산(彌陀山) 군 남쪽 16리에 있다. 의령현에도 보인다.

낙동강(洛東江) 고령현 경계에서 흘러 들어와 군 동쪽 24리를 지나 창녕현과의 지경을 나누고 남쪽으로 흘러 의령현 경계에 들어간다.

영수(濴水) 바로 합천군 영수의 하류로 군 북쪽 10리를 지나는데, 여기에 황둔진(黃芚津)이라는 나루가 있다. 또 동쪽으로 흘러 군 동쪽 24리에 이르러 낙동강에 들어간다.

토산 土産

종이〔紙〕, 대나무〔竹〕, 왕골자리〔莞席〕, 옻〔漆〕, 석청밀(石淸蜜), 감〔柹〕, 호두〔胡桃〕, 잣〔海松子〕, 석류(石榴), 안식향(安息香), 산무애뱀〔白花蛇〕, 붕어〔鯽魚〕

학교 學校

향교(鄕校) 군 서쪽 2리에 있다.

쌍계서원(雙溪書院) 군 -원문 2, 3자 결락-에 있다. 사당을 세워 이희안(李希顔)을 향사하였다.

궁실 宮室

객관(客館)

감정루(鑑政樓) 객관 동쪽에 있다.

낙민정(樂民亭) 군 서쪽 15리에 있다. ○ 이첨(李詹)의 기문은 다음과 같다.

"구름 낀 봉우리가 동쪽으로 뻗어 나가 계곡의 많은 물이 큰 시내로 합쳐지고 합천, 초계를 지나 강에 들어간다. 두 고을 경계에는 들판이 넓고 산이 열려서 시원스러움이 사랑스럽다. 그러나 빈객이 왕래할 때 여기에 영송할 곳이 없는 것을 애석하게 여긴 지 오래되었다. 홍무(洪武) 계유년(1393, 태조2), 계림(鷄林) 이후 인실(李侯仁實)[213]이 초계군에 지군사로 부임하여 정사를 공평하게 하고 송사를 잘 다스렸다. 이듬해에 풍년이 들자 여러 사람과 의논하여 노는 일손을 부려서 기한을 정하여 집을 짓되, 기숙하기에 편리하게 방을 만들고 관람하기에 상쾌하도록 누마루를 만들었다. 그리하여 북쪽으로는 가야산이 바라보이고 남쪽으로는 무월현이 보이며, 갑산(甲山)이 그 왼편에 있고 황산(黃山)이 그 오른편에 있어서 푸른빛이 궤석(几席) 위에 불쑥 모여들고 냇물은 서쪽에서 절벽을 돌아 내려와 동쪽으로 깎아지른 언덕을 안고 흐르면서 소용돌이치며 술상 사이에 물방울을 튀긴다. 못에 안개 끼고 모래사장에 달빛 비치며, 물가에 풀 우거지고 언덕에 꽃이 만발한데, 여기에 농부는 흥얼대고 어부는 피리 불며 길 가는 자는 노래하는 모습이 더해져서 기쁘고 즐거운 광경이 처마 기둥 아래에서 떠나지 않는다. 정자 서쪽 몇 리 되는 곳에는 길이 절벽에 나 있는데 위로 쳐다봐도 아래로 굽어봐도 천 길이다. 길이 몹시 좁아서 행인들은 수백 보를 서로 비켜 지난 다음이라야 험한 곳을 벗어나게 된다. 그러므로 동쪽이나 서쪽으로 가는 자는 반드시 이 정자에서 휴식하게 되니 그 즐거움이 어떠하겠는가. 맹자가 이르기를 '백성의 즐거움을 즐거워하는 자는 백성들 또한 그의 즐거

213 계림(鷄林) 이후 인실(李侯仁實) : 이인실의 어머니인 대부인 김씨가 신라 왕의 후손이라고 한다.《高麗墓誌銘集成 卷上 李仁實墓誌銘》이 때문에 계림의 칭호를 붙인 것으로 보인다.

움을 즐거워한다.'라고 하였다. 이후가 이 정자에서 즐거워하기를 백성들과 함께하였으니, 백성들도 이후의 즐거움을 즐거워하는 것이다. 그러므로 정자 이름을 낙민이라 하였다."

관가헌(觀稼軒) 객관 북쪽에 있다.

창랑루(滄浪樓) 군 북쪽 10리, 영수 언덕에 있다.

봉수 烽燧

미타산 봉수(彌陀山烽燧) 남쪽으로 의령현 가막산(可莫山)에 응하고, 북쪽으로 합천군 미숭산(美崇山)에 응한다.

우역 郵驛

팔진역(八鎭驛) 군 동쪽 5리에 있다.

송림원(松林院) 군 동쪽 15리에 있다.

동원(東院) 군 동쪽 5리에 있다.

낙민원(樂民院) 낙민정 아래에 있다.

고법원(高法院) 군 남쪽 10리에 있다.

사법천원(沙法川院) 군 남쪽 28리에 있다.

횡보원(橫步院) 황둔진 남쪽 언덕에 있다.

구미원(仇彌院) 구미현에 있다.

감물창원(甘勿倉院) 군 동쪽 24리, 낙동강 서쪽 언덕에 있다.

관량 關梁

감물창나루〔甘勿倉渡〕 군 동쪽 24리에 있다. 바로 낙동강 나루로, 길이 창녕현에 이어진다.

사묘 祠廟

사직단(社稷壇) 군 서쪽에 있다.

문묘(文廟) 향교에 있다.

성황사(城隍祠) 군 서쪽 7리에 있다.

여단(厲壇) 군 북쪽에 있다.

사찰 寺刹

봉서사(鳳棲寺) 대암산에 있다.

미타사(彌陀寺) 미타산에 있다.

갑산사(甲山寺) 청계산에 있다.

명환 名宦

본조

권형(權衡)

인물 人物

고려

정배걸(鄭倍傑) 7세에 능히 시서(詩書)를 통달하였다. 현종조에 과거에 수석으로 뽑히고 관직은 예부 상서에 이르렀다. 유술(儒術)로써 문종을 도왔다. 죽은 뒤 홍문광학추성찬화 공신(弘文廣學推誠贊化功臣) 광유후(光儒侯)에 추증되었다.

정문(鄭文) 정배걸의 아들이다. 겨우 15, 6세에 지혜롭기가 마치 노성한 사람 같았다. 과거에 급제하여 관직이 형부상서 겸 태자빈객에 이르렀다. 산업을 일삼지 않아 사는 집은 겨우 비바람을 가릴 정도였다. 사명을 받들고 송나라에 들어갔는데, 하사받은 금과 비단을 시종한 이들에게 나누어 주고 나머지는 모두 서적을 구매해서 돌아왔다. 시호는 정간(貞簡)이다.

정윤의(鄭允宜) 정배걸의 7세손이다. 과거에 급제하고, 충렬왕 때 관직이 봉익대부(奉翊大夫)에 이르렀다. 문명(文名)이 있었다.

정선(鄭僐) 정배걸의 7세손이다. 과거에 수석으로 뽑혔다. 충렬왕 때 세 고을 수령을 역임하였는데, 모두 명성과 공적이 있었다. 관직은 첨의 평리(僉議評理)에 이르렀다.

정인(鄭絪) 정선의 손자이다. 음률에 정통하고 또한 예를 잘 아는 것으로 알려져서 후진들이 모두 그에게 와서 수학하였다. 관직은 판개성부사에 이르렀으며 팔천군(八川君)에 봉해졌다. 시호는 양헌(良獻)이다.

정습인(鄭習仁) 지기(志氣)가 있어 곧이곧대로 거리낌 없이 말하였다. 공민왕조에 과거에 급제하여 성균관 학관에 보임되었고, 외직으로 나가 지영주[214]사(知榮州事)가 되었다. 고을에 무신탑(無信塔)이 있었는데, 정습인이 허물어 철거하였다. 이로 인해 신돈에게 미움을 받고 폐출되어 서인(庶人)이 되었다. 뒤에 기용되어 양주(梁州), 밀성(密城)을 맡아 다스렸는데,[215] 이르는 곳마다 강한 자를 통제하고 약한 자를 흥기시켜 위엄과 은혜가 아울러 드러났으며, 음사(淫祠)를 금하고 무당을 장을 쳐 징벌하였다. 신우(辛禑) 초에 전교 영(典校令)이 되고, 공양왕 때 관직이 우산기상시(右散騎常侍)에 이르렀다. 정습인은 이단에 미혹되지 않고 부모를 효성으로 섬겼다. 부모상을 당해서는 모두 여묘하여 삼년상을 마쳤으며, 초상과 제사를 예법에 따라 치르니 사람들이 모두 칭찬하였다.

정국경(鄭國鏡) 청성군(淸城君)에 봉해졌다. 효행이 있어서, 당시 상제(喪制)가 폐기되고 무너져 사람들이 대부분 삼년상을 행하지 않았는데, 정국경은 부모를 위하여 6년 동안 여묘하였다.

이희안(李希顔)

214 영주(榮州) : 영천(榮川)의 옛 이름이다.

215 양주(梁州)……다스렸는데 : 양주는 양산(梁山)의 옛 이름이고, 밀성은 밀양(密陽)의 옛 이름이다. 모두 지사(知事)로 부임하여 다스렸다.

함양군咸陽郡

동쪽으로 안음현(安陰縣) 경계까지 37리이다. 남쪽으로 산음현(山陰縣) 경계까지 26리이다. 서쪽으로 전라도 운봉현(雲峯縣) 경계까지 27리이다. 북쪽으로 안음현 경계까지 37리이다. 서울과의 거리는 659리이다.

한전 旱田

수전 水田

건치연혁 建置沿革

본래 신라 속함군(速含郡)인데, 일명 함성(含城)이라고 한다. 경덕왕 때 천령군(天嶺郡)으로 고쳤다. 고려 성종 때 승격하여 허주(許州)로 삼았다. 현종 때 강등하여 함양군(含陽郡)으로 삼았고 뒤에 함(含)을 함(咸)으로 고쳤다. 명종 때 강등하여 현으로 삼았다. 본조 태조 4년(1395)에 승격하여 군으로 삼았다. 관장하는 면은 18개이다.

관원

군수(郡守), 훈도(訓導) 각 1인이다.

군명 郡名

천령(天嶺), 허주(許州), 함양(含陽)

형승 形勝

남쪽으로 지리산을 바라보고, 북쪽으로 황석산(黃石山)에 막혀 있고, 동쪽으로 도현(桃峴)이 있고, 서쪽으로 팔량령(八良嶺)에 막혀 있다.

산봉우리는 기이하고 골짜기는 깊다. 본조 신숙주(申叔舟)의 〈제운루기(齊雲樓記)〉[216]에 "고을은 두류산(頭流山) 기슭에 있는데, 기이한 봉우리와 깊은 골짜기가 천 리에 걸쳐 넓게 자리 잡고 있어서 더운 구름이 자욱하고 안개가 피어오른다." 하였다.

땅이 두류산 한 모퉁이에 있다. 함양은 호남과 영남 사이의 깊숙한 지역으로 땅이 두류산의 모퉁이에 있다. 비록 만 산 가운데 있지만 그 가운데는 도리어 넓게 열려 있으므로 고을 내 전야(田野)가 수백 이랑은 된다.

산은 높고 골은 길며, 밭은 평평하고 내는 넓다.

216 신숙주(申叔舟)의 제운루기(齊雲樓記) : 〈함양성 문루기(咸陽城門樓記)〉이다. 《保閑齋集 卷14》

풍속 風俗

풍속이 성실함을 숭상한다. 관풍안(觀風案)

착한 일을 즐거워하고 농사일을 부지런히 한다.

산천 山川

백암산(白巖山) 군 북쪽 5리에 있다. 진산(鎭山)이다.

지리산(智異山) 군 남쪽 40리에 있다. 산의 북면은 군이 오로지 차지하였고, 천왕봉(天王峯)이 진주(晉州)와의 경계를 나눈다. 산중에 옛 성이 있으니 일명 추성(楸城)이라 하고 일명 박회성(朴回城)이라 부른다. 군과의 거리는 남쪽으로 30여 리이고 의탄촌(義呑村)에서 5, 6리 거리인데, 우마로도 갈 수 없는 곳이나 창고 옛터가 아직도 완연히 남아 있다. 세상에서 신라가 백제를 방어했던 곳이라고 전한다.

수청산(水淸山) 군 남쪽 30리, 전라도 운봉현과의 경계에 있다.

천왕점(天王岾) 군 북쪽 20리, 안음현과의 경계에 있다.

백운산(白雲山) 군 서쪽 40리, 안음현과의 경계에 있다.

화장산(花長山) 군 남쪽 15리에 있다. 산속에 난초와 혜초가 많다.

취암산(鷲巖山) 군 북쪽 20리에 있다.

상산(霜山) 군 서쪽 20리에 있다. 바위 무리가 수려함을 다투는데 형상이 마치 칼날 같다. 산 아래에 깊숙한 골짜기 하나가 있으니, 홍무(洪武) 경신년(1380, 우왕6)에 왜를 정벌할 때 병사를 숨겨 둔 곳이다.

사암산(蛇巖山) 군 동쪽 20리에 있다.

안점산(鞍岾山) 군 북쪽 30리에 있다. 산 위에 옛 석성(石城)이 있다.

수지봉(愁智峯) 군 동쪽 10리에 있다.

오도봉(悟道峯) 군 남쪽 20리에 있다. 바로 지리산 북쪽 줄기인 별봉(別峯)이다. 세속에서 예전에 어떤 선(禪)을 배우는 자가 여기에서 수행하여 도를 깨쳤으므로 그렇게 이름하였다고 전한다.

문필봉(文筆峯) 군 북쪽 1리에 있다.

팔량령(八良嶺) 군 서쪽 30리, 전라도 운봉현과의 경계에 있다. 전라도와 경상도 사이에 있는 국방의 요충지이다.

도현(桃峴) 군 동쪽 30리[217]에 있다.

□□동(□□洞) 점필재(佔畢齋)의 유산록(遊山錄)[218]에 이르기를 "함양에서 천왕봉을 오르자면 구롱(九隴)을 지난다. 서너 개의 언덕을 지나서 골짜기 하나를 만나는데, 지경이 넓고 깊숙하며 수목들이 해를 가리고 덩굴풀이 뒤덮여 얽혀 있는 가운데 계곡물이 돌에 부딪혀 소리 내며 굽이굽이 흐르고 있다. 그 동쪽은 산등성이인데 그리 험준하지 않고, 서쪽으로는 지세가 점점 내려가는데 여기서 20리를 가면 의탄촌에 다다른다. 만약 닭, 개, 소, 송아지를 끌고 들어가서 밭을 개간하여 보리나 콩을 심는다면 무릉도원이라고 해도 그리 손색이 없겠다." 하였다.

217 30리 : 대본에는 '二十里'로 되어 있는데, 《신증동국여지승람》 권31 〈경상도 함양군〉 산천, 《세종실록》 〈지리지〉, 《대동여지도》 등에 근거하여 고쳐 번역하였다.

218 점필재(佔畢齋)의 유산록(遊山錄) : 김종직(金宗直)의 〈두류산 유람록(遊頭流錄)〉이다. 《佔畢齋集 文集 卷2》

고대암(孤臺巖) 대, 소 두 고대암이 있다. 대고대암은 남계(灆溪) 안에 있고 소고대암은 뇌계(濡溪) 안에 있으니, 모두 고을 사람들이 와서 감상하는 곳이다.

대관수(大館藪) 뇌계 동쪽 언덕에 있다.

남계(灆溪) 군 동쪽 15리에 있다. 안음현 남계의 하류로, 산음현 경계에 이르러 임천(瀶川)과 합류한다.

뇌계(濡溪) 군 서쪽 1리에 있다. 원류는 백운산에서 나와 동쪽으로 흘러 사근역(沙斤驛) 곁에 이르러 남계에 들어간다.

임천(瀶川) 마천소(馬川所)에 있다. 군과의 거리는 남쪽으로 30리이다. 지리산 북면의 계곡물이 합해져서 임천이 되고 군 남쪽 40리에 이르러 모여 용유담(龍遊潭)이 된다. 또 꺾이어 군 남쪽 25리에 이르는데 이를 엄천(嚴川)이라 부르며, 산음현 경계에 이르러 남계와 합류한다.

용유담(龍游潭) 군 남쪽 40리에 있다. 임천의 하류이다. 못 양쪽 곁에 암석이 있는데, 편평한 바위가 여러 겹 쌓인 것이 모두 숫돌에 간 듯하다. 가로로 또 옆으로 벌여 있는데, 어떤 것은 큰 독처럼 생겨서 바닥이 보이지 않을 만큼 깊기도 하고, 어떤 것은 술 항아리 같기도 하여 온갖 기괴한 형상이 마치 귀신이 조화를 부린 것 같다. 그 물에 물고기가 있는데 등에 가사(袈裟) 같은 무늬가 있으므로 가사어(袈裟魚)라고 이름하였다. 그곳 사람이 말하기를 "지리산 서북쪽에 달공사(達空寺)가 있고 그 옆에 저연(猪淵)이 있다. 이 물고기가 여기서 나서 매년 가을이면 물 따라 이동하여 용유담에 와 있다가 매년 봄이 되면 달공의 못으로 돌아가므로 엄천 아래로는 이 고기가 없다. 잡으려는 자가 시기를 살펴서 바위 폭포 사이에 그물을 쳐 두면 물고기가 뛰어오르다가 바로 그물 안으로 떨어지곤 한다." 하였다. 달공은 바로 운봉현 지역이다.

서계(西谿) 군 서쪽 8리에 있다. 그 원류는 팔량현에서 나온다. 제한역(蹄閑驛) 아래로 5리쯤 이르러서는 두 협곡 사이에 온통 돌이 바닥을 이루는데 숫돌에 간 듯이 반들반들하다. 그 위로 나는 듯한 물줄기가 물방울을 흩뿌리며 굽은 계곡으로 세차게 쏟아져 내려 마치 패옥 고리가 부딪치는 듯 쟁쟁 소리를 내며 뇌계로 흘러 들어간다.

토산 土産

대나무〔竹〕, 옻〔漆〕, 꿀〔蜂蜜〕, 황랍(黃蠟), 석이버섯〔石蕈〕, 감〔柹〕, 석류(石榴), 잣〔海松子〕, 오미자(五味子), 당귀(當歸), 독활(獨活), 은구어(銀口魚 은어)

성곽 城郭

군성(郡城) 옛 읍이 군 동쪽 2리에 있다. 고려 말에 청사(廳舍)가 왜구에 의해 불타 버렸으므로 마침내 문필봉 아래로 읍치를 옮겼다. 흙으로 성을 쌓았다. 둘레가 735자이고, 3개의 문을 세웠으니 동문을 제운(齊雲)이라 하고 남문을 망악(望嶽)이라 하고 서문을 청상(淸商)이라 한다.

공서 公署

사근도 찰방사(沙斤道察訪司) 군 동쪽 16리에 있다. 사근(沙斤), 제한(蹄

閑), 유린(有麟), 안간(安澗), 임수(臨水), 정곡(正谷), 신안(新安), 신흥(新興), 정수(正守), 횡포(橫浦), 마전(馬田), 율원(栗元), 벽계(碧溪), 소남(小南), 평사(平沙) 등 15개 역을 관할한다. ○ 찰방 1인이 있다. 예전에는 승(丞)이라 하였는데 지금은 찰방을 둔다.

학교 學校

향교(鄉校) 군 북쪽에 있다. 소소당(昭昭堂)이 있다.

남계서원(濫溪書院) 군 동북쪽 15리, 남계 동쪽에 있다. 사당을 세워 정여창(鄭汝昌)을 향사하였다.

신계서원(新溪書院) 군 동북쪽 13리, 남계의 서쪽에 있다. 노진(盧禛)을 향사하기 위하여 세웠다.

궁실 宮室

객관(客館)

향사당(鄉射堂) 군성 남쪽에 있다.

연무당(鍊武堂) 군성 남쪽에 있다.

학사루(學士樓) 객관 서쪽 한편에 있다. 최치원(崔致遠)이 태수로 재임할 때 올라 감상하던 곳이므로 그렇게 이름하였다. 뒤에 왜구에 의해 불타 버려서 읍치를 옮길 때 이 누각도 옮겨 짓고 이름은 그대로 하였다.

청향당(淸香堂) 객관 서쪽에 있다. 아래에 연당(蓮塘)이 있다. 군수 조위(曺偉)가 지었다.

제운루(齊雲樓) 바로 성 동문 누각이다. 지리산이 바라보인다. 신숙주의 기문[219]이 있다. ○ 본조 김종직의 〈비 온 뒤 누각에 올라〔雨後登樓〕〉라는 시[220]에,

빗발은 어느덧 점차 걷혀 가는데 雨脚看看取次收
가벼운 천둥은 여전히 누각 울리네 輕雷猶自殷高樓
구름이 골짜기에 돌아오니 주렴이 어둡고 雲歸洞穴簾旌暮
바람이 못 위에 불어오니 자리가 서늘하네 風颭池塘枕簟秋
연꽃 향기 속에서는 개구리가 개골개골하고 菡萏香中蛙閣閣
백로 그림자 드리운 곳엔 벼가 반드르르하네 鷺鷥影裏稻油油
난간에 기대어 다시 두류산을 바라보니 憑欄更向頭流望
천 길의 봉우리는 옥룡이 솟은 듯하구나 千仞峯巒聳玉虯

하였다.

망악루(望嶽樓) 성 남문 누각이다. 지리산이 바라보이므로 그렇게 이름한 것이다.

백사정(白沙亭) 군 서쪽 1리에 있다. ○ 고려 조승숙(趙承肅)의 시에,

봄 찾아 술 싣고 외딴 마을 지나는데 尋春載酒過孤村
뻐꾸기 우는 대낮에 사립문 닫혀 있네 布穀聲中晝掩門
비 온 뒤에 떨어진 꽃이 물에 떠오니 雨後殘花浮水出
인간 세상 어디나 도원 아닌 곳 없네 人間無處不桃源

하였다.

219 신숙주의 기문 : 〈함양성 문루기(咸陽城門樓記)〉이다. 《保閑齋集 卷14》
220 김종직의……시 : 〈제운루의 쾌청함을 읊다〔齊雲樓快晴〕〉이다. 《佔畢齋集 卷10》

우역 郵驛

사근역(沙斤驛) 군 동쪽 16리에 있다. 찰방사(察訪司) 본역이다. 역 남쪽에 정자가 있다. 본조 이숙번(李淑蕃)의 시에 "집 둘러 있는 시내와 산 경치 훌륭하고, 구름 스칠 듯한 솔과 잣나무 푸르러라.〔繞屋溪[221]山勝 拂雲松柏靑〕" 하였다. ○ 고려 말에 왜선 500척이 진포(鎭浦)에 정박하고 삼도(三道 경상도·전라도·충청도)를 침략하여 상주(尙州)의 부고(府庫)를 불태우고, 경산(京山 성주(星州))을 지나 사근역에 주둔하였다. 삼도 원수 배극렴(裵克廉) 등 9명의 장수가 함께 역 동쪽 3리에서 싸우다 패전하여 박수경(朴修敬), 배언(裵彦) 2명의 원수가 전사하였고, 죽은 사졸이 500여 인에 달하여 하천 물이 모두 붉어졌으므로 지금까지도 혈계(血溪)라고 부른다. 이로부터 적의 기세가 더욱 치성해져서 마침내 군성을 함몰하고 남원(南原)으로 가던 도중 인월역(引月驛)[222]에 주둔하였는데, 거기서 우리 태조에게 섬멸당하였다.

제한역(蹄閑驛) 군 남쪽 15리에 있다. ○ 본조 이첨(李詹)의 시에,

운봉 고갯길이 계곡 곁에 나란히 나 있어 雲峯坂道竝溪傍
편안히 나귀 타고 가며 길게 한 번 웃네 穩跨征驢一笑長
실없어라 서쪽 산이 만 길이나 높다는 말 無賴西山高萬丈
객이 여관에 들어도 아직 일몰 전이라네 客來投館未斜陽

하였다.

221 溪 : 대본에는 '靑'으로 되어 있는데, 문맥 및 《신증동국여지승람》 권31 〈경상도 함양군〉 역원에 근거하여 고쳤다.

222 인월역(引月驛) : 운봉현 동쪽 16리에 있는 우역(郵驛)이다.

광혜원(廣惠院) 성 남쪽 2리에 있다. 누각이 있으니 사신을 맞이하는 장소이다.

사근원(沙斤院) 사근역 동쪽에 있다.

도현원(桃峴院) 도현 아래에 있다.

덕신원(德信院) 군 서쪽 20리에 있다.

관량 關梁

팔량령관(八良嶺關) 팔량령 위에 있다. 삼국 시대에 관문을 설치하여 방수(防守)한 곳으로, 지금 석성(石城)의 기지가 남아 있다. 바로 호남과 영남 두 지역의 통로가 되는 요해처이다. 운봉현에도 보인다.

사근교(沙斤橋) 사근역 남쪽에 있다.

대교(大橋) 군 남쪽 5리에 있다.

사묘 祠廟

사직단(社稷壇) 군 서쪽에 있다.

문묘(文廟) 향교에 있다.

성황사(城隍祠) 군 동쪽 3리에 있다.

여단(厲壇) 군 북쪽에 있다.

능묘 陵墓

정여창(鄭汝昌) 묘 군 -원문 3, 4자 결락- 승안동(昇安洞)에 있다.[223]

사찰 寺刹

군자사(君子寺) 지리산에 있다. 세속에서 신라 진평왕이 왕위를 피해 이곳에 살다가 태자를 낳고 귀국하면서 살던 집을 희사하여 절로 만들었다고 전한다.

견불사(見佛寺) 지리산에 있다. ○ 본조 강경서(姜景敍)의 시에,

관가 절 방[224] 그윽한 풍경 찾아보고	官寺探幽景
지팡이 짚고 다시 앞길로 나서자	杖藜却復前
솔바람 소리 지친 잠결에 들려오더니	松聲來倦枕
매화 그림자 하늘 높이 끌어들이고	梅影入高天
비는 절로 스님 선정(禪定) 방해했지만	雨自妨僧定
바람은 능히 객을 태워 신선 만드네	風能駕客仙
머리 돌려 돌아온 길 되돌아보니	回首顧歸路
깊은 골짝에 구름안개 잠겨 있구나	深壑鎖雲煙

하였다.

승안사(昇安寺) 사암산에 있다.

223 군……있다 : 《일두집(一蠹集)》 유집 권3 〈행장(行狀)〉에는 "군 동쪽 승안동에 옮겨 장사지냈다."라고 되어 있다.

224 관가 절 방 : 관가에서 지은 사묘(寺廟)를 말한다.

선열암(先涅菴) 지리산에 있다. 암자가 가파른 절벽을 등지고 지어졌다. 샘이 둘 있는데, 절벽 밑에 있어서 몹시 차다.

신열암(新涅菴) 지리산에 있다. 암자가 가파른 절벽 아래에 자리 해 있고, 암자 동북쪽에는 암석이 다섯 개가 나란히 서 있는데 높이가 모두 천 자가 되며 이름을 독녀암(獨女巖)이라고 한다. 전해 오기를 "한 부인이 바위 사이에 돌을 포개 놓고 홀로 그 안에 살면서 도(道)를 연마하여 하늘로 올라갔으므로 그렇게 이름한 것이다." 한다.

고열암(古涅菴) 신열암 서쪽에 있다. 세 열암이 모두 서로 가까이에 있다. 암자 서쪽 언덕에는 세 반석이 있는데, 이를 일러 의론대(議論臺)라고 한다. 전해 오기를 "우타(優陀)라는 한 노승이 벼랑 아래 석굴에 살았는데 일찍이 세 열암의 승려와 함께 이 반석에 앉아서 대승(大乘)과 소승(小乘)을 논하다가 문득 깨달았으므로 이로 인하여 이름으로 삼았다." 한다.

마적암(馬迹菴) 지리산에 있다. 고승(高僧) 마적이 살던 곳이라서 이름으로 삼았다. 앞에는 유가대(瑜珈臺)가 있고 아래에는 수잠탄(水潛灘)이 있으며 수잠탄 위는 바로 용유담이다.

안국사(安國寺) 수청산에 있다. 본조 승려 행호(行乎)가 지었다.

금대암(金臺菴) 안국사 동쪽에 있다.

무주암(無住菴) 지리산에 있다. ○ 《보한집(補閑集)》[225]에 다음과 같이 말하였다.

"승려 무기(無己)가 대혼자(大昏子)라 자호하고 지리산에 은거하여 장삼 한 벌로 30년을 지냈다. 해마다 겨울과 여름에는 나오지 않고 뱃가죽

225 보한집(補閑集) : 최자(崔滋)의 저술이다.

을 말아 새끼줄 띠로 묶어 두었다가 봄가을이 되면 배를 두드리며 산을 유람하는데, 하루에 서너 말의 밥을 먹었다. 한곳에 앉으면 반드시 열흘을 보냈고, 일어나 걸을 때면 게(偈)를 지어 마음껏 읊었다. 산중에 70여 개 암자가 있는데 한 암자에서 한 끼씩 먹으면서 그때마다 게 한 수씩을 남겼다. 무주암에 남긴 게에 이르기를,

이 땅에 본래 사는 이 없었는데	此境本無住
어떤 사람이 이 집을 지었는가	何人起此堂
오로지 무기라는 자만 남아서	唯餘無己者
가거나 머물거나 본래 거리낌 없다	去住本無妨

하였다. 그는 아마도 한습(寒拾)[226] 같은 부류가 아닐까."

덕봉사(德峯寺) 천왕점 아래에 있다.

등구사(登龜寺) 오도봉에 있다. 산 형상이 마치 거북이처럼 가운데가 불룩 솟았는데 절이 그 등에 올라앉아 있으므로 그렇게 이름한 것이다.

화장사(花長寺) 화장산에 있다.

안양사(安養寺) 지리산에 있다.

고적 古蹟

옛 읍성〔古邑城〕 지금의 치소 동쪽 2리에 있다. 예전에는 토성(土城)이 있었는데 무너지고 황폐해져서 유허가 되었다.

226 한습(寒拾) : 당나라 중엽의 승려인 한산(寒山)과 습득(拾得)을 말한다. 그들은 기행(奇行)으로 이름이 났고 또 시승(詩僧)으로 유명하였다.

사근산성(沙斤山城) 군 동쪽 17리, 사근역 북쪽에 있다. 돌로 쌓았고 둘레가 2790자이며, 안에 못이 3개 있다. 고려 말에 감무(監務) 장군철(張群哲)이 성을 지키다가 왜구에게 함락당하였다. 본조 성종 때 수축하였는데, 지금 다시 퇴락하여 황폐해졌다.

명환 名宦

신라

영충(令忠) 헌덕왕 14년(822)에 웅천 도독(熊川都督) 김헌창(金憲昌)이 반란을 일으켜 무진(武珍), 완산(完山) 등 고을을 협박하여 자기편으로 만들었다. 완산의 장사(長史) 최웅(崔雄)이 영충과 함께 달아나 서울에 이르러 반란을 고하니 왕이 즉시 영충을 속함군 태수(速含郡太守)에 제수하고 급찬(級飡)의 직위를 주었다.[227]

최치원(崔致遠) 신라 말에 천령 태수(天嶺太守)가 되었다. 최치원이 해인사의 승려 희랑(希朗)에게 보낸 시 아래에 "방로태감 천령군 태수 알찬 최치원(防虜太監天嶺郡太守遏粲崔致遠)"이라고 적었다.

227 왕이……주었다 : 《삼국사기》 권10 〈신라본기 10〉 헌덕왕 14년 3월 18일 기사에는 "왕이 즉시 최웅에게 급찬 속함군 태수 직위를, 영충에게 급찬 지위를 제수하였다."라고 한 데 근거할 때 오류가 있는 듯하나, 근거가 불충분하여 그대로 번역하였다.

본조

송희경(宋希璟)

이차약(李次若) 이숭인(李崇仁)의 아들이다. ○ 모두 함양 군수가 되어 고을을 잘 다스렸다.

채륜(蔡倫) 세종조에 함양 군수가 되었다. 백성들이 그 은혜로운 정사를 그리워하였다.

최덕지(崔德之) 세종조에 함양 군수가 되었다. 자신을 단속하여 청렴하고 대범하였으며 은혜로운 정사가 백성에게 미쳤다.

조상치(曺尙治), 정종소(鄭從韶) 모두 함양 군수가 되었다.

김종직(金宗直) 성종조에 함양 군수가 되었다. 다스리면서는 학문을 일으키고 인재를 기르며 백성을 편안하게 하고 사람들을 화목하게 하는 것을 책무로 삼고 선정(善政)의 제일 요목으로 삼았다. 상이 이르기를 "종직은 고을을 잘 다스려서 명성이 있으니 마땅히 더 나은 자리로 승진시켜야 한다." 하고 승문원 참교에 제수하였다. 고을 사람들이 사모하여 생사당(生祠堂)을 세웠다.

조위(曺偉)

정구(鄭逑) 선조조에 함양 군수가 되었다. 백성의 힘을 너그러이 기르고, 선비를 가르쳐 학문을 흥기시켰다. 수재(水災)나 한재(旱災)를 만나면 그때마다 반드시 몸소 기도하였는데 모두 효험이 있었다. 당시 창녕(昌寧)에 부자간의 의옥(疑獄)이 있어 관찰사가 정구에게 다스리게 하니, 소송한 자가 자백하여 부자간의 천륜이 바로 정해졌다.

인물 人物

고려

박충좌(朴忠佐) 과거에 급제하고, 충목왕 때 관직이 판삼사사(判三司事)에 이르고 함양부원군(咸陽府院君)에 봉해졌다. 성품이 온후하고 검약하여 경상(卿相)이 되었어도 사는 집과 의복이 포의(布衣) 때와 같았다. 《주역》 읽기를 좋아하여 늙어서도 그만두지 않았다.

조승숙(趙承肅) 어려서부터 학문에 힘쓰고 시서(詩書)를 독실하게 익혔다. 고려 말에 관직에 나아가 대부가 되었는데, 본조에 이르러서는 조정에서 불러도 끝내 나가지 않았다. 그 절의가 길재(吉再)에 비견할 만하여 고을의 부인이나 어린아이까지도 "충신 조승숙"이라 일컬었다. 덕곡(德谷)에 살았으므로 덕곡옹(德谷翁)이라 자호하였다.

본조

박자안(朴子安) 관직이 도총제에 이르렀다. 장수의 재간이 있었다. 아들 박실(朴實) 또한 총제가 되었다. 태조조에 박자안이 경상 전라 도안무사가 되었는데 군사 기밀에 관련하여 실책을 범한 일로 참형을 당하게 되었다. 참하라는 공문이 내리자 박실이 태종의 사저(私邸)에 달려가 땅에 엎드려 통곡하면서 아버지의 목숨을 살려 달라고 간청하였다. 이에 태종이 감동하고 측은하게 여겨 즉시 궐에 들어가 사형을 감해 줄 것을 청하였다. 태조가 처음에는 노하였으나 곧 사람을 보내 속히 달려가서 집행을 멈추게 하였다. 사자(使者)가 아직 이르기 전에 이미 박자안의 얼굴에 칠을 하고 칼날도 갖추었는데, 사자가 멀리서 보고 갓을 휘둘러 신호를 보내니 형관이 형 집행을 멈추고 기다려서 박자안은 죽음을 면하게 되었다. 박실이 달리 학술과 무예가 없었지만 상은 그가 아버지를 구한 것을 어질게 여겨 궁궐 호위 군대를 맡도록 하였다.

여자신(呂自新) 무과에 급제하고 여러 관직을 거쳐 공조 판서에 이르렀다. 시호는 정장(貞莊)이다. 성품이 청렴하고 결백하며 대범하고 곧았다. 아들 여윤철(呂允哲)도 무과를 통해 현달하여 관직이 절도사에 이르렀다. 그 아버지와 같이 청렴하고 결백하였다.

유호인(兪好仁) 그 선조는 고령(高靈) 사람인데 뒤에 이주하여 본군 사람이 되었다. 유호인은 김종직을 스승으로 삼아 책을 널리 읽고 암기를 잘하였다. 문과에 급제하고 인정을 받아 성종이 비할 데 없이 아끼고 대우하여 항상 홍문관 자리에 두고 친구로 대하였다. 교리로서 부모 봉양을 위해 외직을 청하여 합천 군수로 나가 재임 중에 죽었다. 충의와 효성이 있었고 청렴하고 검소하였으며, 시문은 고상하고 예스러웠다. 일찍이 사직을 고하고 어머니를 뵈러 갈 때 조령(鳥嶺)에 이르러 지은 시[228]에 "북녘을 바라보면 군신이 서로 막혔으나, 남쪽에 돌아가면 모자가 함께하리.〔北望君臣隔 南來母子同〕" 하였는데, 상이 듣고서 말하기를 "호인이 몸은 비록 외지에 있지만 임금을 잊지 않는구나." 하였다. 임종할 때 아들 유환(兪瑍)에게 이르기를 "군자는 반드시 임금을 속이지 말아야 하니, 너는 내 말을 꼭 생각해야 한다." 하였다. 집이 뇌계(㵢溪) 가에 있어서 뇌계를 호로 삼았다.

정여창(鄭汝昌) 그 선조는 하동(河東) 사람으로, 뒤에 이주하여 본군 사람이 되었다. 8세 때 아버지 정육을(鄭六乙)이 의주 통판이었는데, 조사(詔

228 조령(鳥嶺)에……시 : 〈새재에 올라〔登鳥岾〕〉이다. 《㵢谿集 卷5》

使) 장녕(張寧)이 보고 남다르다 여겨 이름을 여창이라 지어 주었다. 성종조에 효행과 절의가 있다 하여 특별히 참봉에 제수하였다. 문과에 급제하고 세자시강원 설서가 되었다가 외직으로 나가 안음 현감이 되었다. 연산군 때 김종직의 문도라 하여 사화에 연루되어 유배 가서 죽었다. 정여창은 타고난 자질이 단정하고 중후하였으며 부모를 지극히 효성스럽게 섬겼다. 성경(聖經)에 깊이 몰두하고 자신에게 돌이켜 실천하였다. 김굉필(金宏弼)과 좋은 벗이 되어 함께 절차탁마함이 마치 고정(考亭 주희)이 남헌(南軒 장식(張栻))과 함께한 것과 같았으니, 사문(斯文)의 흥기함이 두 사람에게서 시작되었다. 중종조에 우의정[229]에 증직하였으며, 뒤에 또 문헌(文獻)으로 추시(追諡)하고 공자의 묘정에 종사(從祀)하였다.

노진(盧禛) 그 선조는 풍천(豐川) 사람으로, 뒤에 이주하여 본군 사람이 되었다. 관찰사 노숙동(盧叔仝)의 증손이다. 어려서 아버지를 여의고 학문에 힘썼다. 문과에 급제하고 선조조에 오래도록 근시(近侍)의 직책에 있었다. 어머니가 연로하다는 이유로 귀향하여 봉양할 것을 간청하여 지례(知禮), 담양(潭陽), 진주(晉州), 전주(全州), 곤양(昆陽) 등지의 수령에 누차 제수되었는데 모두 은혜로운 정사를 행하였다. 승진 발탁되어 이조 판서에 이르렀다. 상이 바야흐로 의지하여 정승으로 삼으려고 하였는데 갑자기 죽었으므로 조야(朝野)가 슬퍼하며 아까워하였다. 노진은 선을 즐거워하고 선비를 좋아하였으며 학문을 하면서는 자신에게 돌이켜 실천하는 것에 중

229 우의정 : 대본에는 '領議政'으로 되어 있는데, 《일두집》에 중종 12년(1517)에 우의정에 증직하였다는 기록이 있고, 이후 1610년(광해군2) 문묘에 종사하라고 내린 교서에서도 '贈議政府右議政文獻公鄭汝昌'이라고 한 데 근거하여 고쳐 번역하였다. 《一蠹集 遺集 卷3 行狀, 頒教文》

심을 두었다. 젊어서 이항(李恒)과 함께 《대학》을 강론하여 그 요지를 터득하고는 항상 말하기를 "학문의 요점은 많은 말에 있지 않고 《대학》의 16마디[230]에서 구하면 충분하다." 하였다. 선조조에 그의 돈독한 효성이 알려져서 정려하도록 명하였다. 시호는 문효(文孝)이다.

열녀 列女

송씨(宋氏) 역승(驛丞) 정인(鄭寅)의 처이다. 고려 신우 때 왜구가 여러 군대를 약탈하여 송씨가 납치되었는데, 적이 욕보이고자 하였으나 죽기를 맹세하고 굽히지 않다가 마침내 해를 입었다. 일이 알려져서 정려하였다.

김씨(金氏) 군 사람 이양(李陽)의 처이다. 이양이 자식 없이 일찍 죽어 김씨가 의지할 곳이 없었는데, 권세 있는 자가 데려가려고 하자 김씨가 달아나 지아비 묘소에 가서 사흘간 돌아오지 않았다. 뒤에 또 구혼하여 처로 삼으려 하는 자가 있었는데 김씨는 이를 따르지 않고 목매어 자결하였다. 본조 강정왕(康靖王 성종)이 수령에게 명하여 그 묘에 제사 지내게 하고 그 집에 정문을 세우도록 하였다.

230 대학의 16마디 : 《대학장구》 경 1장의 첫 구절인 "대학의 도는 명덕을 밝히는 데에 있고 백성을 새롭게 하는 데에 있고 지선에 그치는 데에 있다.〔大學之道, 在明明德, 在新民, 在止於至善.〕"라는 16자를 말한다.

곤양군 昆陽郡

동쪽으로 사천현(泗川縣) 경계까지 28리이다. 북쪽으로 진주(晉州) 경계까지 37리이다. 서쪽으로 하동현(河東縣) 경계까지 9리이다. 남쪽으로 남해현(南海縣) 경계까지 45리이다. 서울과의 거리는 957리이다.

건치연혁 建置沿革

고려 초에 곤명현(昆明縣)으로 삼고, 신라 때 관계된 읍호는 미상이다. 현종 때 진주에 편입시켰다. 본조 장헌왕(莊憲王 세종) 1년(1419)에 남해현과 병합하고 승격하여 곤남군(昆南郡)으로 삼았고, 어태(御胎)를 군 지역에 안치하였으므로 승격한 것이다.[231] 19년(1437)에 다시 갈라서 남해현을 따로 설치하고 진주의 금양부곡(金陽部曲)을 병합하여 고쳐 곤양군으로 삼았다. 관장하는 면은 -원문 1, 2자 결락-개이다.

관원

군수(郡守), 훈도(訓導) 각 1인이다.

231 어태(御胎)를……것이다 : 대본에는 본문으로 되어 있는데, 본서 건치연혁 서술 투식에 근거하여 원주로 번역하였다.

군명 郡名

곤명(昆明), 곤남(昆南)

풍속 風俗

풍속이 검박함을 숭상한다. 관풍안(觀風案)

산천 山川

동곡산(銅谷山) 군 북쪽 3리에 있다. 진산(鎭山)이다.

소곡산(所谷山) 군 북쪽 25리에 있다. 세종 1년(1419)에 어태를 이 산에 안치하였다.

봉명산(鳳鳴山) 군 북쪽 15리에 있다. 산에 봉암(鳳巖)이라는 바위가 있다.

우산(牛山) 객관 남쪽에 있다.

금오산(金鰲山) 군 서쪽 20리에 있다. 일명 병요산(甁要山)이라고 한다.

바다〔海〕 군 남쪽에 있다.

노량(露梁) 군 남쪽 45리에 있다. 남해현에 들어가는 자는 이곳을 통한다. 예전에 만호영(萬戶營)이 있었다.

아방포(牙方浦) 군 동쪽 20리에 있다.

모랑포(毛郎浦) 군 동쪽 10리에 있다.

성창포(城倉浦), 염전포(鹽田浦), 구량포(仇良浦) 모두 군 남쪽 20리에 있다.

율포(栗浦) 군 서쪽 8리에 있다.

진제포(辰梯浦), 금양포(金陽浦) 모두 군 남쪽 18리에 있다.

포곡포(蒲谷浦) 군 동쪽 6리, 포곡소(蒲谷所)에 있다.

대포(大浦), 강주포(江州浦) 모두 군 동쪽 20리에 있다. 모두 어량(魚梁)이 있다.

반룡포(盤龍浦) 군 동쪽 25리, 진주와 사천의 경계에 있다.

토산 土產

대나무〔竹〕, 차〔茶〕, 꿀〔蜂蜜〕, 황랍(黃蠟), 감〔柹〕, 유자〔柚〕, 석류(石榴), 송이버섯〔松蕈〕, 표고버섯〔香蕈〕, 조기〔石首魚〕, 대구어(大口魚 대구), 숭어〔秀魚〕, 문어(文魚), 농어〔鱸魚〕, 전어(錢魚), 전복〔鰒〕, 오징어〔烏賊魚〕, 홍어(洪魚), 은구어(銀口魚 은어), 낙지〔絡蹄〕, 굴〔石花〕, 게〔蟹〕, 실미역〔絲藿〕, 김〔海衣〕, 해삼(海參), 홍합(紅蛤)

성곽 城郭

군성(郡城) 돌로 쌓았다. 둘레는 3765자이다. 문이 있으며, 성안에 우물 3개와 못 3개가 있다.

학교 學校

향교(鄉校) 군 동쪽 1리에 있다.

궁실 宮室

이섭정(利涉亭) 노량에 있다.

봉수 烽燧

우산 봉수(牛山烽燧) 동쪽으로 진주 각산(角山)에 응한다.

우역 郵驛

완사역(浣紗驛) 군 북쪽 18리에 있다.

양포역(良浦驛) 군 서쪽 25리에 있다.

봉계원(鳳溪院) 완사역 북쪽에 있다.

완사원(浣紗院) 군 동북쪽 20리에 있다.

노량원(露梁院) 노량 북쪽 언덕에 있다.

관량 關梁

진교(辰橋) 군 서쪽 18리에 있다. 민간에서 이맹사(理盲寺)[232] 못의 용이 이 다리 밑으로 옮겨 왔으므로 그렇게 이름한 것이라고 전한다.

232 이맹사(理盲寺) : 하동현의 이맹점(理盲岾)에 있는 이맹굴(理盲窟)을 말한다.《東國輿地志 卷4 慶尙道 河東縣 寺刹》

사묘 祠廟

사직단(社稷壇) 군 서쪽에 있다.

문묘(文廟) 향교에 있다.

성황사(城隍祠) 군 북쪽 5리에 있다.

여단(厲壇) 군 북쪽에 있다.

사찰 寺刹

서봉사(棲鳳寺), 영악사(靈嶽寺) 모두 봉명산에 있다.

영월사(迎月寺) 금오산에 있다.

고적 古蹟

고곤명현(古昆明縣) 군 서쪽 15리에 있다. 지금 곤명리(昆明里)가 되었다.

하읍폐현(河邑廢縣) 본래 포촌현(浦村縣)이다. 신라 경덕왕이 하읍으로 고치고 하동군 영현으로 삼았다. 고려에서 그대로 하동군에 편입시켰다. 본조에서 본군에 옮겨 편입시켰다.

금양부곡(金陽部曲) 군 동쪽 45리에 있다. 본래 진주 지역인데, 본조 세종 때 떼어 내 편입시켰다.

명환 名宦

본조

하경리(河敬履), 남우량(南祐良) 모두 명성과 공적이 있었다.

주세붕(周世鵬) 곤양 군수가 되었다. 정사를 청렴하고 공평하게 행하였으며, 교화를 밝히고 세금을 적게 거두는 것을 근본으로 삼았다.

남해현南海縣

해도(海島) 가운데 있다. 동쪽으로 해안까지 40리이다. 서쪽으로 해안까지 15리이다. 남쪽으로 해안까지 36리이다. 북쪽으로 노량(露梁) 해안까지 38리이다. 서울과의 거리는 1045리이다.

한전 旱田

수전 水田

건치연혁 建置沿革

본래 신라 전야산군(轉也山郡)인데, 경덕왕 때 고쳐 남해군으로 삼았다. 고려 현종 때 남해현으로 삼았다. 공민왕 때 왜구로 인해 그 땅을 비워 두고 진주 선천부곡(鐥川部曲)에 임시로 우거하였다. 본조 태종 6년(1406)에 다시 본도로 돌아갔다. 세종 때 곤명현과 병합하였다가 얼마 뒤에 다시 떼어 내 현을 설치하였다. 관장하는 면은 -원문 2, 3자 결락-개이다.

관원

현령(縣令), 훈도(訓導) 각 1인이다.

군명 郡名

전야산(轉也山)

형승 形勝

진도(珍島), 거제(巨濟)와 함께 솥발처럼 우뚝 서 있다. 정이오(鄭以吾)의 현성기(縣城記)

풍속 風俗

산천 山川

망운산(望雲山) 현 서쪽 2리에 있다. 진산(鎭山)이다.

소흘산(所訖山) 현 남쪽 30리에 있다.

원산(猿山) 현 남쪽 16리에 있다.

녹두산(鹿頭山) 현 북쪽 23리에 있다.

금산(錦山) 현 동쪽 25리에 있다. 목장이 있다.

성현(城峴) 현 남쪽 24리에 있다. 요해처이다.

미조항(彌助項) 현 동남쪽 87리에 있다.

노량(露梁) 현 북쪽 40리에 있다. 소경왕(昭敬王 선조) 때 이순신이 왜병을 이곳에서 격파하였다.

적량(赤梁) 현 동쪽 41리에 있다.

동천곶(凍川串) 현 동쪽 30리에 있다. 둘레가 55리이다. 목장이 있다.

바다〔海〕 현의 사면이 모두 바다이다. 동쪽으로 진주 지경과의 거리가 □리이고 서북쪽으로 하동(河東) 및 전라도 광양현(光陽縣) 지경과의 거리가 □리이고 남쪽으로 큰 바다에 연해 있다.

상주포(尙州浦) 현 남쪽 45리에 있다.

관음포(觀音浦) 현 북쪽 21리에 있다. ○ 신우(辛禑) 때 원수 정지(鄭地)가 수군을 거느리고 이곳에서 왜를 섬멸하였으니, 왜적이 우리에게 패전한 것은 이 싸움에서 처음 시작되었다.

대포(大浦) 현 북쪽 15리에 있다.

파천포(巴川浦) 현 동쪽 5리에 있다.

난포(蘭浦) 현 동쪽 20리에 있다. ○ 이상은 모두 어량(魚梁)이 있다.

차산포(車山浦) 현 동쪽 6리에 있다.

평산포(平山浦) 현 남쪽 25리에 있다.

두음포(豆音浦) 현 동쪽 22리에 있다.

염전포(鹽田浦) 현 서쪽 30리에 있다.

호을포(湖乙浦) 현 남쪽 15리에 있다.

모답포(毛沓浦) 현 북쪽 25리에 있다.

가을곶포(加乙串浦) 현 북쪽 30리에 있다. ○ 이상은 모두 염소(鹽所 염전)이다.

소도(蘇島) 현 동쪽 6리에 있다. 섬에 온통 동백(冬柏)이 가득하다.

토산 土産

닥나무〔楮〕, 궁간상(弓幹桑), 치자(梔子), 유자〔柚〕, 석류(石榴), 비자〔榧〕, 표고버섯〔香蕈〕, 송이버섯〔松蕈〕, 소금〔鹽〕, 대구어(大口魚 대구), 조기〔石首魚〕, 숭어〔秀魚〕, 준치〔眞魚〕, 전복〔鰒〕, 문어(文魚), 청어(靑魚), 농어〔鱸魚〕, 상어〔鯊魚〕, 오징어〔烏賊魚〕, 홍어(洪魚), 꼬막〔江瑤柱〕, 낙지〔絡蹄〕, 조개〔蛤〕, 홍합(紅蛤), 해삼(海參), 미역〔藿〕

성곽 城郭

현성(縣城) 본조 초에 현령 임덕수(任德秀)가 쌓은 것이다. 석성(石城)이다. 둘레가 2876자이다. 문이 있으며, 성안에 우물 1개와 샘 5개가 있는데 사시사철 마르지 않는다.

공서 公署

미조항 첨절제사진(彌助項僉節制使鎭) 현 동쪽 87리에 있다. 강정왕(康靖王 성종) 17년(1486)에 진을 설치하였는데 뒤에 왜에 함락되어 혁파하였다. 공희왕(恭僖王 중종) 17년(1522)에 다시 설치하였다. 석성이고 둘레가 2146자이다. ○ 수군첨절제사 1인이 있다.

평산포 만호진(平山浦萬戶鎭) 석성이 있고, 둘레가 1558자이다. ○ 수군만호 1인이 있다.

학교 學校

향교(鄕校) 군 북쪽 1리에 있다.

궁실 宮室

객관(客館)

봉수 烽燧

금산 봉수(錦山烽燧) 북쪽으로 진주 대방산(臺方山)에 응하고, 서쪽으로 소흘산과 원산에 응한다.

소흘산 봉수(所訖山烽燧) 동쪽으로 금산에 응하고, 북쪽으로 원산에 응한다.

원산 봉수(猿山烽燧) 동쪽으로 금산에 응하고, 남쪽으로 소흘산에 응한다.

우역 郵驛

덕신역(德新驛) 현 북쪽 35리에 있다.

노량원(露梁院) 노량 남쪽 언덕에 있다. 현과의 거리는 북쪽으로 40리이다.

관량 關梁

곡포보(曲浦堡) 현 남쪽 30리에 있다. 석성이다. 둘레는 960자이고 높이는 11자이다. 공희왕조에 우현보(牛峴堡)를 혁파하여 이곳에 옮기고 권관(權管)을 두어 방수(防戍)하였다.

상주포보(尙州浦堡) 현 남쪽 60리에 있다. 석성이다. 둘레는 985자이다. 공희왕조에 성현보(城峴堡)를 혁파하여 이곳에 옮기고 권관을 두었다.

노량나루〔露梁渡〕

사묘 祠廟

사직단(社稷壇) 현 서쪽에 있다.

문묘(文廟) 향교에 있다.

성황사(城隍祠) 현 북쪽 19리에 있다.

여단(厲壇) 현 북쪽에 있다.

사찰 寺刹

보리암(菩提菴), 상도솔암(上兜率菴), 중도솔암(中兜率菴) 모두 금산(錦山)에 있다. 남쪽 바다를 굽어보고 있다.

고적 古蹟

고현산성(古縣山城) 현 북쪽 17리에 있다. 돌로 쌓았다. 둘레는 1740자이다.

관당성(官堂城) 현 북쪽 17리에 있다. 돌로 쌓았다. 둘레는 720자이다.

난포폐현(蘭浦廢縣) 현 동쪽 21리에 있다. 본래 신라 내포현(內浦縣)으로 본섬 안에 있다. 경덕왕 때 난포로 고치고 그대로 병합하였다.

평산폐현(平山廢縣) 현 남쪽 25리에 있다. 본래 신라 평서산현(平西山縣)으로 일명 서평(西平)이라고 한다. 경덕왕 때 평산으로 고치고 그대로 병합하였다.

성현고보(城峴古堡) 현 남쪽 22리에 있다. 석성이다. 둘레는 760자이다. 공희왕 17년(1522)에 혁파하고 상주포보로 옮겼다.

우현고보(牛峴古堡) 현 남쪽 25리에 있다. 석성이다. 둘레는 913자이다. 공희왕 17년에 혁파하고 곡포보로 옮겼다.

명환 名宦

유우 流寓

김전(金詮) 본조 연산군 때 유배 와서 살았다.

김구(金絿) 본조 공희왕 때 유신(儒臣)으로서 부제학이 되었는데, 사화(士禍)에 연루되어 유배 와서 총 13년을 살았다.

인물 人物

열녀 列女

능선(能宣) 딸 고려 성종 때 여러 도에 사신을 보내 효자와 절부(節婦)를 탐문하도록 했다. 당시 백성들이 상제(喪祭)의 예를 알지 못하였는데, 남해 낭산도(狼山島)의 백성인 능선의 딸 함부(咸富)가 효성으로 부모를 모시다가 아버지가 독사에 물려 죽자 침실에 빈소를 차리고 5개월 동안 평소와 다름없이 음식을 올렸다. 왕이 그 효성을 듣고 교서를 내려 칭찬하고 정문을 내리고 부역을 면제해 주었으며, 섬에서 나와 그가 원하는 대로 주현에 호적을 올려 주었다.

거창현居昌縣

동쪽으로 합천군(陜川郡) 경계까지 28리이다. 남쪽으로 삼가현(三嘉縣) 경계까지 28리, 산음현(山陰縣) 경계까지 34리, 함양군(咸陽郡) 경계까지 31리이다. 서쪽으로 안음현(安陰縣) 경계까지 25리이다. 북쪽으로 지례현(知禮縣) 경계까지 46리, 전라도 무주현(茂朱縣) 경계까지 66리이다. 서울과의 거리는 735리이다.

한전 旱田

수전 水田

건치연혁 建置沿革

본래 신라 거열군(居烈郡)인데, 일명 거타(居陁)라고 한다. 경덕왕 때 고쳐 거창군으로 삼았다. 고려 현종 때 합주(陜州)에 편입시키고, 명종 때 다시 거창현을 설치하였다. 본조 공정왕(恭定王 태종) 때 거제(巨濟) 바로 가조현(加祚縣)이다. 와 병합하여 제창(濟昌)이라고 칭하였다가 뒤에 다시 거창현으로 삼았다. 연산군 초에 승격하여 군으로 삼았다. 비(妃)의 내향(內鄕)이므로[233] 승격한 것이다. 공희왕(恭僖王 중종) 초에 다시 현으로 삼았다. 관장하는 면은 22개이다.

관원

현감(縣監), 훈도(訓導) 각 1인이다.

군명 郡名

거열(居烈)

형승 形勝

북쪽으로 삼봉산(三峯山)을 바라보고, 남쪽으로 감악산(紺嶽山)을 바라본다. 본조 허광(許匡)의 〈척서루기(滌暑樓記)〉

뭇 산들이 공손히 에워싸고 있고, 두 하천이 합해져 흐른다. 한 들판이 평탄한 전야(田野)이고, 뭇 산들이 공손히 에워싸며, 두 하천이 고을 동쪽에서 합해져 흐른다.

233 비(妃)의 내향(內鄕)이므로 : 비는 연산군의 비 신씨(愼氏)로 본관이 거창이며, 영의정 거창부원군 신승선(愼承善)의 딸이다. 연산군이 폐위된 뒤에 위호를 거창군부인(居昌郡夫人)이라 하였다.

풍속 風俗

풍속이 드센 성질을 숭상한다. 관풍안(觀風案)

산천 山川

건흥산(乾興山) 현 북쪽 8리에 있다. 위에 신에게 제사 지내는 곳이 있으므로 세속에서 제산(祭山)이라고 칭한다.

삼봉산(三峯山) 현 북쪽 51리, 전라도 무주현과의 경계에 있다.

감악산(紺岳山) 현 남쪽 20리에 있다. 삼가현에도 보인다.

금귀산(金貴山) 현 동쪽 15리에 있다. 위에 옛 산성이 있는데 둘레가 1500여 자이다.

우두산(牛頭山) 가조현(가조폐현) 동쪽에 있다. 바로 합천 가야산(伽倻山) 서쪽 줄기이다. 세속에서 견암산(見巖山)이라고 칭한다.

수도산(修道山) 현 동북쪽 30리에 있다.

망실산(望實山) 현 서남쪽 8리에 있다. 그 동쪽 줄기는 조현(鳥峴)이라고 한다.

우마현(牛馬峴) 현 북쪽 50리, 지례현과의 경계에 있다.

도마현(都麽峴) 현 북쪽 55리, 전라도 무주현과의 경계에 있다.

적현(赤峴) 가조폐현(加祚廢縣) 북쪽 30리, 성주(星州)와의 경계에 있다.

영수(瀯水) 혹 영천(瀯川)이라고 이름한다. 현 남쪽 1리에 있다. 원류는 둘인데, 하나는 안음현 월성산(月星山)에서 나오고 하나는 덕유산(德裕山)에서 나와 현 동쪽 5리에 이르러 아월천과 합류하여 합천군 경계에 들어간다.

아월천(阿月川) 현 동쪽 10리에 있다. 원류는 둘인데, 하나는 우마현에서 나오고 하나는 도마현에서 나와 현 동쪽에 이르러 영수에 들어간다.

가조천(加祚川) 가조현 서쪽 2리에 있다. 원류는 적현에서 나와 합천 부자연(父子淵) 위에 이르러 영수에 합해진다.

웅곡지(熊谷池) 현 남쪽 6리에 있다.

토산 土産

꿀〔蜂蜜〕, 황랍(黃蠟), 사향(麝香), 웅담(熊膽), 감〔柹〕, 밤〔栗〕, 석이버섯〔石蕈〕, 송이버섯〔松蕈〕, 잣〔海松子〕, 오미자(五味子), 당귀(當歸), 은구어(銀口魚 은어)

학교 學校

향교(鄕校) 현 북쪽 3리에 있다.

백암학사(白巖學舍) 현 서쪽 30리에 있다. 공희왕조에 간신이 화변[234]을 일으키자, 대사성 김식(金湜)이 도망하여 이곳 산골에 숨었다가 품속에 유소(遺疏)를 간직한 채 목매어 자결하였다. 후인이 빗돌에 글을 새겨 추애비(追哀碑)를 세우고 이어 그 곁에 학사(學舍)를 지어 생도들이 강학하는 장소로 삼았다.

234 화변 : 1519년(중종14)에 일어난 기묘사화를 말한다.

궁실 宮室

객관(客館)

척서루(滌暑樓) 객관 서쪽에 있다. 세종 26년(1444)에 현감 김제남(金第南)이 세웠다. 허광(許匡)의 기문이 있다.

침류정(枕流亭) 영천 위에 있다.

봉수 烽燧

금귀산 봉수(金貴山烽燧) 남쪽으로 합천군 소현(所峴)에 응하고, 북쪽으로 거말흘산(巨末訖山)에 응한다.

거말흘산 봉수(巨末訖山烽燧) 바로 우마현 서쪽 봉우리이다. 남쪽으로 금귀산에 응하고, 북쪽으로 지례현 구산(龜山)에 응한다.

우역 郵驛

성초역(省草驛) 현 북쪽 54리에 있다.

성기역(星奇驛) 현 북쪽 24리에 있다.

무촌역(茂村驛) 현 남쪽 14리에 있다.

동원(東院) 현 동쪽 5리에 있다.

정태원(鼎台院) 현 남쪽 15리에 있다.

고천원(古川院) 현 남쪽 34리에 있다.

병화원(竝火院) 현 북쪽 16리에 있다.

성기원(星奇院) 성기역 남쪽에 있다.

석적원(石積院) 현 북쪽 40리에 있다.

고제원(高梯院) 현 서쪽 30리에 있다.

성초원(省草院) 성초역 북쪽 10리에 있다.

무촌원(茂村院) 무촌역 남쪽에 있다.

관량 關梁

대교(大橋) 현 남쪽 1리, 영수(瀯水)에 있다.

고제교(高梯橋) 고제원 북쪽에 있다.

사묘 祠廟

사직단(社稷壇) 현 서쪽에 있다.

문묘(文廟) 향교에 있다.

성황사(城隍祠) 현 동쪽 4리에 있다.

여단(厲壇) 현 북쪽에 있다.

사찰 寺刹

건흥사(乾興寺) 건흥산에 있다.

보해사(普海寺), 보광사(普光寺) 모두 수도산에 있다.

견암사(見巖寺) 우두산에 있다. 바위 골짜기가 맑고 경치가 좋다. 홍무(洪武) 을해년(1395, 태조4)에 우리 태조가 고려 왕씨(王氏)를 위해 밭 150결을 보시하고, 매년 2월과 10월에 내향(內香 대내의 향)을 내려서 수륙재(水陸齋)를 행하게 하였다.

연수암(延壽菴) 감악산에 있다.

고적 古蹟

가조폐현(加祚廢縣) 현 동쪽 25리에 있다. 본래 신라 가소현(加召縣)인데, 방언이 서로 비슷하므로 소(召)가 조(祚)로 변하였다. 경덕왕 때 함음(咸陰)으로 고치고 얼마 뒤 거창군에 편입시켰다. 고려 초에 다시 가조현을 설치하였고 현종 때에 합주에 편입시켰으며, 뒤에 다시 본현에 옮겨 편입시켰다. 원종 때 거제현(巨濟縣)이 왜구를 피하여 이곳에 임시로 옮겨지면서 그대로 거제라고 칭하였다. 본조 세종 때에 이르러 거제가 본섬으로 돌아갔고 현 또한 도로 거창에 편입시켰다.

아주촌(鵝洲村) 거제가 가조현에 임시로 옮겨질 때 본섬 내의 속현 및 역 또한 모두 가조현 경내에 임시로 설치하였다. 그리하여 아주현(鵝洲縣)은 본현 동쪽 10리에 있고 송변현(松邊縣)은 무촌역 남쪽 5리에 있고 오양역(烏壤驛)은 가조현 서쪽에 있었는데, 그곳 백성들은 지금까지도 그대로 부른다.

성산고성(城山古城) 현 북쪽 5리, 편평한 언덕 위에 돌로 쌓은 옛 성이 있는데, 둘레가 3리이다. 삼국 시대의 고성이라 전해 온다.

건흥산고성(乾興山古城) 돌로 쌓았다. 둘레가 3리이다. 삼한 때의 고성이라 전해 온다. 지금은 모두 퇴락하였다.

명환 名宦

조항(曺沆) 본조 장헌왕조(莊憲王朝 세종조)에 거창 현감이 되었다. 은혜로운 정사를 행하였다.

이맹전(李孟專) 장헌왕조에 거창 현감이 되었다. 청렴하고 결백한 것으로 알려졌다.

인물 人物

본조

신기(愼幾) 과거에 급제하고, 관직이 전라도 순찰사에 이르렀다.

신전(愼詮) 과거에 급제하고, 관직이 황해도 관찰사에 이르렀다.

허광(許匡) 과거에 급제하고, 관직이 성균관 직강에 이르렀다. 어려서부터 지극한 효성이 있어서 그 부모를 효도로 모셨고, 돌아가시자 3년 동안 여묘하였다. 성종조에 정려하였다.

문위(文緯) 그 선조는 단성(丹城) 사람인데, 후대에 이주하여 본현 사람이 되었다. 일찍부터 뜻을 독실히 하여 오건(吳健)의 문하에 종유(從遊)하면서 《주역》을 배웠고, 뒤에 정구(鄭逑)를 스승으로 삼아 부지런히 애쓰고 힘써 행하였다. 소경왕(昭敬王 선조) 때 유성룡(柳成龍)과 김우옹(金宇顒)이 그 행의(行義)를 조정에 천거하여 교관에 제수하니, 한결같이 예법대로 그 가르침의 조목을 세웠다. 감찰로 승진하였는데, 광해군 초에 관직을 버리고 돌아왔다. 인조조에 고령 현감에 제수되었다. 관직에 부임한 지 몇 달 되었을 때, 당시 사람들의 마음이 자못 좌도(左道)에 이끌리는 것을 보고 탄식하여 말하기를 "이제부터 도가 더욱 쇠퇴하겠구나." 하고는 집에 돌아와 문을 닫고 날마다 정주(程朱)의 서책을 강독하니, 사방의 선비들이 모두 직접 한번 만나 보기를 원하였다. 모계(茅溪) 가에서 살았으므로 호를 모계라 하였다.

열녀 列女

최씨(崔氏) 낭장(郎將) 김순(金洵)의 처이다. 고려 말에 왜가 본현을 침략하여 최씨가 잡혀갔다. 적이 욕보이려고 하였으나, 완강히 거부하고 굽히지 않다가 살해당했다. 조정에서 그 마을에 정문을 세우고 절부리(節婦里)라고 하였다.

사천현泗川縣

동쪽으로 고성현(固城縣) 경계까지 23리이다. 남쪽으로 진주(晉州) 경계까지 25리이다. 서쪽으로 진주 경계까지 5리이다. 북쪽으로 진주 경계까지 6리이다. 서울과의 거리는 973리이다.

한전 **旱田**

수전 **水田**

건치연혁 **建置沿革**

본래 신라 사물현(史勿縣)인데, 경덕왕 때 사수(泗水)로 고치고 고성군(固城郡) 영현으로 삼았다. 고려 초에 진주에 병합하고, 현종 때 사주(泗州)로 고쳤으며, 명종 때 다시 사주를 떼어 내 현으로 삼았다. 본조 공정왕(恭定王 태종) 때 고쳐 사천현으로 삼고 얼마 뒤 현에 병마사진(兵馬使鎭)을 설치하였다. 세종 때 진을 파하고 다시 현으로 삼았다. 관장하는 면은 -원문 1, 2자 결락-개이다.

관원

현감(縣監), 훈도(訓導) 각 1인이다.

군명 郡名

사수(泗水), 사주(泗州)

형승 形勝

가장 남쪽에 위치한 요해지이다. 본조 권기(權技)의 기문

굽어보면 비옥한 들판이 펼쳐져 있고,[235] 뭇 산봉우리가 기이하고 빼어나다. 본조 신석조(辛碩祖)의 〈객관기(客館記)〉

바닷가에 위치하여서 가장 궁벽한 지역이다. 신석조의 〈객관기〉

산이 험준하고 물이 깊다. 본조 허목(許穆)의 글[236]에 "찌는 듯한 무더위가 한창 기승을 부리는데 빙 둘러싼 산들은 험준하고 산세가 급하며 물은 깊고 돌은 조악합니다. 아래쪽은 해변으로 대부분 진펄인 데다 또 독충과 독사들이 많습니다." 하였다.

235 굽어보면……있고 : 동헌(東軒)에서 굽어본 것을 말한다. 신석조의 기문에는 이 구절 앞에 "동헌은 더욱 빼어난 곳에 자리하여"라는 구절이 있다. 《新增東國輿地勝覽 卷31 慶尙道 泗川縣 宮室》

236 허목(許穆)의 글 : 〈종형에게 답한 편지(答從兄書)〉이다. 《記言 卷21》

풍속 風俗

풍속이 무예를 숭상한다. 관풍안(觀風案)

산천 山川

두음벌산(豆音伐山) 현 동쪽 6리에 있다. 진산(鎭山)이다.

귀룡산(歸龍山) 현 남쪽 10리에 있다.

와룡산(臥龍山) 현 남쪽 30리에 있다. 진주에도 보인다.

성황산(城隍山) 현 남쪽에 있다.

바다〔海〕 현 남쪽 30리에 있다.

통양포(通陽浦) 통양포(通洋浦)로도 쓴다. 현 남쪽 20리에 있다.

사수(泗水) 현 남쪽 4리에 있다. 원류는 고성(固城) 무량산(無量山)에서 나와 서쪽으로 흘러 진주 강주포(江州浦)에 들어간다.

병풍지(屛風池) 현내(縣內)에 있다.

구량도(仇良島), 심수도(深水島), 초도(草島), 저도(楮島) 모두 작은 섬으로, 현 남쪽 바다에 있다.

토산 土産

대나무〔竹〕, 죽전(竹箭), 옥산(玉山)에서 난다. 감〔柹〕, 유자〔柚〕, 석류(石榴), 매실(梅實), 꿀〔蜂蜜〕, 황랍(黃蠟), 지황(地黃), 표고버섯〔香蕈〕, 조기〔石首魚〕, 문어(文魚), 전복〔鰒〕, 숭어〔秀魚〕, 황어(黃魚), 홍어(洪魚), 상어〔鯊魚〕, 은구어(銀口魚 은어), 낙지〔絡蹄〕, 조개〔蛤〕, 게〔蟹〕, 해삼

(海參), 굴〔石花〕, 미역〔藿〕

성곽 城郭

현성(縣城) 돌로 쌓았다. 둘레는 5015자이다. 문이 있다.

학교 學校

향교(鄕校) 현 동쪽 2리에 있다.

궁실 宮室

객관(客館) 서거정(徐居正)의 시[237]에,

남으로 오매 고상한 놀이 못 할 곳 없어라	南來無處不淸遊
오잠[238]이 보일락 말락 바다와 근접하였네	隱映鼇岑近海頭
외딴섬에 안개 끼니 날 저문 심수도요	孤島煙橫深水晩
황량한 성에 해 지니 가을 든 각산일세	荒城日落角山秋
거센 파도는 한밤중에 교룡 굴을 흔들어 대고	驚濤夜撼蛟龍窟
남은 눈 속엔 유자 물가의 향기가 남아 있네	殘雪香留橘柚洲
진중도 하여라 사문의 양 태수는	珍重斯文楊太守

237 서거정(徐居正)의 시 : 〈사천(泗川)〉이다. 《四佳集 詩集 補遺3》

238 오잠(鼇岑) : 큰 자라가 등에 받치고 있다고 하는 바닷속 신산(神山)이다.

술자리의 담소 또한 풍류스럽구려　一尊談笑亦風流

하였다.

영화루(永和樓) 바로 객관 문루(門樓)이다.

제경루(霽景樓) 객관 동쪽에 있다.

침오정(枕鼇亭) 객관 북쪽에 있다.

창고 倉庫

장암창(場巖倉) -원문 다수 결락-에 있다. 사천(泗川), 진주(晉州), 하동(河東), 남해(南海), 곤양(昆陽), 고성(固城), 거제(巨濟), 창원(昌原)의 전세(田稅)를 수합한다.

봉수 烽燧

안점 봉수(鞍岾烽燧) 현 남쪽 15리에 있다. 남쪽으로 진주 각산(角山)에 응하고, 북쪽으로 진주 망진산(望晉山)에 응한다.

우역 郵驛

동계역(東溪驛) 현 남쪽 2리에 있다.

관율역(官栗驛) 현 북쪽 17리에 있다.

보통원(普通院) 현 남쪽 3리에 있다.

마월원(麼月院) 현 남쪽 25리에 있다.

가곡원(可谷院) 현 동쪽 20리에 있다.

사묘 祠廟

사직단(社稷壇) 현 서쪽에 있다.

문묘(文廟) 향교에 있다.

성황사(城隍祠) 산성 안에 있다.

구암(龜巖) 사당 현 -원문 2, 3자 결락-에 있다. 구암은 이정(李楨)의 호이다. -원문 다수 결락- 선조 때 마을 사람들이 사당을 세워 향사하였다. 허목이 기문[239]을 지었다.

여단(厲壇) 현 북쪽에 있다.

사찰 寺刹

귀룡사(歸龍寺) 귀룡산에 있다.

적선사(積善寺), 흥보사(興寶寺) 모두 와룡산에 있다.

배방사(排房寺) 옛 이름은 노곡(蘆谷)이다. 와룡산에 있다. 고려 현종이 왕위에 오르기 전에 일찍이 이 절에 우거하였는데, 새끼 뱀을 보고 시를 지었다. 그 시에,

> 작디작은 새끼 뱀이 약포(藥圃) 울타리를 도는데 小小蛇兒繞藥欄
> 온몸에 붉은 비단 무늬 절로 아롱져 있네 滿身紅錦自班爛

239 기문 : 〈구산사비(龜山祠碑)〉이다. 《記言 卷16》

항상 꽃 숲 밑에만 있다고 말하지 말라	莫言長在花林下
하루아침에 용 되기 또한 어렵지 않으리니	一日成龍也不難

하였다.

고적 古蹟

능화봉(陵華峯) 와룡산에 있다. 고려 현종의 아버지를 봉 아래에 안장하였으므로 지금도 그 마을 이름을 능화리(陵華里)라고 한다. 처음에 경종의 비(妃) 황보씨(皇甫氏)가 궁에서 나와 사가에 살고 있었는데, 어느 날 꿈에 곡령(鵠嶺)에 올라가 오줌을 누었더니 나라 안에 흘러넘쳐서 온통 은빛 바다가 되었다. 점을 쳐 보니 해몽하기를 "아들을 낳으면 왕이 되어 한 나라를 가질 것이오." 하였다. 비가 말하기를 "내가 과부가 되었는데 어찌 아들을 낳겠느냐." 하였다. 종실인 왕욱(王郁)은 태조의 여덟째 아들인데, 사는 집이 비의 사가와 가까웠으므로 서로 왕래하다가 사통하여 임신이 되었다. 성종 때에 비가 왕욱의 집에서 자고 있는데 그 집안사람이 뜰에다 섶을 쌓고 불을 질렀다. 관리들이 모두 불을 끄러 달려가고 성종 또한 급히 가서 연고를 묻자 그 집안사람이 사실대로 고하였다. 비가 부끄러움과 후회를 안고 자기 집에 돌아왔는데 문에 이르자마자 태동이 있어서 문 앞 버드나무를 부여잡고 출산하고는 죽었다. 이에 성종이 명을 내려 유모를 택하여 그 아이를 기르게 한 다음 왕욱에게 돌려보내니, 바로 현종이다. 왕욱은 그 일로 결국 사천현에 유배되었다. 왕욱은 문사(文詞)에 능하고 또 풍수지리에도 정통하였다. 일찍이 몰래 현종에게 금이 든 주머니 하나를 주면서 말하기를 "내가 죽거든 이 금을 술사(術師 지관(地官))에게 주고 나를 고을 성황당 남쪽 귀룡동(歸龍洞)에 묻도록 하라." 하였다. 왕욱이 죽자 현종이 그 말대로 하였다. 이듬해 2월에 현종은 서울로 돌아갔고, 즉위하게 되자 왕욱을 효목대왕(孝穆大王)으로 추존하고 뒤에 건릉(乾陵)에 이장하였다.

성황산성(城隍山城) 돌로 쌓았다. 둘레가 1941자이다. 안에 샘 1개와 못 1개가 있다.

고통양창(古通陽倉) 현 남쪽 17리, 통양포 위에 있다. 고려 초에 창고를 설치하고 부근 주현의 조세를 수합하여 서울까지 조운하였으니, 바로 12창(倉)[240] 중의 하나이다. 지금 토성(土城)의 기지가 남아 있는데 둘레가 3080자이다.

명환 名宦

본조

하경리(河敬履) 사천 현감이 되었다. 성품이 강건하고 분명하여 의심스러운 옥사를 잘 판결하였다.

240 12창(倉) : 고려 초에 조운을 위해 남도(南道)의 수군(水郡)에 설치한 창고를 말한다. 충주(忠州)의 덕흥창(德興倉), 원주(原州)의 흥원창(興元倉), 아주(牙州)의 하양창(河陽倉), 부성(富城)의 영풍창(永豐倉), 보안(保安)의 안흥창(安興倉), 임피(臨陂)의 진성창(鎭城倉), 나주(羅州)의 해릉창(海陵倉), 영광(靈光)의 부용창(芙蓉倉), 영암(靈巖)의 장흥창(長興倉), 승주(昇州)의 해룡창(海龍倉), 사주(泗州)의 통양창(通陽倉), 합포(合浦)의 석두창(石頭倉)이다.《高麗史 卷79 食貨志2 漕運》

유우 流寓

송인수(宋麟壽) 본조 중종[241] 때 대각(臺閣)의 직책을 역임하였는데, 바르고 곧아서 김안로(金安老)를 거슬러 사천에 유배되었다. 부근 고을에서 학문을 배우러 온 인사들이 많았는데, 송인수가 가르치기를 게을리하지 않았으므로 분발하여 일어난 이들이 많았다. 김안로가 폐출당하자 소명을 받고 승지에 제수되었다.

인물 人物

고려

강오(姜䃹) 충숙왕을 도와 공신이 되었다. 관직이 정의대부(正議大夫) 상호군(上護軍)에 이르렀으며, 원나라 조정에서 진변 만호(鎭邊萬戶)에 제수하였다.

목인길(睦仁吉) 처음에 공민왕을 따라 원나라에 가서 공로가 있었으니, 이후로 여러 관직을 거쳐 문하찬성사에 이르렀다.

본조

목진공(睦進恭) 세종조[242]에 호조 참판이 되었다.

241 중종 : 대본에는 '明宗'으로 되어 있는데, 《중종실록》 29년 7월 22일 유배 기사와 《규암집(圭菴集)》 〈연보〉에 근거하여 고쳐 번역하였다.

242 세종조 : 대본에는 '太祖朝'로 되어 있는데, 《세종실록》 4년 2월 16일 제수 기사에 근거하여 고쳐 번역하였다.

이정(李楨) 젊어서 송인수의 문하에서 수학하여 책을 읽고 행실에 힘썼다. 명종조에 과거에 수석으로 급제하고, 오랜 뒤에 영천 군수(榮川郡守)가 되었다.[243] 제자의 예를 갖추어 도산(陶山)에 가서 이황(李滉)을 뵙고 도의 요점을 강문(講問)하였다. 뒤에 대사간이 되어 통치의 방도에 대해 여러 번 진달하였다. 외직으로 나가 경주 부윤이 되었는데, 정사를 행하면서 교화를 우선으로 삼았다. 선조 초에 글을 올려 권계(勸戒)하는 말을 진달하였고, 이후로 누차 불렀으나 끝내 나가지 않았다. 이정의 호는 구암(龜巖)이다. 선을 즐거워하고 예를 좋아하였으며, 가르치기를 게을리하지 않았다. 일찍이 《성리유편(性理遺編)》과 《경현록(景賢錄)》을 편집하였다.

243 오랜……되었다 : 허목이 지은 묘갈명에 "25세에 장원으로 급제하여 첫 벼슬로 성균관 전적을 제수받았다. 6년 뒤에 예조 정랑을 거쳐 외직으로 나가 영천 군수가 되었다."라고 하였다. 《龜巖集 文集 卷2 墓碣銘》

삼가현三嘉縣

동쪽으로 의령현(宜寧縣) 경계까지 13리이다. 남쪽으로 진주(晉州) 경계까지 14리이다. 서쪽으로 단성현(丹城縣) 경계까지 13리이다. 북쪽으로 합천군(陜川郡) 경계까지 25리, 거창현(居昌縣) 경계까지 60리이다. 서울과의 거리는 783리이다.

한전 旱田

수전 水田

건치연혁 建置沿革

본래 신라 가주화현(加主火縣)인데, 경덕왕 때 가수(嘉壽)로 수(壽) 자는 '수(樹)'로도 쓴다. 고치고 강주(康州 진주) 영현으로 삼았다. 고려 현종 때 합주(陜州)에 편입시켰다. 본조 태종 때 다시 현을 설치하고 삼기(三岐)와 병합하여 삼가현으로 삼았다. 관장하는 면은 -원문 2, 3자 결락- 개이다.

관원

현감(縣監), 훈도(訓導) 각 1인이다.

군명 郡名

가수(嘉壽), 가수(嘉樹)

풍속 風俗

풍속이 드센 성질을 숭상한다. 관풍안(觀風案)

산천 山川

황산(黃山) 현 서쪽 47리에 있다.

자굴산(闍崛山) 현 동쪽 17리에 있다. 의령현에도 보인다.

감악산(紺岳山) 현 북쪽 75리, 거창현[244]과의 경계에 있다.

악견산(嶽堅山) 현 동쪽 40리에 있다.

비봉산(飛鳳山) 현 동쪽 2리에 있다.

마장산(馬莊山) 현 북쪽 6리에 있다.

금성산(金城山) 삼기현(三岐縣 삼기폐현)에 있다.

244 거창현 : 대본에는 '居昌郡'으로 되어 있는데, 본책 〈거창현〉 건치연혁에 근거하여 고쳐 번역하였다.

심천(深川) 원류는 현의 화지현(花旨峴)에서 나와 현내(縣內) 객관 남쪽을 지나 단성현 단계천(丹溪川)에 흘러 들어간다.

소을비포(所乙非浦) 현 서쪽 47리에 있다.

도두지(都豆池) 현 남쪽 10리에 있다. 둘레는 200보이다.

침연(砧淵) 현 서북쪽 46리에 있다. 원류는 소조산(所鳥山)에서 나와 합천 부자연(父子淵)을 지나서 현의 경계에 들어와 이 못이 된다.

율연(栗淵) 현 동쪽 2리에 있다. 고로(古老)들이 전하기를 "합포수(合浦帥 합포 도순문사) 김광부(金光富)가 진지(陣地)를 함락당한 곳으로, 못에서 목욕하는 이들이 당시 남겨진 검을 건져 내곤 한다."라고 한다.

토산 土産

철(鐵), 황산에서 난다. 은(銀), 황산 동쪽에서 난다. 꿀〔蜂蜜〕, 황랍(黃蠟), 옻〔漆〕, 감〔柹〕, 오미자(五味子), 사향(麝香), 지황(地黃), 당귀(當歸), 은구어(銀口魚 은어), 쏘가리〔鱖魚〕

성곽 城郭

현성(縣城) 본조 선조 때 석성(石城)을 쌓았다. 둘레는 -원문 다수 결락-

학교 學校

향교(鄉校) 현 남쪽 3리에 있다.

향천서원(香川書院)[245] 현 -원문 3, 4자 결락-에 있다. 사당을 세워 조식(曺植)을 향사하였다.

궁실 宮室

객관(客館)

쌍명헌(雙明軒) 바로 객관의 동헌(東軒)이다.

관수루(觀水樓) 객관 남쪽에 있다. 심천(深川)을 굽어보고 있다. 성종 초에 현감 정자숙(鄭自淑)이 세웠다.

정금당(淨襟堂) 관수루 서쪽 편에 있다.

봉수 烽燧

금성산 봉수(金城山烽燧) 남쪽으로 단성현 입암산(笠巖山)에 응하고, 북쪽으로 합천군 소현(所峴)에 응한다.

우역 郵驛

유린역(有麟驛) 현 동쪽 8리에 있다. ○ 신우(辛禑) 5년(1379)에 왜가 거창

245 향천서원(香川書院) : 처음 이름은 회산서원(晦山書院)인데, 임진왜란 때 소실되자 이를 중건하여 향천서원으로 개칭하고, 1605년(선조38) 조식의 위판을 봉안하였다. 《연려실기술(燃藜室記述)》 별집 권4 〈사전전고(祀典典故) 서원(書院)〉에 의하면, 1609년(광해군1) 용암서원(龍巖書院)으로 개칭하여 사액을 받았다고 한다.

(居昌)과 야로(冶爐) 등의 고을을 침략하고 가수현(嘉樹縣)에 이르렀는데, 도순문사 김광부(金光富)가 적과 싸우다 패전하여 이곳에서 죽었다.

도두원(都豆院) 현 남쪽 11리에 있다.

입석원(立石院) 현 동쪽 16리에 있다.

내선원(內禪院) 현 서북쪽 46리에 있다.

율원(栗院) 현 서북쪽 70리에 있다.

망현원(網峴院) 현 서쪽 19리에 있다.

항여원(項餘院) 현 서쪽 8리에 있다.

오동원(梧桐院) 현 남쪽 1리에 있다.

사묘 祠廟

사직단(社稷壇) 현 서쪽에 있다.

문묘(文廟) 향교에 있다.

성황사(城隍祠) 현 북쪽 1리에 있다.

여단(厲壇) 현 북쪽에 있다.

사찰 寺刹

봉두사(鳳頭寺), 금곡사(金谷寺) 모두 자굴산에 있다.

감악사(紺岳寺) 감악산에 있다.

몽계사(夢溪寺) 황산에 있다.

고적 古蹟

삼기폐현(三岐廢縣) 현 북쪽 47리에 있다. 본래 신라 삼지현(三支縣)으로 일명 마장(麻杖)이라고 한다. 경덕왕 때 삼기(三岐)로 고치고 강양군(江陽郡 합천군) 영현으로 삼았다. 고려에서 합주에 병합하였고, 공민왕 때 다시 삼기현을 설치하였다. 본조 태조 때 승격하여 군으로 삼았다가 태종 때 다시 강등하여 현으로 삼고 얼마 안 되어 본현에 편입시켰다. 지금 군창(軍倉)이 있다.

악견산성(嶽堅山城) 돌로 쌓았다. 둘레는 2208자이다. 지금은 모두 퇴락하였다.

명환 名宦

본조

정자청(鄭自淸)

인물 人物

본조

정옥량(鄭玉良) 관직에 나아가 하양 현감(河陽縣監)이 되었다. 성품이 지극히 효성스러워서 관직에서 물러나 본현 유린리(有麟里)에 살면서 어머니를 봉양하였다. 어머니가 세상을 떠나자 정성을 다하여 장례와 제사를 치렸으며, 삼년상을 마친 뒤에도 여전히 아침저녁으로 음식 올리기를 죽을 때까지 계속하였다. 그런데 사당 곁에 홀연히 흰 대추나무 일곱 그루가 나서 두어 자쯤 자라나더니 6년 있다가 말라 죽었다.[246] 사람들이 효성에 대한 감응이라고 하였다.

조식(曺植) 젊어서 기개 있고 활달하여 거리낌이 없었는데, 일찍이 책을 읽다가 이윤(伊尹)이 뜻한 바에 뜻을 두고 안연(顏淵)이 배운 바를 배운다[247]는 데 이르러서 발분하고 뜻을 세워 탐색하고 힘써 행하였다. 공헌왕(恭憲王 명종)이 누차 불러 여러 관사의 주부(主簿), 단성 현감을 제수하였으나 모두 나아가지 않았다. 일찍이 한번 들어가 인견할 때에 상이 다스리는 도에 대해 물으니, 대답하기를 "군신간에 정의(情誼)와 의리가 서로 부합하여야 잘 다스릴 수 있습니다." 하였다. 학문하는 방도를 묻자 "임금의 학문은 마음에서 터득하는 것〔心得〕이 귀합니다." 하였다. 그다음 날 즉시 돌아왔다. 소경왕조(昭敬王朝 선조조)에 여러 번 불렀으나 끝내 나아가지 않고 글을 올려 매우 간절하고 강직하게 사양하였다. 72세에 죽었다. 조식은 세상을 피해 은둔하여 고고하게 살았으며 지조와 절개가 남들보다 월등하였으니, 그 풍도를 듣는 이들은 모두 쇄연해져서 공경심이 생겼다. 성관(星

246 사당……죽었다 : 정옥량의 어머니가 생전에 대추차를 즐겼으므로 돌아가신 뒤에 상식(上食)으로 계속 올리고 있었는데, 한겨울에 구할 수 없게 되어 한탄하던 중에 사당 뜰에서 갑자기 흰 대추나무 일곱 그루가 자라나 대추가 열려서 이후로 6년을 올렸고, 정옥량이 죽자 대추나무도 말라 죽었다고 한다. 《石山遺稿 卷5 贈判書耕齋鄭公諡狀》

247 이윤(伊尹)이……배운다 : 《근사록(近思錄)》 권2에 "염계(濂溪) 선생이 말하기를 '이윤이 뜻한 바를 뜻하고 안연이 배운 바를 배워서 그보다 나으면 성인이 될 것이고, 그에 미친다면 현인이 될 것이고, 거기에 이르지 못한다 해도 좋은 명망을 잃지 않을 것이다.' 하였다." 한 데서 나온 말이다. 염계는 주돈이(周敦頤)의 호이다.

官) 남사고(南師古)가 이르기를 "금년에 처사성(處士星)이 빛이 없다." 하였는데, 오래지 않아 조식이 죽었다. 호는 남명(南冥)[248]이고, 유고가 남아 세상에 유전한다. 시호는 문정(文貞)이고, 영의정[249]에 추증되었다.

열녀 列女

정씨(鄭氏) 현 사람 곽숭의(郭崇儀)의 처이다. 지아비가 20세에 서울에 있다가 병사하자 영구를 끌고 현에 돌아와 장사 지내고 여막에서 소식(蔬食)하며 시묘하였다. 삼년상을 마치고는 시부모를 정성껏 모셨으며 10년간 고기를 먹지 않으니, 향리에서 감탄하였다. 본조 성종조에 그 마을에 정문을 세웠다.

248 남명(南冥) : 대본에는 '南溟'으로 되어 있는데, 《남명집(南冥集)》 〈행장(行狀)〉에 근거하여 고쳐 번역하였다.

249 영의정 : 대본에는 '左議政'으로 되어 있는데, 《광해군일기》 6년 12월 15일 증시(贈諡)하고 치제(致祭)한 기사와 《무민당집(无悶堂集)》 문집 권2 〈남명선생연보(南冥先生年譜)〉에 근거하여 고쳐 번역하였다.

의령현宜寧縣

동쪽으로 함안군(咸安郡) 경계까지 9리이다. 남쪽으로 진주(晉州) 경계까지 30리이다. 서쪽으로 삼가현(三嘉縣) 경계까지 37리이다. 북쪽으로 초계군(草溪郡) 경계까지 65리이다. 서울과의 거리는 829리이다.

한전 旱田

수전 水田

건치연혁 建置沿革

본래 신라 장함현(獐含縣)인데, 경덕왕 때 의령으로 고치고 함안군 영현으로 삼았다. 고려 현종 때 진주에 편입시켰고, 공양왕 때 다시 의령현을 설치하였다. 본조에서 그대로 따랐다. 관장하는 면은 16개이다.

관원

현감(縣監), 훈도(訓導) 각 1인이다.

군명 郡名

장함(獐含) 별호는 의춘(宜春)이다.

형승 形勝

서쪽과 북쪽은 산으로 막혀 있고, 동쪽과 남쪽은 경치 좋은 2개의 강[250]이 흐른다. 본조 허목(許穆)의 《의춘지(宜春志)》[251]에 "서쪽과 북쪽은 산으로 막혀 있고, 동쪽과 남쪽은 경치 좋은 2개의 강이 흐른다." 하고, 또 이르기를 "그 밭이 저지대는 수해를 입고 고지대는 대부분 메마른 자갈밭이니 반드시 거름을 배로 주어야 풍작을 거둘 수 있다." 하였다.

푸른 강과 큰 들이다. 본조 하연(河演)의 기문에 "푸른 강과 큰 들이며, 무성한 숲과 높은 산이다." 하였다.

풍속 風俗

풍속이 드센 성질을 숭상한다. 관풍안(觀風案)

무격(巫覡)을 좋아하고 귀신을 믿는다. 허목이 말하기를 "《여지(輿志)》에 이르기를 '강하고 사나움을 숭상한다.'라고 하였다. 그러나 산들 협곡 사이에 왕왕 예스럽고 질박한 유풍이 남아 있으니, 무격을 좋아하고 귀신을 믿는다." 하였다.

250 2개의 강 : 동쪽의 낙동강과 남쪽의 진수(晉水)이다. 현의 동북쪽에서 두 강이 합쳐진다.
251 의춘지(宜春志) : 《의춘지제요(宜春志提要)》이다. 《東國輿地志 卷首 修正東國輿地志 凡例 纂輯諸書》

산천 山川

덕산(德山) 현 북쪽 2리에 있다. 자굴산(闍崛山) 남쪽 기슭의 작은 산으로, 고을의 진산이 된다.

자굴산(闍崛山) 현 북쪽 15리에 있다. 산이 아주 높은데, 서쪽은 가파른 절벽이고 북서쪽은 암석으로 덮여 있다. 정상에 석왕대(釋王臺)와 백운대(白雲臺)가 있고, 그 위에 신사(神祠)가 있는데 세속에서 부인사(夫人祠)라고 칭한다. 북쪽의 다음 봉우리의 서쪽 산의 바위 사이에 명경대(明鏡臺)가 있다. 산중에 옛 자굴사(闍崛寺) 터가 있으니 보리사(菩提寺) 위에 있다. 신라 때 불법을 통한 사문(沙門)을 얻어 자굴사를 지으려 하였으나 이루지 못하고, 암벽의 바위 사이에 철기(鐵器)와 비적(秘籍)을 보관해 두었다. 예전에 한 태수가 그것을 캐내려 하였는데 그 위에 갑자기 운기(雲氣)가 생겼으므로 신령스럽다고 여겨 그만두었다고 세상에 전한다.

구룡산(龜龍山) 현 남쪽 2리에 있다. 자굴산 옆 기슭의 별산(別山)으로 진수(晉水) 가에 자리 잡고 있다.

미타산(彌陀山) 현 동북쪽 60리에 있다.

가막산(可莫山) 현 동쪽 36리에 있다.

장현(長峴) 현 동쪽 25리에 있다.

대현(大峴) 현 서쪽 30리에 있다.

낙동강(洛東江) 초계군 경계에서 흘러들어 현 동쪽 20리에 이르러 진수와 합해진다. 세속에서 기강(岐江)[252]이라고 칭한다. 영산현(靈山縣)에도 보

252 기강(岐江) : 《신증동국여지승람》 권27 〈경상도 영산현〉 산천에는 '岐音江'으로 되어 있다.

인다.

진수(晉水) 진주 경계에서 들어와 현 남쪽 10리를 지나서 정암나루〔鼎巖渡〕가 되어 함안군과 경계를 나눈다. 물 안에 솥 모양의 바위가 있으므로 그렇게 이름한 것이다. 바위 아래는 물이 깊어 헤아릴 수 없는데, 그 안의 용이 모습을 드러내면 큰물이 지거나 날이 가물므로 희생을 집어넣어 비를 빈다. 또 동북쪽으로 30여 리를 흘러 낙동강에 합해진다.

검정천(黔丁川) 현 남쪽 2리에 있다. 원류는 자굴산에서 나와 동쪽으로 흘러 진수에 들어간다.

세간천(世干川) 신번폐현(新繁廢縣) 남쪽 12리에 있다. 원류는 자굴산에서 나와 동쪽으로 흘러 낙동강에 들어간다.

우질포(于叱浦) 신번폐현 동쪽 15리에 있다. 세간천과 낙동강이 교차하여 흐르는 곳이다.

토산 土産

종이〔紙〕, **대나무**〔竹〕, **산초**〔椒〕, **모시**〔苧〕, **옻**〔漆〕, **닥나무**〔楮〕, **석류**(石榴), **대추**〔棗〕, **감**〔柹〕, **매실**(梅實), **꿀**〔蜂蜜〕, **황랍**(黃蠟), **산무애뱀**〔白花蛇〕, **은구어**(銀口魚 은어), **붕어**〔鯽魚〕, **잉어**〔鯉魚〕

성곽 城郭

현성(縣城) 본조 소경왕(昭敬王 선조) 24년(1591)에 처음 석성(石城)을 쌓았다. 둘레는 -원문 다수 결락-

학교 學校

향교(鄕校) 현성 서쪽에 있다.

궁실 宮室

객관(客館)

청서루(淸暑樓) 객관 동쪽에 있다. 영락(永樂)[253] 연간 말에 현감 허계(許季)가 지었다.

봉수 烽燧

가막산 봉수(可莫山烽燧) 남쪽으로 함안군 파산(巴山)에 응하고, 북쪽으로 초계군 미타산(彌陀山)에 응한다.

우역 郵驛

신흥역(新興驛) 현 북쪽 54리에 있다.

지남역(智南驛) 현 서쪽 9리에 있다.

선원(禪院) 현 동쪽 2리에 있다.

정암원(鼎巖院) 현 동남쪽 9리, 정암나루 북쪽 언덕에 있다.

253 영락(永樂) : 명나라 성조(成祖)의 재위 기간에 사용한 연호로, 1403년(태종3)~1424년(세종6)이다.

박계원(朴桂院) 현 동쪽 15리에 있다.

개금원(介金院) 현 남쪽 20리에 있다.

세간원(世干院) 현 북쪽 50리에 있다.

신당원(神堂院) 현 서쪽 20리에 있다.

말회원(末回院) 현 서쪽 40리에 있다.

대현원(大峴院) 현 서쪽 13리에 있다.

중제원(中梯院) 현 북쪽 27리에 있다.

관량 關梁

정암진나루〔鼎巖津渡〕 현 동남쪽 9리에 있다. 함안군에도 보인다.

사묘 祠廟

사직단(社稷壇) 현 서쪽에 있다.

문묘(文廟) 향교에 있다.

성황사(城隍祠) 현 서쪽 2리에 있다.

여단(厲壇) 현 북쪽에 있다.

능묘 陵墓

남군보(南君甫) 묘 현 서쪽 성문 곁에 있다. 처음에는 읍 사람들이 그 묘에 대해 알지 못하였다. 만력(萬曆) 연간에 현감 황선(黃瑄)이 그 땅에 건물을 지을 일이 있어서 평탄하게 고르려고 생각하였는데, 꿈에 지위 높은 관리가 나타나 말하기를 "굽어 늘어진 소나무 아래가 바로 내 집이니, 여무(余武)를 찾아가 물어보라. 내가 너에게 선조가 된다." 하였다. 황선이 깨어나 놀라고 이상하게 여겨 여무라는 자를 찾아냈더니 바로 100세 넘은 옛 아전이었는데, 뜻밖에 말하기를 "제가 참으로 부름을 받을 줄 알았습니다. 꿈에 남 상공(南相公)이 제게 이르기를 '고을 수령이 응당 내 집을 찾을 것인데, 저쪽 몇 번째가 바로 그곳이다.' 하였습니다." 하였다. 황선은 바로 남씨의 외손이었다. 마침내 그 객토를 정리하여 봉분을 만들었는데, 흙 안에서 자색 돌을 얻고 보니 남(南)이라는 글자가 새겨 있었다. 또 황금 반지 1개와 대구(帶鉤 띠쇠) 3개를 얻어서 묘 앞에 묻고 그 봉분을 증축하였다. 최립(崔岦)이 비문[254]을 지은 비가 있다.

사찰 寺刹

보리사(菩提寺) 자굴산에 있다.

양천사(楊泉寺) 자굴산 백운대 아래에 있다. 매우 높고 시원하게 트여 바다가 바라다보인다.

수암사(水巖寺) 자굴산에 있다.

청원사(青猿寺) 구룡산에 있다.

254 비문 : 〈고 고려 통헌대부 추밀원 직부사 남공 묘표(故高麗通憲大夫樞密院直副使南公墓表)〉이다. 《簡易集 卷2》

고적 古蹟

장함고현(獐含古縣) 현 서쪽 17리, 칠곡리(七谷里)에 장함고현 터가 있다. 그 서쪽 산에 폐사(廢社)가 있다.

신번폐현(新繁廢縣) 현 동북쪽 60리에 있다. 본래 신라 신이현(辛爾縣)으로 일명 주오촌(朱烏村)이라고 하고 일명 천천현(泉川縣)이라고도 한다. 경덕왕 때 의상(宜桑)으로 고치고 강양군(江陽郡) 영현으로 삼았다. 고려 초에 신번으로 고쳤으며, 현종 때 합주(陜州)에 편입시켰고, 공양왕 3년(1391)에 본현에 옮겨 편입시켰다. 본조에서 그대로 따랐다.

정골부곡(正骨部曲) 현 동쪽 35리에 있다.

지산향(砥山鄕) 현 동쪽 60리에 있다. ○ 모두 곤명현(昆明縣)[255]에서 옮겨 예속시켰다.

장곡향(藏谷鄕) 신번폐현 남쪽 15리에 있다.

옛 왕릉〔古王陵〕 자굴산 동쪽 산기슭에 옛 무덤이 있다. 세속에서 전하기를 "옛 왕릉인데 오래되어 연대를 알 수 없고, 그 산중 객점(客店)을 능인(陵人)이라고 이름한다."라고 한다.

명환 名宦

본조

양하(梁賀)

255 곤명현(昆明縣) : 곤양군(昆陽郡)의 고려 초기 이름이다.

박윤경(朴閏卿)

유우 流寓

인물 人物

고려

남군보(南君甫) 관직이 밀직 부사(密直副使)에 이르렀다. 아들이 둘 있는데, 남혁지(南赫秖)는 비순위장(備巡衛將)이고 남익지(南益秖)는 풍저 부사(豐儲副使)이다. 자손이 매우 번성하였고 대대로 관직을 지냈다.

본조

남재(南在) 남군보의 후손이다. 고려 말에 집의가 되었다. 본조에 들어와 개국 공신이 되었다. 관직이 의정부 좌의정에 이르고 의령부원군(宜寧府院君)에 봉해졌다.

남은(南誾) 남재의 아우이다. 신우(辛禑) 때 왜의 침략이 매우 치성하였는데, 삼척군(三陟郡)은 성이 작고 또 위태로워 나라에서 수비하기가 어렵다고 여겼다. 이에 남은이 자천(自薦)하여 군에 이르렀는데, 적이 갑자기 쳐들어오자 성문을 열고 크게 격파하였다. 뒤에 신우가 요동(遼東)을 공격할 때, 남은이 우리 태조를 따라 위화도(威化島)에 이르러 조인옥(趙仁沃) 등과 함께 회군(回軍)에 대한 의론을 올렸다. 공양왕 때 동지밀직사사(同知

密直司事)에 제수되었다. 본조에 들어와 개국 좌명 공신(開國佐命功臣)이 되고 의성군(宜城君)에 봉해졌다.

남지(南智) 남재의 손자이다. 처음에 문음(門蔭)으로 관직에 나아갔다. 담략과 이재(吏才)가 있어 대각(臺閣)의 직책을 두루 역임하였다. 관직이 의정부 우의정에 이르렀다. 시호는 충간(忠簡)이다.

옥고(玉沽) 과거에 급제하고, 관직이 사헌부 장령에 이르렀다.

남계영(南季瑛) 어려서부터 학문을 좋아하여 경술(經術) 공부에 깊이 몰두하였다. 세종조에 과거에 수석으로 급제하고, 관직이 직제학에 이르렀다. 문학으로 이름을 날렸다.

이제신(李濟臣) 총명하고 박식하였으며, 조식(曺植)을 스승으로 삼아 엄준한 지절과 탁월한 행실로 자신을 면려하였다. 일찍이 태학(太學)에 들어가 유학하였다. 영정왕(榮靖王 인종)이 세자 시절에 그 명성을 듣고는 포의지교(布衣之交)를 맺기를 원하였다. 문정왕후(文定王后)가 수렴청정하고 윤원형(尹元衡)이 정사를 주도하자, 이제신은 세상이 장차 변할 줄을 알고 마침내 세상을 피해 미친 척하면서 날마다 산택(山澤)을 유람하고 노래 부르며 도구(陶丘)라고 자호하였다. 공은 모든 일의 길흉에 대해 미리 잘 알았는데 대부분 기이하게 증험되었다. 집안이 본래 부유하였는데 재산을 모두 친척과 벗들에게 나누어 주며 말하기를 "오래지 않아 우리나라에[256] 큰 변란이 있을 것인데 이를 쌓아 둔들 어디에 쓰겠는가." 하였다. 뒤에 과연 왜란이 일어났다. 죽는 날에는 평소처럼 태연하게 읊조리며 시각이 얼

256 우리나라에 : 대본에는 '東南'으로 되어 있는데, 《기언(記言)》 권21 〈도구공 사적(陶丘公事)〉에 '東方'이라고 한 데 근거하여 고쳐 번역하였다.

마나 되었는지 묻고는 유유히 세상을 떠났다.

열녀 列女

석씨(石氏) 본조 초의 현 사람 심치(沈致)의 처이다. 20세에 지아비가 죽자 시모를 효성으로 모셨다. 아버지가 개가시키려고 하자 거절하며 말하기를 "남편이 독자로서 일찍 죽었는데 아버지께서 제 뜻을 꺾는다면 죽은 지아비의 병든 어머니는 그 누가 봉양하겠습니까." 하고는 끝내 따르지 않고 시모를 더욱 정성스럽게 모셨다. 시모가 측간에 갈 때는 직접 업고 갔다.

설씨(薛氏) 본조 선조 때 왜구가 주군(州郡)을 함락하였다. 설씨가 적과 마주쳐 붙잡히자 적이 욕보이려고 하였는데, 설씨가 크게 꾸짖으며 굽히지 않고 죽임을 당하였다. 일이 알려져 정려하였다. 또한 이씨(李氏), 전씨(田氏), 옥령(玉嶺)의 딸[257]도 모두 적을 만나 절의를 지키며 죽었으므로 정표(旌表)하였다.

257 옥령(玉嶺)의 딸 : 《동국신속삼강행실도(東國新續三綱行實圖)》 〈열녀도〉 권6 〈옥대가 적에게 죽다〔玉代死賊〕〉에 "양녀 옥대는 의령현 사람 옥발령(玉發嶺)의 딸이니, 나이 열여덟에 왜적과 마주쳐 항거하다가 죽었다. 금상 조정에서 정문을 세웠다."라고 하였다. 옥령의 딸은 옥발령의 딸 옥대를 말하는 듯하다.

하동현 河東縣

동쪽으로 곤양군(昆陽郡) 경계까지 28리이다. 남쪽으로 곤양군 경계까지 4리이다. 서쪽으로 진주(晉州) 경계까지 24리이다. 북쪽으로 진주 경계까지 31리이다. 서울과의 거리는 987리이다.

한전 旱田

수전 水田

건치연혁 建置沿革

본래 신라 한다사군(韓多沙郡)인데, 경덕왕 때 하동군으로 고쳤다. 고려 현종 때 진주에 편입시켰고, 명종 때 다시 하동현을 설치하였다. 본조에서 그대로 따랐다. 관장하는 면은 -원문 1, 2자 결락-개이다.

관원

현감(縣監), 훈도(訓導) 각 1인이다.

군명 郡名

별호는 청하(淸河)이다.

형승 形勝

산을 지고 바다에 접해 있다. 정양(鄭穰)의 기문

풍속 風俗

풍속이 검박함을 숭상한다. 관풍안(觀風案)

산천 山川

양경산(陽慶山) 현 북쪽 3리에 있다. 진산(鎭山)이다.

옥계산(玉溪山) 현 서쪽 30리에 있다.

금오산(金鰲山) 현 남쪽 3리에 있다. 산 동남쪽은 곤양군 경계이다.

소묘산(小卯山) 현 서쪽 7리에 있다.

차점(車岾) 현 북쪽 20리에 있다.

이맹점(理盲岾) 현 동쪽 20리에 있다. 세속에서 전하기를 "동경(東京 경주) 비보산(裨補山) 정상에 예전에 용지(龍池)가 있었는데 이 때문에 동경 사람 중에 맹인이 많았다. 이에 화철석(火鐵石)을 못에 넣었더니 용이 곤양군 진제(辰梯 진교(辰橋)) 아래의 깊은 못으로 옮겨 갔다."라고 한다.

해점(蟹岾) 현 서쪽 17리에 있다.

장령(長嶺) 현 동쪽 28리, 곤양군과의 경계에 있다.

바다〔海〕 현 남쪽에 있다.

목도(牧島) 현 서쪽 10리에 있다.

합진(蛤津) 현 서쪽 5리에 있다. 조수(潮水)가 드나드는 곳이다.

횡포천(橫浦川) 현 서쪽 20리에 있다. 원류는 지리산(智異山)에서 나와 남쪽으로 흘러 바다에 들어간다.

남포(南浦) 현 남쪽 5리에 있다. 원류는 현 북쪽 차점에서 나와 남쪽으로 흘러 바다에 들어간다. 어량(魚梁)이 있다.

사포(蛇浦) 현 동쪽 15리에 있다. 조수가 드나드는 곳이다.

소근포(所斤浦) 현 남쪽 18리에 있다. 어량이 있다.

토산 土産

종이〔紙〕, 자기(磁器), 주토(朱土), 대나무〔竹〕, 차〔茶〕, 석류(石榴), 유자〔柚〕, 감〔柹〕, 백복령(白茯苓), 대구어(大口魚 대구), 조기〔石首魚〕, 전복〔鰒〕, 문어(文魚), 숭어〔秀魚〕, 준치〔眞魚〕, 상어〔鯊魚〕, 농어〔鱸魚〕, 은구어(銀口魚 은어), 홍어(洪魚), 낙지〔絡蹄〕, 게〔蟹〕, 조개〔蛤〕, 굴〔石花〕, 해삼(海參), 미역〔藿〕, 가사리(加士里), 우무〔牛毛〕

성곽 城郭

현성(縣城) 현에 예전에는 성곽이 없었는데, 우리 세조 3년(1457) 양경산 아래에 돌을 포개어 쌓았다. 둘레는 1019자이다. 문이 있고, 성안에 우물 5개와 못 1개가 있다.

학교 學校

향교(鄕校) 현 동쪽 3리에 있다. 세조 5년에 현감 최승종(崔承宗)이 옛 읍터에 자리를 잡아 영건하였다. 정양(鄭穰)이 기문을 지었다.

궁실 宮室

객관(客館)

죽정(竹亭) 객관 동쪽에 있다.

우역 郵驛

마전역(馬田驛) 현 북쪽 16리에 있다.

율원역(栗原驛) 현 동쪽 23리에 있다.

횡포역(橫浦驛) 현 서쪽 29리에 있다.

횡포원(橫浦院) 횡포역 동쪽 1리에 있다.

사묘 祠廟

사직단(社稷壇) 현 서쪽에 있다.

문묘(文廟) 향교에 있다.

성황사(城隍祠) 현 남쪽 3리에 있다.

여단(厲壇) 현 북쪽에 있다.

사찰 寺刹

쌍계사(雙溪寺) 해점에 있다.

이맹굴(理盲窟) 이맹점에 있다.

옥계사(玉溪寺) 옥계산에 있다.

대적사(大寂寺) 장령에 있다.

명환 名宦

본조

하경리(河敬履) 현감이 되었다. 청렴하고 대범하여 치적이 있었다.

정간(丁艮), 유도(柳覩)[258] 모두 현감이 되었다. 명성과 공적이 있었다.

258 유도(柳覩) : 《신증동국여지승람》 권31 〈경상도 하동현〉 명환에는 '柳規'로 되어 있다. 오류가 있는 듯하나 근거가 불충분하여 그대로 번역하였다.

인물 人物

고려

정안(鄭晏) 평장사 정숙첨(鄭叔瞻)의 아들로, 초명은 분(奮)이다. 성품이 총명하고 지혜로웠으며 연소할 때 과거에 급제하였다. 음양(陰陽), 산술(算術), 의약(醫藥), 음률(音律)에 두루 정통하고 밝았다. 최이(崔怡)가 정권을 전횡하는 것을 보고 화를 피하고자 남해(南海)로 물러나 살면서 명산을 두루 유람하였다. 최이의 아들 최항(崔沆)이 정권을 잡은 뒤 불러들여 참지정사(參知政事)로 삼았다. 최항은 사람들의 신망을 얻으려고 겉으로는 예우하는 척하였으나 속으로는 실제 의심하고 시기하여, 비방하고 난을 꾸몄다고 죄를 씌워 백령도(白翎島)로 유배 보냈다가 사람을 보내 물에 빠뜨려 죽였다.

정지상(鄭之祥) 원나라 조정에 들어가 공민왕을 수종(隨從)하여 공로가 있었다. 왕이 즉위하자 급속히 승진하여 감찰 지평(監察持平)에 이르렀다. 전라도 안렴사가 되어서는 경내에 들어가 세도가에서 부리는 사람을 마주치면 바로 볼기를 쳐서 조리돌리니 온 도 사람들이 두려워 떨었다. 호부시랑(戶部侍郎), 어사 중승(御史中丞)에 전보되었다.

정혼(鄭渾) 초명은 종(從)으로, 정지상의 아들이다. 그의 어머니가 홀로 되어 담양부(潭陽府)에 살고 있다가 왜구에게 죽임을 당하였다. 신창(辛昌) 때 정혼이 전리 좌랑(典理佐郎)이 되었는데, 복수할 계책을 올리고 자청해서 소모별감(召募別監)이 되어 박위(朴葳)를 수종하여 대마도(對馬島)를 정벌하였다.

정지연(鄭芝衍) 현리(縣吏) 정국룡(鄭國龍)의 아들이다. 처음으로 집안을 일으키고 첨의찬성(僉議贊成)이 되었다.

본조

정인지(鄭麟趾) 개성부(開城府)에 보인다.

정초(鄭招) 남달리 총명하고 경사(經史)에 해박하였다. 세종조에 관직이 예문관 대제학에 이르렀다. 문장으로 세상에 이름이 났다.

정수충(鄭守忠) 경사에 정통하고 바른 행실이 있었다. 혜장왕조(惠莊王朝 세조조)에 좌익 공신(佐翼功臣)이 되고 하원군(河原君)에 봉해졌다.

산음현山陰縣

동쪽으로 단성현(丹城縣) 경계까지 20리이다. 남쪽으로 단성현 경계까지 19리이다. 서쪽으로 함양군(咸陽郡) 경계까지 31리이다. 북쪽으로 거창현(居昌縣) 경계까지 49리이다. 서울과의 거리는 839리이다.

한전旱田

수전水田

건치연혁建置沿革

본래 신라 지품천현(知品川縣)인데, 경덕왕 때 산음으로 고치고 궐성군(闕城郡) 영현으로 삼았다. 고려 현종 때 합주(陜州)에 편입시켰고, 공양왕 때 다시 산음현을 설치하였다. 본조에서 그대로 따랐다. 관장하는 면은 14개이다.

관원

현감(縣監), 훈도(訓導) 각 1인이다.

군명 郡名

지품천(知品川) 별호는 산양(山陽)이다.

형승 形勝

물이 굽이져 흐르고 산이 빙 둘러 있다. 김희경(金希鏡)의 시

풍속 風俗

풍속이 간소함과 질박함을 숭상한다. 관풍안(觀風案)

산천 山川

동산(東山) 현 동쪽 3리에 있다. 진산(鎭山)이다.

지리산(智異山) 현 서쪽 30리에 있다.

유산(楡山) 현 남쪽 10리에 있다.

마연동산(馬淵洞山) 현 북쪽 10리에 있다.

왕산(王山) 현 서쪽 10리에 있다. 산중에 돌들을 포개어 쌓은 둔덕이 있고 그 사면에는 모두 층계가 나 있다. 세속에서 왕릉(王陵)이라고 전한다.

척지산(尺旨山) 현 동쪽 25리에 있다. 단성현에도 보인다.

진수(晉水) 함양군 임천(瀶川)과 남계(濫溪)가 합류하여 이 물이 되어서 현 서쪽 3리를 지나 동쪽으로 흘러 단성현 경계에 들어간다.

우탄(牛灘) 현 서쪽 3리에 있다. 바로 진수 여울이다. 그 하류에 또 장선탄

(長善灘)이 있다.

토산 土産

철(鐵), 척지산에서 난다. 석회(石灰), 대나무〔竹〕, 차〔茶〕, 꿀〔蜂蜜〕, 황랍(黃蠟), 웅담(熊膽), 사향(麝香), 송이버섯〔松蕈〕, 석이버섯〔石蕈〕, 감〔柹〕, 석류(石榴), 오미자(五味子), 당귀(當歸), 산무애뱀〔白花蛇〕, 은구어(銀口魚 은어), 누치〔訥魚〕

학교 學校

향교(鄕校) 현 동쪽 1리에 있다.

서계서원(西溪書院) 현 동북쪽 14리에 있다. 사당을 세워 오건(吳健)을 향사하였다.

궁실 宮室

객관(客館)

향사당(鄕射堂) 객관 동쪽에 있다.

이요루(二樂樓) 객관 동쪽에 있다.

환아정(換鵝亭) 객관 서쪽에 있다. 강물을 굽어보고 있다. 현감 심린(沈潾)이 세웠고, 화산(花山) 권반(權攀)[259]이 왕 우군(王右軍) 고사[260]를 취하여 이름 지었다.

도사관(道士觀) 환아정 앞에 있다.

우역 郵驛

정곡역(正谷驛) 현 동쪽 10리에 있다.

임천원(臨川院) 세속에서 탕수원(湯水院)이라 칭한다. 현 북쪽 30리에 있다.

백야현원(白也峴院) 현 북쪽 15리에 있다.

신원(新院) 현 북쪽 2리에 있다.

수승원(水勝院) 현 남쪽 20리에 있다.

사묘 祠廟

사직단(社稷壇) 현 서쪽에 있다.

문묘(文廟) 향교에 있다.

성황사(城隍祠) 현 서쪽 1리에 있다.

여단(厲壇) 현 북쪽에 있다.

259 화산(花山) 권반(權攀) : 화산은 안동(安東)의 별칭이다. 권반의 봉호가 화산군(花山君)이다.

260 왕 우군(王右軍) 고사 : 왕 우군은 진(晉)나라 때 우군장군(右軍將軍)을 지낸 왕희지(王羲之)이다. 왕희지가 거위를 매우 좋아하여 산음(山陰)의 도사(道士)에게 《도덕경(道德經)》을 써 주고 흰 거위와 바꾸었던 고사를 말한다. 《晉書 王羲之列傳》

사찰 寺刹

지곡사(智谷寺) 지리산에 있다. 고려 예부 상서 손몽주(孫夢周)가 비문을 지은 승려 혜월(慧月)과 진관(眞觀)의 비 2개가 있다.

왕대암(王臺菴) 왕산에 있다.

고적 古蹟

개품부곡(皆品部曲) 일명 장계(長溪)라고 한다. 현 서북쪽 25리에 있다. 예전에 단계현(丹溪縣) 땅이 되었다가 뒤에 떼어 내 편입시켰다.

옛 산성〔古山城〕 현 남쪽 2리에 있다. 돌로 쌓았다. 둘레는 1346자이다. 지금은 모두 퇴락하였다.

독녀성(獨女城) 현 서쪽 27리에 있다. 돌로 쌓았다. 둘레는 1730자이다. 시내와 샘이 있다. 지금은 모두 퇴락하였다.

명환 名宦

본조

우훈(禹訓) 산음 현감이 되었다. 비할 데 없이 청렴결백하였다. 부임한 날에 그 행장이 한 바리〔馱〕도 차지 않았다. 임기가 찼을 때 공무로 이웃 고을에 있었는데, 체임되었다는 말을 듣고 바로 돌아갔다.

정난수(鄭蘭秀)

진유(陳猷)

인물 人物

본조

오건(吳健) 부지런히 배우고 선을 좋아하였다. 호는 덕계(德溪)이고 자는 자강(子剛)이다. 남명(南冥 조식)[261]의 문인이며, 또 퇴계(退溪 이황)에게 나아가 질정(質正)을 받았다. 문장이 전아(典雅)하였다. 선조 경오년(1570, 선조3)에 이조 정랑이 되었다.[262]

261 남명(南冥) : 대본에는 '南溟'으로 되어 있는데, 《남명집(南冥集)》〈행장(行狀)〉에 근거하여 고쳐 번역하였다.

262 선조……되었다 : 《덕계집(德溪集)》 연보 권1에 따르면 선조 경오년에 이조 좌랑이 되고 신미년(1571) 4월에 이조 정랑에 제수되었다. 오류가 있으나 그대로 번역하였다.

안음현安陰縣

동쪽으로 거창현(居昌縣) 경계까지 21리이다. 서쪽으로 전라도 장수현(長水縣) 경계까지 57리이다. 남쪽으로 함양군(咸陽郡) 경계까지 5리이다. 북쪽으로 거창현 경계까지 50리이다. 서울과의 거리는 752리이다.

한전 旱田

수전 水田

건치연혁 建置沿革

본래 신라 마리현(馬利縣)인데, 경덕왕 때 이안(利安)으로 고치고 천령군(天嶺郡 함양군) 영현으로 삼았다. 고려 현종 때 합주(陜州)에 편입시켰고, 공양왕 때 감음현(感陰縣)에 옮겨 편입시켰다. 본조 태종 때 다시 이안현을 설치한 뒤에 그대로 감음현을 병합하고 고쳐 안음현으로 삼았다. 관장하는 면은 8개이다.

관원

현감(縣監), 훈도(訓導) 각 1인이다.

군명 郡名

마리(馬利), 이안(利安)

풍속 風俗

강인하고 사나우며, 다투고 싸운다. 관풍안(觀風案)에 "강인하고 사나움을 숭상하고 다투고 싸우기를 좋아한다." 하였다.

산천 山川

성산(城山) 현 서쪽 3리에 있다. 진산(鎭山)이다.

지우산(智雨山) 현 북쪽 20리에 있다. 세속에서 기박산(奇朴山)이라고 칭한다.

황석산(黃石山) 현 서북쪽 15리에 있다. ○ 모두 덕유산(德裕山) 동쪽 줄기이다.

천왕점(天王岾) 현 서쪽 20리에 있다.

영취산(靈鷲山) 현 서쪽 50리에 있다.

백운산(白雲山) 현 서쪽 30리, 함양군과의 경계에 있다. 바로 덕유산 동쪽 줄기이다.

덕유산(德裕山) 현 서북쪽 60리, 전라도 금산군(錦山郡) 및 장수현(長水縣)과의 경계에 있다. 두 고을에도 보인다.

원통산(圓通山) 현 동남쪽 9리에 있다.

육십령(六十嶺) 현 서쪽 60리, 전라도 장수현과의 경계에 있다.

금원산(金猿山) 감음현(感陰縣 감음폐현)에 있다. 바로 덕유산 동쪽 기슭의 별봉(別峯)이다. 산 아래에 학담(鶴潭)이 있으므로 그 골짜기를 원학동(猿鶴洞)이라고 한다.

관수현(寬愁峴) 현 남쪽 18리, 거창현과의 경계에 있다.

남계(濫溪) 객관 동쪽에 있다. 동천(東川)이라고도 칭한다. 덕유산과 지우산의 물이 현 북쪽에서 합류하여 남쪽으로 흘러 함양군 지경에 들어간다.

토산 土産

대나무〔竹〕, 오미자(五味子), 호두〔胡桃〕, 꿀〔蜂蜜〕, 황랍(黃蠟), 감〔柹〕, 산무애뱀〔白花蛇〕, 석이버섯〔石蕈〕, 사향(麝香), 웅담(熊膽), 당귀(當歸), 은구어(銀口魚 은어)

성곽 城郭

황석산성(黃石山城) 돌로 쌓았다. 둘레는 2924자이다. 안에 시내 1개가 있고, 군창(軍倉)이 있다.

학교 學校

향교(鄕校) 현 북쪽 3리에 있다. 현에 예전에는 학교가 없어서 생도들이 현 관사에 임시로 거처하였는데, 성종 4년(1473)에 현감 최영(崔榮)이 후암사(厚巖寺) 옛터에 영건하였다. 향교의 남쪽 모퉁이에 점풍대(點風臺)가 있으니, 두 물[263]이 대 아래에서 합류하여 남계(灆溪)가 되므로 증점(曾點)이 무우(舞雩)에서 바람을 쐬겠다[264]는 뜻을 취하여 그렇게 이름하였다.

용문서원(龍門書院) 현 북쪽 5리에 있다. 정여창(鄭汝昌)이 일찍이 현감을 지냈으므로 그를 위해 서원을 짓고 사당을 세워 향사하고, 임훈(林薰)과 임운(林芸)을 종향(從享)하였다.

궁실 宮室

광풍루(光風樓) 객관 북쪽에 있다. 옛 이름은 선화루(宣化樓)인데, 현감 정여창이 고쳐 짓고 광풍이라고 이름하였다.

제월당(霽月堂) 광풍루와 연이어 지었다.

263 두 물 : 덕유산과 지우산에서 나오는 물이다.

264 증점(曾點)이……쐬겠다 : 공자가 제자들에게 각자 포부를 말해 보라고 하자, 증점이 "늦은 봄에 봄옷이 이루어지거든 어른 대여섯, 동자 예닐곱과 함께 기수(沂水)에서 목욕하고 무우(舞雩)에서 바람을 쐬고 읊조리며 돌아오겠습니다."라고 하니, 공자가 그 맑은 기상에 감탄하고 인정했다는 데서 나온 말이다.《論語 先進》 기수는 노나라 도성 남쪽에 있는 물 이름이고, 무우는 기우제를 지내던 곳이다.

우역 郵驛

임수역(臨水驛) 현 동쪽 5리에 있다.

수원(藪院) 현 남쪽 5리에 있다.

반락지원(半落只院) 현 북쪽 10리에 있다.

장풍원(長風院) 현 북쪽 40리에 있다.

관량 關梁

동천교(東川橋) 남계에 있다.

용문교(龍門橋) 향교 앞에 있다.

장풍교(長風橋) 감음폐현에 있다.

사묘 祠廟

사직단(社稷壇) 현 서쪽에 있다.

문묘(文廟) 향교에 있다.

성황사(城隍祠) 현 서쪽 2리에 있다.

여단(厲壇) 현 북쪽에 있다.

사찰 寺刹

영각사(靈覺寺) 덕유산에 있다.

극락암(極樂菴) 영취산에 있다.

장수사(長水寺) 황석산[265]에 있다. 절 앞에 폭포가 있고 그 아래에 용추(龍湫)가 있다.

은신암(隱身菴) 황석산 동쪽에 있다.

백운암(白雲菴) 황석산성 안에 있다.

고적 古蹟

감음폐현(感陰廢縣) 현 북쪽 35리에 있다. 본래 신라 남내현(南內縣)인데, 경덕왕 때 여선(餘善)으로 고치고 거창군 영현으로 삼았다. 고려 초에 감음으로 고치고 현종 때 합주에 편입시켰으며, 의종 때 강등하여 부곡(部曲)으로 삼았다. 공양왕 때 다시 감음현을 설치하고 이안현을 병합하였다. 본조 태종 때 치소를 이안현에 옮기고 감음현을 폐하여 이안현에 병합하였다.

옥산소(玉山所) 가을산소(加乙山所)라고도 칭한다. 현 서쪽 40리에 있다. 고려 때 함양 땅이 되었다가 뒤에 떼어 내 본현에 편입시켰다.

265 황석산 : 《신증동국여지승람》 권31 〈경상도 안음현〉 불우(佛宇)에 '智雨山'으로 되어 있고, 장수사 옛터가 현재 기백산 군립 공원에 속해 있는 점에 근거할 때 '지우산'의 오기인 듯하다. 다만 장수사가 지형적으로 황석산과 지우산 사이의 계곡에 위치하여 있으므로 그대로 번역하였다. 기백산을 기박산 또는 지우산이라고도 한다.

명환 名宦

본조

정여창(鄭汝昌) 강정왕조(康靖王朝 성종조)에 안음 현감이 되었다. 처음 현에 이르러 백성들의 괴로움이 부렴(賦斂)에 있다는 것을 알고 마침내 편의(便宜) 수십 조목을 만들어 시행하였는데 시행한 지 1년 만에 정사가 맑아져서 백성들이 기뻐하였다. 경내 관리들은 서로 경계하며 말하기를 "속임수를 쓰는 일로 우리 원님을 저버리지 말자." 하였고, 관찰사도 그를 중히 여겼다. 모든 옥사 가운데 복잡하고 엉켜서 해결이 안 된 일은 반드시 순행하여 면질(面質)한 뒤에 집행하니, 도내에서 어려운 사건을 해결하려는 자들이 원근에서 모두 모여들어 송사를 의탁하였고 진 자들도 감히 한스러워하지 않았다. 고을 자제 가운데 총명한 이들을 뽑아 직접 가르치고 인도하여 일과(日課)로 강독하니 학생들이 먼 곳에서도 찾아왔다. 봄가을로 양로연(養老宴)을 행하여 내청(內廳)과 외청(外廳)을 설치하되 내청에서는 아내로 하여금 대접하게 하여 남녀 노인들이 모두 가무를 즐기며 기뻐하였다. 가난하여 혼인을 못 시킨 자녀가 있으면 넉넉히 보태 주어 혼기를 놓치지 않게 하니 온 경내가 크게 도움을 받았다.

문관(文瓘) 공희왕조(恭僖王朝 중종조)에 안음 현감이 되었다. 청렴하고 간명하게 정사를 행하고 성의를 다해 위무하고 보살펴 주니, 백성들이 부모와 같이 애중하였다.

곽준(郭䞭) 소경왕조(昭敬王朝 선조조)에 행의(行義)로 발탁되어 안음 현감에 제수되었다. 정사가 잘 거행되어 백성들이 고마워하였다. 당시 왜의 침략을 당하여 열읍에서 모두 성을 버리고 달아났는데, 곽준만 홀로 황석산성을 지키고 있었다. 왜적이 성 가까이 닥쳐오자 수장(守將) 백사림(白士霖)[266]이 성을 허물고 달아났고, 곽준은 힘이 다해 전사하였다. 아들 둘과 딸 하나도 모두 순절하였다. 체찰사 이원익(李元翼)이 글을 지어 제사 지냈는데, 제문[267]에 이르기를,

마음에 맹세하고 성을 지키어	誓心嬰城
인을 이루고 의를 취하였도다	成仁取義
아버지는 나라 위해 죽고	父死於國
아들은 아버지를 위해 죽으니	子爲父死
한집안이 충효 모두 이루었고	忠孝一家
훌륭한 강상 천년토록 전해지리	綱常千祀
사람들은 공을 위해 슬퍼하나	人爲公悲
나는 공을 위해 기뻐하네	我爲公喜
술잔 들어 공을 경하하며	擧酒賀公
저 높은 산을 우러러보네[268]	高山仰止

하였다.

266 수장(守將) 백사림(白士霖) : 당시에 백사림은 김해 부사(金海府使)로서 황석산성의 출전장(出戰將)이 되었고, 곽준은 수성장(守城將)으로서 성 쌓는 역사를 감독하였다고 한다. 《桐溪集 卷2 書郭義士傳後》

267 제문 : 〈곽 안음에 대한 제문〔祭郭安陰文〕〉이다. 《梧里集 卷1》

268 저……우러러보네 : 《시경》 〈소아(小雅) 거할(車舝)〉에 "높은 산처럼 우러르고, 큰길처럼 따라간다.〔高山仰止, 景行行止.〕"라고 한 데서 나온 말로, 고인의 큰 덕행을 흠모한다는 뜻이다.

인물 人物

고려

하천단(河千旦) 고종 때 사람이다. 성품이 질박하고 곧으며, 문장을 잘하여 한 시대의 표전(表箋)이 모두 그의 손에서 나왔다.

반전(潘腆) 돈독한 행실이 있었다. 고려 말에 왜가 현을 침략하여 아버지 반숙(潘淑)을 붙잡아 갔다. 반전이 은띠〔銀帶〕와 은 덩이〔銀塊〕를 가지고 죽음을 무릅쓰고 적중에 들어가 울부짖으며 아버지를 풀어 주기를 청하니, 적이 의롭게 여겨 허락하였다.

본조

임정(林整) 관직이 서경 도순문찰리사(西京都巡問察理使)[269]에 이르렀다.

임득정(林得禎) 임정의 손자이다. 무예로 현달하여 관직이 절도 부사(節度副使)에 이르렀다.

임훈(林薰) 그 선조는 은진(恩津) 사람인데, 중세조(中世祖) 때에 옮겨와 살면서 현 사람이 되었다.[270] 임훈의 호는 갈천(葛川)이다. 소경왕 때 사람으로 아우 임운(林芸)과 함께 모두 은거하여 의를 행하였다. 학생들을 가르

269 서경 도순문찰리사(西京都巡問察理使) : 《태종실록》 13년 4월 28일 임정의 졸기(卒記)에 '서북면 도순문사(西北面都巡問使)'로 되어 있고, 《신증동국여지승람》 권51 〈평안도 평양부〉 명환 및 《동국여지지》 권9 〈평안도 평양부〉 명환에는 '승진하여 도순문사 겸 평양 부윤이 되었다.〔陞爲都巡問使兼平壤府尹〕'라고 되어 있다. 겸직한 평양 부윤과 도순문찰리사를 합쳐서 지칭한 것으로도 보이므로 그대로 번역하였다.

270 중세조(中世祖)……되었다 : 임훈의 증조부 임천년(林千年)이 의령 현감으로서 안음현 갈천동(葛川洞)에 이주하였다. 《葛川集 卷4 行狀》

치면서 항상 인륜을 독실히 하여 반드시 몸소 행하는 것을 본분으로 삼았으니, 향리가 교화되었다.

정온(鄭蘊) 아버지 정유명(鄭惟明)은 은거하여 학생들을 가르쳤다. 정온은 부지런히 애쓰며 학문에 힘썼다. 광해군 초에 과거에 급제하여 필선이 되었다. 모비(母妃 인목왕후)를 폐출하려는 의론이 일자 정온이 상소를 올려 극력히 간하여 의론한 자들을 죄줌으로써 강상을 바로잡기를 청하니, 광해군이 크게 노하여 대정(大靜)에 안치하였다. 10여 년이 지나 인조가 즉위하면서 소명을 받고 돌아와 여러 번 승진하여 사헌부 대사헌에 이르렀는데, 누차 꺼림 없이 직언하였다. 당시 종실로서 죽음을 당하는 자가 많았는데, 정온이 간언하기를 "폐조(廢朝)가 아무리 혼란스러웠다 해도 골육을 죽이지 않고 모후를 폐출하지 않았다면 전하께서 하루아침에[271] 이 자리에 계시지는 못하였을 것입니다." 하니, 듣는 자들이 두려워 목을 움츠렸다. 병자호란이 일어나 상이 남한산성에 들어갔다. 산성에서 나올 때 정온이 말하기를 "차라리 나라가 망할지언정 임금이 오랑캐에게 항복하는 것이 나는 수치스럽다." 하고 차고 있던 칼을 뽑아 스스로 찔러 거의 죽게 되었으나 목숨은 건졌다. 가마에 실려 향리에 이르자 탄식하여 말하기를 "신하로서 한번 죽는 것도 이미 늦었으니, 다시 무슨 마음으로 부세를 바치며 백성 노릇을 하겠으며 처자의 봉양을 받아먹겠는가." 하고는 이내 금원산 속에 들어갔으며, 종신토록 청나라 일력(日曆)을 가까이하지 않았다.

271 하루아침에 : 대본에는 '一日'로 되어 있는데, 《동계집(桐溪集)》 권3 〈갑자 계사(甲子啓辭)〉와 부록 권1 〈동계 선생 행장(桐溪先生行狀)〉에 근거하여 '日'을 '朝'로 고쳐 번역하였다.

단성현丹城縣

동쪽으로 진주(晉州) 경계까지 12리이다. 남쪽으로 진주 경계까지 8리이다. 서쪽으로 진주 경계까지 17리이다. 북쪽으로 산음현(山陰縣) 경계까지 21리이다. 서울과의 거리는 880리이다.

한전 旱田

수전 水田

건치연혁 建置沿革

본래 신라 궐지군(闕支郡)인데, 경덕왕 때 고쳐 궐성군(闕城郡)으로 삼았다. 고려 초에 강성현(江城縣)으로 고치고, 뒤에 다시 승격하여 군으로 삼았다. 현종 때 진주에 편입시켰고, 공양왕 때 다시 강성현을 설치하고 단계(丹溪)를 병합하였다. 본조 세종 때 고쳐 단성현으로 삼았다. 공정왕(恭靖王 정종) 때 임시로 영선(永善 진주 속현)에 우거하였던 명진현(溟珍縣)[272]을

272 명진현(溟珍縣) : 거제현의 속현이다. 고려 원종 때 왜의 침략으로 진주 영선에 이주하

병합하여 진성현(珍城縣)이라 불렀는데, 세종 때 명진현이 다시 거제(巨濟) 본도에 돌아갔으므로 지금 이름으로 고쳤다. 관장하는 면은 -원문 1, 2자 결락-개이다.

관원

현감(縣監), 훈도(訓導) 각 1인이다.

군명 郡名

궐성(闕城), 강성(江城)

풍속 風俗

부지런하고 검소함을 좋아하고 절의를 높인다.

산천 山川

내산(來山) 현 북쪽 1리에 있다. 진산(鎭山)이다.

지리산(智異山) 현 서쪽 41리에 있다.

보암산(寶巖山) 현 북쪽 37리에 있다.

월명산(月明山) 현 동북쪽 15리에 있다.

여 우거하였다가 조선 세종 때 거제로 돌아갔다.

집현산(集賢山) 현 동쪽 15리, 진주와의 경계에 있다.

둔철산(芚鐵山) 현 북쪽 30리, 산음현과의 경계에 있다.

소괴산(消怪山) 현 서쪽 8리, 진주와의 경계에 있다.

척지산(尺旨山) 현 북쪽 50리, 산음현과의 경계에 있다.

올률산(屼栗山) 현 동쪽 22리에 있다.

진수(晉水) 산음현 지경에서 남쪽으로 흘러 현 동쪽 5리를 지나고, 또 남쪽으로 흘러 진주 경계에 들어간다. 현 동쪽에 신안진(新安津)이라는 나루가 있어 이로 인해 신안강(新安江)이라고도 부른다.

단계(丹溪) 원류는 산음현 황산(黃山)에서 나와 단계폐현(丹溪廢縣)에서 현 동쪽 10리를 지나 진수에 들어간다.

토산 土産

철(鐵), 척지산에서 난다. 대나무〔竹〕, 차〔茶〕, 감〔柹〕, 석류(石榴), 비자(榧子), 매실(梅實), 꿀〔蜂蜜〕, 황랍(黃蠟), 사향(麝香), 은구어(銀口魚 은어)

성곽 城郭

동산성(東山城) 현 동쪽[273] 7리에 있다. 두 면이 절벽이다. 둘레가 2795자이

273 동쪽 : 《신증동국여지승람》 권31 〈경상도 단성현〉 성곽에 '北'으로 되어 있고 고지도에 근거할 때 '북쪽'의 오기인 듯하나, 근거가 불충분하여 그대로 번역하였다.

다. 동남쪽의 100여 자는 석성(石城)으로 보축(補築)하였다. 안에 샘 1개와 못 1개가 있으며, 군창(軍倉)이 있다.

학교 學校

향교(鄕校) 현 북쪽 5리에 있다.

궁실 宮室

객관(客館)

쌍청루(雙淸樓) 객관 북쪽에 있다. 일명 귀감루(龜鑑樓)라고 한다.

신안루(新安樓) 일명 강루(江樓)라고 한다. 현 동쪽 5리에 있다. 동편에 돌 벼랑이 매달려 있는 듯하여 매년 여름철에 장맛비가 내리면 위태로운 돌이 왕왕 강물에 떨어져 내린다. 예전 강성군(江城郡)이던 때[274] 태수가 손님과 함께 기생을 데리고 배를 타고 강물을 거슬러 돌며 한밤에 술을 마시다가 돌이 배 안에 떨어지는 바람에 배를 탄 사람들이 모두 익사하고 군인(郡印 관인)도 유실하였다.

봉수 烽燧

입암산 봉수(笠巖山烽燧) 현 북쪽 27리에 있다. 남쪽으로 진주 광제산(廣

274 강성군(江城郡)이던 때 : 고려 초기를 말한다.

濟山)에 응하고, 북쪽으로 삼가현(三嘉縣) 금성산(金城山)에 응한다.

우역 郵驛

신안역(新安驛) 현 북쪽 10리에 있다.

벽계역(碧溪驛) 단계현(丹溪縣 단계폐현)에 있다.

신안원(新安院) 신안역 동쪽에 있다.

송계원(松界院) 송계부곡(松界部曲)에 있다.

관량 關梁

양천교(梁川橋) 현 동쪽 10리, 단계천(丹溪川) 하류에 있다.

사묘 祠廟

사직단(社稷壇) 현 서쪽에 있다.

문묘(文廟) 향교에 있다.

성황사(城隍祠) 현 북쪽 5리에 있다.

문익점(文益漸) 사당 문익점 묘소 곁에 있다. 현감 성준(成遵)이 사전(祠田)을 설치하였고, 조식(曺植)이 그 일을 기록하였다.

여단(厲壇) 현 북쪽에 있다.

능묘 陵墓

문익점(文益漸) 묘 현 -원문 다수 결락- 갈로개산(葛蘆介山)에 있다.

사찰 寺刹

운룡사(雲龍寺) 보암산에 있다.

율곡사(栗谷寺) 척지산에 있다.

정취사(淨趣寺) 둔철산에 있다.

청안사(青安寺) 월명산에 있다.

봉서암(鳳棲菴) 올률산에 있다.

소괴사(消怪寺) 소괴산에 있다.

고적 古蹟

단계폐현(丹溪廢縣) 현 동북쪽 28리에 있다. 본래 신라 적촌현(赤村縣)인데, 경덕왕 때 단읍(丹邑)으로 고치고 궐성군 영현으로 삼았다. 고려에서 단계로 고치고 현종 때 합주(陜州)에 편입시켰으며, 공양왕이 도로 강성현에 편입시켰다. 본조에서 그대로 따랐다.

명환 名宦

본조

손창(孫昌) 단성 현감이 되었다. 정사를 청렴하고 간명하게 행하여 강정왕(康靖王 성종)이 특별히 품계 1등급을 올려 주었다.

유우 流寓

허옹(許邕) 고려 충숙왕 때 사람이다. 과거에 급제하고, 관직이 전리 판서(典理判書)에 이르렀다. 호는 우헌(迂軒)이다. 강직함으로 세상에 이름이 났다. 아들 허계도(許繼道)는 효행이 있었다. 당시 상제(喪制)가 폐지되고 무너졌는데 허계도는 3년 동안 여묘(廬墓)하였다. 해구(海寇 왜구)의 침략이 한창 치성하였는데도 여막(廬幕)을 떠나지 않았으니, 듣는 이들이 감탄하였다. 관직은 개성부 소윤에 이르렀다.

인물 人物

고려

문익점(文益漸) 어려서부터 학문에 힘쓰고 행의(行義)로 알려졌다. 공민왕조에 과거에 급제하고, 정언으로서 서장관이 되어 원나라에 갔다가 일로 인해 남쪽 변방에 유배되었다. 귀환할 때 목화씨를 얻어 와서 그 장인 정천익(鄭天益)에게 맡겨 심게 하였는데, 3년이 되자 마침내 크게 번식하였다.

취자거(取子車 목화씨를 발라내는 기계)와 소사거(繅絲車 실 뽑는 기계)는 모두 정천익이 처음 만들었다. 홍무(洪武) 연간에 모친상을 당하여 묘소 곁에서 여묘하였다. 당시 해구의 침략이 한창 치성하여 사람들이 모두 달아나 숨었는데, 문익점은 동요하지 않고 삼년상을 마쳤다. 적들도 감탄하여 그를 해치지 않았다. 조정에서 그 마을에 정표(旌表)하였다. 처음으로 목화를 심어 백성들에게 이로움을 주었다 하여 본조에서 참지의정부사(參知議政府事) 강성군(江城君)에 추증하였다.

본조

나유문(羅有文) 성품이 독실하고 효성스러워 부모를 모시면서 안색을 살펴 잘 봉양하였다. 연산군조에 단상법(短喪法)[275]이 엄하여 사람들이 감히 어기지 못하였는데, 나유문은 어머니가 죽자 홀로 상제(喪制)를 지켜 예를 행하였다. 친척들이 모두 말하기를 "화가 장차 예측할 수 없을 것이다." 하고 최복을 벗을 것을 권하였지만 나유문은 흔들리지 않았다. 지나치게 애도하다가 병에 걸렸는데, 죽음을 앞두고 그 처에게 영결하며 말하기를 "3년간 내가 살아 있을 때와 같이 어머니께 제사드려 주오." 하였다. 그 처는 그 말대로 성의와 예를 다하였다. 공희왕조(恭僖王朝 중종조)에 정려하였다.

275 단상법(短喪法) : 삼년상의 예를 줄여 행하는 법제를 말하는데, 주로 달을 날로 바꾸어 상기(喪期)를 정하였다. 연산군 때 궁인과 사대부는 27일, 서인(庶人)은 12일로 의정하였다. 《燕山君日記 11年 9月 27日》

열녀 列女

조이(召吏) 민가의 여자이다. 16세 때 지아비가 땔나무를 하다가 호랑이에게 해를 당하니 조이는 몸이 상할 정도로 슬퍼하여 뼈만 남았다. 부모가 뜻을 꺾을까 염려하여 항상 스스로 맹세하기를 "내가 만약 딴마음을 둔다면 장차 어떻게 지하에서 망인을 보겠는가." 하였다. 어느날 그 부모가 과연 개가시키려고 하니 조이는 미리 알고 목을 매어 죽었다. 본조 초에 일이 알려져서 정려하였다.

이씨(李氏) 현 사람 정계형(鄭季亨)의 처이다. 19세에 아들 하나를 낳고 과부가 되었는데 몸이 상할 정도로 슬퍼하며 상을 마쳤다. 그 아들도 요절하였으나 시부모를 정성껏 모셨다. 부모가 딸이 젊은 나이에 홀로 된 것을 가엾게 여겨 개가시키고자 하니, 이씨는 사흘을 통곡하였다. 집 앞에 깊이가 두어 길 되는 못이 있었는데 스스로 몸을 던져 빠졌다. 이웃 여자가 놀라서 그 오라비에게 알려 물 밖으로 꺼냈다. 얼마 뒤에 깨어나자 말하기를 "부인은 한 지아비를 따라 생을 마쳐야 하니 죽지 않고 어떻게 하겠는가." 하고, 몇 달을 먹지 않았다. 부모가 그 뜻이 굳은 것을 알고는 감히 강요하지 않았다. 시부모가 모두 연로하였는데 종신토록 효도로 봉양하였다. 본조 세종 때 그 마을에 정표하였다.

김해도호부金海都護府

동쪽으로 양산군(梁山郡) 경계까지 42리이다. 남쪽으로 웅천현(熊川縣) 경계까지 40리이다. 서쪽으로 창원부(昌原府) 경계까지 44리이다. 북쪽으로 밀양부(密陽府) 경계까지 44리이다. 서울과의 거리는 884리이다.

한전旱田

수전水田

건치연혁建置沿革

옛 가락국(駕洛國)으로 혹 가야(伽倻)라고 칭하였는데, 뒤에 금관국(金官國)으로 고쳤다. 시조 수로왕으로부터 10대를 전하여 구해왕(仇亥王)에 이르러 10대는 대개 491년이다. 신라에 항복하였다. 법흥왕이 고쳐 금관군(金官郡)으로 삼았고, 문무왕 때 금관소경(金官小京)을 설치하였으며, 경덕왕 때 김해소경(金海小京)이라고 하였다. 고려 초에 강등하여 부(府)로 삼았고 또 임해현(臨海縣)으로 강등하였다가 얼마 안 되어 승격하여 군으로 삼았다. 성종 때 금주 안동도호부(金州安東都護府)를 설치하고, 현종 때 또 김해부로 고쳤으며, 원종 때 승격하여 김녕도호부(金寧都護府)로 삼았다. 원종 11년(1270)에 방어사(防禦使) 김훤(金晅)이 밀성(密城 밀양(密陽))의 변란을 평정하고 또 삼별초를 방어하여 공이 있었으므로 승격한 것이다. 충렬왕 초에 강등하여 현으로 삼았다가 안렴사 유호(劉顥)를 살해했으므로 강등한 것이다.[276] 뒤에 금주목(金州牧)으로 승격하였고, 충선왕 초에 다시 김해부로 삼았다. 본조에서 그대로 따랐다. 공정왕(恭定王 태종) 때 고쳐 도호부로 삼았고, 혜장왕(惠莊王 세조) 때 진(鎭)을 설치하였다. 관장하는 면은 -원문 1, 2자 결락-개이다.

진관

도호부 1개 창원(昌原)

군 1개 함안(咸安)

현 5개 거제(巨濟), 칠원(漆原), 진해(鎭海), 고성(固城), 웅천(熊川)

관원

부사(府使), 교수(敎授) 각 1인이다.

군명 郡名

가락(駕洛), 가야(伽倻), 금관(金官), 금주(金州), 김녕(金寧)

276 안렴사……것이다 : 대본에는 본문으로 되어 있는데, 본서 건치연혁 서술 투식에 근거하여 원주로 번역하였다.

형승 形勝

옛 가야의 유허이다. 고려 정몽주(鄭夢周)의 산성기(山城記)[277]

서남쪽으로 큰 바다에 닿아 있다. 본조 권근(權近)의 시

산과 내가 수려하고 사람과 물산이 번창하다.

삼차수(三叉水)[278]**가 띠처럼 두르며 흐르고, 칠점산**(七點山)**이 굽이굽이 둘러싸고 있다.** 모두 안숭선(安崇善)의 동헌기(東軒記)에 있다.

풍속 風俗

풍속이 강인함과 대범함을 숭상한다. 관풍안(觀風案)

돌싸움〔石戰〕을 좋아한다. 매년 4월 8일부터 아이들이 무리로 모여 성 남쪽에서 돌싸움을 연습한다. 단오일이 되면 정장(丁壯)이 죄다 모여 좌우로 편을 갈라서는 기를 세우고 북을 울리면서 고함을 지르고 펄쩍펄쩍 뛰면서 비 오듯 돌을 던지는데, 승부가 결정되고서야 멈춘다. 다치거나 죽는 한이 있더라도 후회하지 않으니 수령도 금하지 못한다. 중종 경오년(1510, 중종5) 왜를 정벌할 때 돌을 잘 던지는 자를 선봉으로 삼았더니 적병이 앞으로 나아오지 못하였다.

277 정몽주(鄭夢周)의 산성기(山城記) : 〈김해산성기(金海山城記)〉이다. 《圃隱集 卷3》

278 삼차수(三叉水) : 김해를 지나는 낙동강을 말한다. 강물에 의한 퇴적으로 이루어진 삼각주가 강물의 흐름을 세 갈래로 갈라놓았다고 하여 이름한 것이다. 삼차강(三叉江)이라고도 한다.

산천 山川

분산(盆山) 부 북쪽 3리에 있다. 진산(鎭山)이다.

신어산(神魚山) 신(神) 자는 '선(仙)'으로도 쓴다. 부 동쪽 10리에 있다. 동쪽으로 낙동강에 임해 있다.

구지봉(龜旨峯) 부 북쪽 3리에 있다. 세상에서 수로왕이 하강하여 태어난 곳이라고 전한다.

가조산(加助山) 부 서쪽 5리에 있다.

운점산(雲岾山) 부 서쪽 5리에 있다.

장유산(長遊山) 부 남쪽 40리에 있다.

명월산(明月山) 부 남쪽 40리에 있다. 산 아래 구랑촌(仇良村)에 견조암(見助巖) 수참(水站)이 있어서 왜의 사신을 접대하였다. 산 정상의 바위틈에 굴이 있어 문을 이루었는데, 높이와 너비가 모두 5자쯤 되고 깊이가 7자쯤 되며 상하와 사방이 평평하고 반듯하다. 그 안쪽 중앙에 원지름이 3자 되는 구멍이 나 있고 구멍 속의 물은 깊이를 헤아릴 수 없는데, 그곳 사람들은 용추(龍湫)라고 부른다.

자암산(子巖山) 부 북쪽 35리에 있다.

식산(食山) 부 북쪽 30리에 있다. 남쪽으로 분산에 이어지며, 극히 높고 크다.

율천현(栗川峴) 부 남쪽 45리, 웅천현과의 경계에 있다.

웅저현(熊猪峴) 부 남쪽 38리에 있다.

진현(陳峴) 부 남쪽 37리에 있다.

노현(露峴) 하나는 부 서쪽 40리에 있고, 하나는 부 북쪽 15리에 있다.

능현(綾峴) 부 남쪽 30리에 있다.

금단곶(金丹串) 부 남쪽 50리에 있다. 목장이 있다.

바다(海) 부 남쪽에 있다.

낙동강(洛東江) 밀양, 창원의 경계에서 흘러들어 부 북쪽을 지나 뇌진(磊津)이 되고 꺾여서 동쪽으로 흘러 옥지연(玉池淵), 황산나루(黃山渡)가 되고, 또 남쪽으로 돌아 50여 리를 내달려 흐른 다음 세 하천(三浦)으로 나뉘어 바다에 들어간다. 이를 세속에서 삼차수라고 부른다. 양산군 칠점산이 두 갈래 물길의 사이에 있다. ○ 본조 강혼(姜渾)의 시[279]에,

김해 고을에 배를 대고	泊舟金海府
문득 진양산[280] 바라보니	却望晉陽山
넉넉한 구름 낀 하늘은 멀고	納納雲天遠
아득한 물나라 넓기도 해라	茫茫水國寬
강호에서 보내는 오늘 밤 흥겨우니	江湖今夜興
거문고와 술 있는 이내 삶 한가롭네	琴酒此生閑
내일이면 봉래섬 찾아가서	明日蓬萊島
신선 만나 연단술 배우리	尋眞學鍊丹

하였다.

태야강(台也江) 부 남쪽 40리에 있다.

호계(虎溪) 부성(府城) 가운데에 있다. 원류는 분산에서 나와 북쪽 성곽으로 흘러들어 성안을 지난 다음 남쪽 성곽을 통하여 강창포(江倉浦)에 들어간다. 그 수심이 얕아서 겨우 부들(束蒲)을 흘려 보낼 정도인데 지독한 가

279 강혼(姜渾)의 시 : 〈김해의 황산강에 쓰다(題金海黃山江)〉이다. 《木溪逸稿 卷1》

280 진양산(晉陽山) : 진양은 진주(晉州)의 옛 이름으로, 여기서 진양산은 진주의 지리산을 가리키는 듯하다.

뭄에도 마르지 않는다.

신교천(薪橋川) 부 서북쪽 30리에 있다. 원류는 창원부 염산(簾山)에서 나와 동북쪽으로 흘러 무송지(茂松池)에 합해지고 북쪽으로 흘러 낙동강에 들어간다.

강창포(江倉浦) 부 남쪽 6리에 있다.

주포(主浦) 부 남쪽 40리에 있다. 원류는 명월산에서 나와 남쪽으로 흘러 바다에 들어간다.

방포(防浦) 부 서쪽 5리에 있다. 원류는 노현에서 나와 남쪽으로 흘러 바다에 들어간다.

덕진포(德津浦) 부 서쪽 10리에 있다. 원류는 운점산에서 나와 동남쪽으로 흘러 바다에 들어간다.

덕도(德島) 부 남쪽 12리, 강 가운데에 있다.

죽도(竹島) 부 남쪽 10리, 강 가운데에 있다.

취도(鷲島) 부 남쪽 30리, 강물이 바다에 들어가는 곳에 있다. 백사장이 평평하게 펼쳐져 있고 둘레는 20리이다. 섬 남쪽에 바위 하나가 불쑥 바다에 솟아 있으니, 이름을 취암(鷲巖)이라고 한다. 섬 북쪽의 바다가 가장 깊은데, 선척이 정박하여 묵어가는 곳이다. 그곳을 취량(鷲梁)이라고 한다.

명지도(鳴旨島) 부 남쪽 바다 안에 있다. 물길로 40리이다. 동쪽으로 취도와 200보쯤 떨어져 있다. 둘레는 70리[281]이다. 큰비나 큰 가뭄, 큰 바람이 있으

281 70리 : 대본에는 '七里'로 되어 있고, 《신증동국여지승람》 권32 〈경상도 김해도호부〉 산천에는 '十七里'로 되어 있는데, 《만기요람(萬機要覽)》 〈군정편(軍政篇) 4 남해(南海)〉 및 《동여도(東輿圖)》에 근거하여 고쳐 번역하였다.

려고 할 때면 반드시 소리가 울리는데, 마치 천둥소리 같기도 하고 북소리 같기도 하고 종소리 같기도 하다. 그러나 이 섬에서 들으면 그 소리가 멀어서 어디에서 울리는지 알 수 없다.

전산도(前山島) 부 남쪽 5리에 있다.

곤지도(坤地島) 부 서남쪽 15리에 있다. 민간에서는 신라 때 이 섬이 국도(國都 경주(慶州))의 곤방(坤方) 지역에 해당하므로 그렇게 이름하였다고 전한다.

도요저(都要渚) 부 동쪽 30리에 있다. 강을 따라 민가가 있는데 거의 200여 호에 이른다. 집들이 빽빽하게 늘어서서 울타리가 서로 잇닿아 있는데, 농업을 일삼지 않고 오로지 뱃일에 종사한다. 바다에 들어가서 물고기를 잡아 상류 쪽 여러 고을에 판매하여 재산을 만든다. 풍속이 순박하여 한 집에 손님이 오면 여러 집에서 저마다 술과 음식을 가져와 예를 차리는데 모든 혼사나 상사, 제사에도 마찬가지이다. 어떤 집의 아내나 딸이 음행(淫行)을 저지르면 여러 집에서 회의를 하여 쫓아낸다. 지금 거주민이 많게는 400여 호에 이른다. 마을에 학업에 힘써 과거에 급제한 자가 있으니, 사람들이 다투어 학업을 권면하고 책을 읽는 자들이 자못 많다.[282]

주촌지(酒村池) 부 남쪽 15리에 있다. 둘레가 4230자이다.

순지(蓴池) 부 서북쪽 6리에 있다.

무송지(茂松池) 부 서쪽 35리에 있다.

삼백천지(三百川池) 부 서남쪽 15리에 있다.

282 지금……많다 : 《동국여지승람》 권32 〈경상도 김해도호부〉의 '신증(新增)' 부분을 인용한 것이므로 여기서 '지금'은 중종 연간을 지칭하는 것으로 보인다.

동지방지(東地方池) 부 동쪽 10리에 있다.

유등지(柳等池) 부 북쪽 5리에 있다.

해택지(海澤池) 부 동남쪽 6리에 있다.

토산 土産

철(鐵), 부 동쪽 감물야촌(甘勿也村)에서 난다. 죽전(竹箭), 덕지도(德只島)와 죽도에서 난다. 꿀〔蜂蜜〕, 황랍(黃蠟), 석류(石榴), 지치〔紫草〕, 표고버섯〔香蕈〕, 구기자(枸杞子), 오사(烏蛇), 산무애뱀〔白花蛇〕, 소금〔鹽〕, 숭어〔秀魚〕, 대구어(大口魚 대구), 청어(靑魚), 문어(文魚), 전복〔鰒〕, 농어〔鱸魚〕, 잉어〔鯉魚〕, 밴댕이〔蘇魚〕, 뱅어〔白魚〕, 웅어〔葦魚〕, 홍어(洪魚), 붕어〔鯽魚〕, 조개〔蛤〕, 자하(紫蝦 곤쟁이), 미네굴〔土花〕, 미역〔藿〕

성곽 城郭

부성(府城) 돌로 쌓았다. 둘레는 4683자이다. 문이 있다. 성안에 샘 28개와 내 1개가 있는데 사시사철 마르지 않는다. 고려 말에 부사 박위(朴葳)가 증축하였다. 정몽주의 기문[283]이 있다.

283 정몽주의 기문 : 〈김해산성기(金海山城記)〉이다. 《圃隱集 卷3》

학교 學校

향교(鄕校) 부 북쪽 3리에 있다. ○ 학사(學舍) 동쪽으로 시내에 걸쳐 정자를 지었으니 이름을 수헌(水軒)이라 한다. 고려 이곡(李穀)의 기문[284]이 있다.

신산서원(新山書院) -원문 6, 7자 결락-에 있다. 사당을 세워 조식(曺植)을 향사하고 신계성(申季誠)을 배향하였다.

궁실 宮室

객관(客館) 장헌왕(莊憲王 세종) 25년(1443)에 부 청사가 화재로 소실되어 부사 박눌생(朴訥生)이 중건하고 안숭선(安崇善)이 기문을 지었다.

영추당(迎秋堂) 서헌(西軒) 아래에 있다.

회로당(會老堂) 부성 북쪽에 있다. 바로 향사당(鄕射堂)이다. 성종 때 고을의 부로들이 세웠으며, 김일손(金馹孫)의 기문[285]이 있다.

연자루(燕子樓) 호계(虎溪) 위에 있다. 시내 양쪽 가에 돌둑을 쌓아 막고 물에 걸쳐 누정을 만들었다. ○ 고려 주열(朱悅)의 시에,

연자루 없어진 지 몇 해나 되었나	燕子樓亡問幾春
푸른 깁과 붉은 패옥은 이미 티끌 되었네[286]	碧紗朱玉已成塵

284 이곡(李穀)의 기문 : 〈김해부 향교 수헌기(金海府鄕校水軒記)〉이다. 《稼亭集 卷2》

285 김일손(金馹孫)의 기문 : 〈회로당기(會老堂記)〉이다. 《濯纓集 卷3》

286 연자루……되었네 : 연자루는 원래 당나라 정원(貞元) 연간에 상서(尙書) 장음(張愔)이 애첩 관반반(關盼盼)을 위해 지은 누각인데, 장음이 죽은 후에도 관반반이 옛일을 생각하여 재가하지 않고 홀로 이 누각에서 10여 년을 살았다고 한다. 《白樂天全詩集 燕子樓》 푸른 깁과 붉은 패옥은 당시 누정에서 노닐었던 관원과 기녀를 비유한 것으로 보인다.

호계의 오열 소리는 어느 때나 다하려나　　虎溪嗚咽何時盡
구름 흩어진 지 천년에 사람 보이지 않네　　雲散千年不見人

하였다. ○ 고려 정몽주의 시[287]에,

칠점산 앞에는 저녁 이내 비끼고　　七點山前暮藹橫
삼차수 나루터엔 푸른 물결 일렁이네　　三叉渡口綠波生
봄바람 부는 이월에 금주[288] 길손은　　春風二月金州客
마치 정말 강남 길을 가는 듯하네　　正似江南路上行

하였다. ○ 또,[289]

연자루 앞에 제비는 돌아왔건만　　燕子樓前燕子回
낭군은 한번 가더니 다시 안 오네　　郎君一去不重來
그 당시 손수 심은 매화나무는　　當時手種梅花樹
봄바람에 몇 번이나 꽃 피었던가　　爲問東風幾度開

하였다.

청심루(淸心樓) 남관(南館) 동쪽에 있다. 호계에 걸쳐 지었다.

매균각(梅筠閣) 예전에 동헌 북쪽에 있었는데, 지금 임금당(臨錦堂) 동쪽에 옮겨 지었다.[290]

임금당(臨錦堂) 연자루와 청심루 두 누각 사이에 있다. 성종 때 부사 우□

287 정몽주의 시 : 〈예전에 재상 야은 전 선생이 계림 판관이었을 때……(昔宰相埜隱田先生爲鷄林判官時……)〉이다. 《圃隱集 卷2》

288 금주(金州) : 김해의 옛 이름이다.

289 또 : 〈이 헌납에게 부치다. 경상도를 안행할 때 김해 연자루 앞에 손수 매화를 심었기 때문에 말한 것이다(寄李獻納按行時金海燕子樓前手種梅花故云)〉이다. 《圃隱集 卷2》

290 지금……지었다 : 《신증동국여지승람》 권32 〈경상도 김해도호부〉의 '신증' 부분을 인용한 내용이므로 '지금'은 중종 연간을 지칭하는 것으로 보인다.

(禹□)가 세웠다. 김일손의 기문[291]에 "물길 가운데에 집을 지었는데 동서쪽에 곁채가 있으며 굽이굽이 난간이 영롱하게 둘러 있다. 난간 아래 시냇물은 몸을 굽혀 손으로 움킬 만하며 시내와 당의 밝고 고움이 서로 비친다."라고 하였다.

함허정(涵虛亭) 연자루 북쪽에 있다. 부사 최윤신(崔潤身)이 세웠다. 호계를 끌어다 연당(蓮塘)을 만들고 정자를 그 가운데에 지어 지극히 맑고 상쾌하다. 김일손의 기문[292]이 있다.

산해정(山海亭) 부 -원문 6, 7자 결락-에 있다.[293] 본조 조식이 지은 별서(別墅)이다.

봉수 烽燧

분산 봉수(盆山烽燧) 남쪽으로 성화례산(省火禮山)에 응하고, 북쪽으로 자암산(子巖山)에 응한다.

성화례산 봉수(省火禮山烽燧) 부 남쪽 51리에 있다. 남쪽으로 웅천현 가덕도(加德島)에 응하고, 북쪽으로 분산에 응한다.

자암산 봉수(子巖山烽燧) 남쪽으로 분산에 응하고, 북쪽으로 밀양부(密陽府) 남산(南山)에 응한다.

291 김일손의 기문 : 〈임금당기(臨錦堂記)〉이다. 《濯纓集 卷3》

292 김일손의 기문 : 〈함허정기(涵虛亭記)〉이다. 《濯纓集 卷3》

293 부……있다 : 조식의 문인 문익성(文益成)의 연보에는 김해부 동쪽 20리에 있다고 기록되어 있다. 《玉洞集 玉洞文先生 年譜》

우역 郵驛

남역(南驛) 부 동쪽 5리에 있다.

덕산역(德山驛) 부 동쪽 37리에 있다.

금곡역(金谷驛) 부 북쪽 35리에 있다.

성법역(省法驛) 부 서쪽 28리[294]에 있다.

적항역(赤項驛) 부 남쪽 31리에 있다.

태산역(太山驛)[295] 태산부곡(太山部曲)[296]에 있다.

남정원(南亭院) 부 남쪽 5리에 있다.

이수원(梨樹院) 부 동쪽 15리에 있다.

황산원(黃山院) 부 동쪽 40리, 강 언덕에 있다. 고려 김극기(金克己)의 시에,

우뚝 솟은 누각 하나 시내 위에 걸쳐 있어	一簇危樓跨溪浮
올라 보니 만상이 다 그림으로 그릴 만하네	登臨萬象摠堪圖
마름 잠기고 버들 늘어선 강 마을은 가깝고	蘋河柳渚江村近
보리밭과 뽕밭 있는 들판 역참은 외롭구나	麥隴桑畦野驛孤

하였다.

흥복원(興福院) 부 서쪽 7리에 있다.

냉천원(冷泉院) 부 서쪽 30리에 있다.

---

294 28리 : 대본에는 '十八里'로 되어 있는데, 《신증동국여지승람》 권32 〈경상도 김해도호부〉 역원(驛院), 《김해읍지(金海邑誌)》, 《대동여지도》 등에 근거하여 고쳐 번역하였다.

295 태산역(太山驛) : 본책 〈창원도호부〉 공서(公署)의 자여도 찰방사(自如道察訪司) 관할 역에는 '大山'으로 되어 있는데, 동일한 역명이 혼용된 것으로 보아 그대로 번역하였다.

296 태산부곡(太山部曲) : 본부 고적에는 '大山部曲'으로 되어 있는데, 동일한 지명이 혼용된 것으로 보아 그대로 번역하였다.

노현원(露峴院) 노현 아래에 있다.

초령원(草嶺院) 부 남쪽 30리에 있다.

북정자원(北亭子院) 부 북쪽 7리에 있다.

삼기원(三岐院) 부 북쪽 10리에 있다.

해양원(海陽院) 부 북쪽 48리, 강 언덕에 있다.

태산원(太山院) 태산역 곁에 있다.

관량 關梁

금단곶보(金丹串堡) 부 남쪽 52리에 있다. 석성(石城)이다. 둘레가 2568자이고, 안에 큰 우물이 있다. 권관(權管)을 두어 머무르며 방수하게 한다.

방포교(防浦橋)

덕교(德橋) 덕포(德浦)에 있다. 배들이 그 아래를 지나 주촌지(酒村池)에 정박한다.

뇌진나루〔磊津渡〕 부 북쪽 48리에 있다. 혹은 해양강(海陽江)이라고 이름한다. 길이 밀양으로 통한다. 바로 낙동강 나루이다.

황산나루〔黃山渡〕 부 동쪽 40리에 있다. 길이 양산(梁山)과 동래(東萊)로 통한다. 일명 황산강(黃山江)이라고 한다. 고려 정포(鄭誧)의 시[297]에 "황산강이 깊어 건널 수 없는데, 둘러보니 백 리에 구름만 아득하구나.〔黃山江深不可渡 回望百里雲茫茫〕"라고 한 것이 바로 이곳이다. 또 부 동쪽 10리에 불암나루〔佛巖渡〕가 있으니, 동래로 바로 가는 이들은 이곳에서 배를

297 정포(鄭誧)의 시 : 〈황산가(黃山歌)〉이다. 《雪谷集 下》

타고 양산의 용당(龍堂)에서 묵는다.

사묘 祠廟

사직단(社稷壇) 부 서쪽에 있다.

문묘(文廟) 향교에 있다.

성황사(城隍祠) 분산에 있다.

여단(厲壇) 부 북쪽에 있다.

능묘 陵墓

수로왕(首露王) 묘 부 서쪽 300보에 있다. 매년 봄가을로 부중(府中)의 부로들이 함께 모여 제사를 지낸다. ○ 한(漢)나라 헌제(獻帝) 건안(建安) 4년(199)에 가야국 시조 수로왕이 훙서하니, 성 북쪽에 안장하고 능호를 납릉(納陵)이라고 하였으며, 능 옆의 밭 30경(頃)으로 봄가을 제사 지내는 비용에 충당하였다. 전해 오는 말에,

"신라 말에 장군 충지(忠至)가 금관성(金官城)을 진수(鎭守)할 때 영규(英規)라는 자가 장군의 위세를 빌려 묘향(廟饗)을 빼앗아 고제(告祭)를 지냈는데, 사당의 들보가 부러지면서 영규의 정수리를 덮쳐 죽게 하였다. 이에 충지가 겁이 나서 수로왕의 진영(眞影)을 그려서 사당 벽에 봉안하고 조석으로 제사 지냈는데, 사흘이 되자 진영에서 피눈물이 흘렀으므로 충지가 두려워서 태워 버렸다. 그 뒤에 도적 떼가 무덤을 파헤치려고 하였는데, 갑옷을 입은 용맹스러운 병사가 무덤에서 나와 활을

쏘아 도둑들이 놀라 달아났다. 며칠 뒤에 다시 왔는데 왕뱀이 능 곁에서 나와 사람을 물어 죽이니 도둑들이 모두 엎어지면서 달아났다. 순화(淳化) 2년(991, 성종10)에 양전사(量田使) 조문선(趙文善)이 능 밭을 반으로 줄이려 하였더니, 꿈에 신인(神人) 7, 8명이 칼을 들고 나타나 베어 죽이려고 하였으므로 조문선이 놀라 깨었는데, 병에 걸려 죽었다."

하였다. ○ 만력(萬曆) 8년(1580, 선조13)에 관찰사 허엽(許曄)이 무덤을 정비하였는데, 20년(1592)에 왜구에게 도굴당하였으므로 고을 사람들이 함께 봉분을 축조하였다. 뒤에 관찰사 허적(許積)이 증수하고 비를 세웠으며, 허목(許穆)이 그 음기(陰記)[298]를 지었다. ○ 서거정(徐居正)의 시[299]에,

금릉의 지난 일[300]을 뉘와 함께 논할꼬	金陵往事與誰論
천고에 수로왕의 무덤만 오직 남아 있네	千古唯存首露墳
구지곡[301]은 없어지고 사람도 보이지 않지만	龜旨曲亡人不見
가야금은 남아 있어 묘한 곡조 들을 만하네	伽倻琴在妙堪聞
동타가 묻힌[302] 옛 마을에 산들은 창끝 같고	銅駝故里山如戟

298 음기(陰記) : 〈가락국군 수로왕 납릉 비음기(駕洛國君首露王納陵碑陰記)〉이다.《記言 卷41》

299 서거정(徐居正)의 시 : 〈수로왕릉(首露王陵)〉이다.《四佳集 詩集 補遺3》

300 금릉(金陵)의 지난 일 : 금릉은 지금의 중국 남경(南京)이다. 전국 시대 초 위왕(楚威王)이 일찍이 이곳에 금을 묻어서 왕기(王氣)를 진압했기 때문에 금릉이라 이른 데서 온 말로, 제왕의 발상지를 가리킨다. 여기서는 김수로왕이 가야국을 처음 세운 일을 말한다.

301 구지곡(龜旨曲) : "거북아 거북아, 머리를 내밀어라. 만일 내밀지 않으면 구워 먹으리."이다.《삼국유사》에 의하면 아홉 추장이 구지에서 이 노래를 부르자 하늘에서 여섯 개의 황금 알이 내려왔는데, 이 황금 알이 여섯 가야국의 임금이 되었다고 한다.《三國遺事 卷2 紀異 駕洛國記》〈구지가(龜旨歌)〉, 〈영신군가(迎神君歌)〉, 〈구지봉영신가(龜旨峯迎神歌)〉라고도 한다.

302 동타(銅駝)가 묻힌 : 나라가 망한 것을 뜻한다. 동타는 한(漢)나라 때 낙양(洛陽)의 궁문

옹중이 서 있는 유허[303]에 나무들 구름 같구나　翁仲遺墟樹似雲
일백육십 년 동안 국운을 잘 누려 왔지만　百六十年能享國
가련타 황량한 무덤에 몇 번이나 석양 졌던고　可憐荒壟幾斜曛

하였다.

허비(許妣) 묘 구지산 동쪽에 있다. 수로왕의 비 허씨(許氏)는 호를 보주태후(普州太后)라 불리며, 고을 사람이 수로왕의 묘에 제사 지낼 때에 함께 제사 지냈다. ○ 만력 연간[304]에 허엽이 수로왕의 묘와 함께 정비하였는데, 뒤에 왜구에게 도굴당하였으므로 고을 사람들이 함께 봉분을 축조하였다. 뒤에 허적이 증수하고 비를 세웠으며,[305] 허목이 그 음기[306]를 지었다.

사찰 寺刹

감로사(甘露寺) 신어산 동쪽에 있다. 낙동강에 임해 있다. 송나라 이종(理宗) 가희(嘉熙) 1년(1237, 고종24)에 승려 해안(海安)이 창건하였다. 승려

밖에 비치한 구리로 주조한 낙타를 말하는데, 진(晉)나라 때 색정(索靖)이 천하가 장차 어지러워질 것을 미리 알고는 그 동타를 가리키며 탄식하여 말하기를 "네가 곧 가시덤불 속에 묻히는 것을 보게 되겠구나."라고 했다는 고사가 있다.《晉書 索靖列傳》

303 옹중(翁仲)이……유허 : 석인(石人)이 앞에 세워진 능묘를 뜻한다. 옹중은 진(秦)나라의 완옹중(阮翁仲)으로 키가 크고 용감하여 진 시황이 군사를 주어 임조(臨洮)를 지키게 하니, 그 위엄이 오랑캐들에게 떨쳐졌다. 옹중이 죽자 그의 모습을 동상으로 만들어 함양(咸陽) 궁문 앞에 세웠다고 한다.《天中記 卷21 長人》 옹중은 능묘 앞에 세우는 석상을 지칭하기도 한다.

304 만력 연간 : 만력 8년(1580, 선조13)이다.《記言 卷41 駕洛國普州許太后墓碑陰記》

305 뒤에……세웠으며 : 인조 24년(1646)의 일이다.《記言 卷41 駕洛國普州許太后墓碑陰記》

306 음기 : 〈가락국 보주 허 태후 묘비음기(駕洛國普州許太后墓碑陰記)〉이다.《記言 卷41》

몽암(蒙菴)의 기문이 있다. ○ 고려 안향(安珦)의 시에,

일엽편주로 잔잔한 물 따라 나는 듯 오니	一葉飛來鏡面平
장엄한 불전의 단청이 공중에 빛나누나	輝空金碧梵王城
고개 머리 푸른빛은 아지랑이 아니고	嶺頭蒼翠非嵐影
바위 위 졸졸 흐르는 물은 빗소리 같네	石上潺湲似雨聲
햇살 따스한 뜰에 핀 꽃은 옅은 녹색 감추고	日暖庭花藏淺綠
밤기운 서늘한 산에 뜬 달은 은은한 빛 보내네	夜涼山月送微明
백성을 염려해도 도탄에서 구하지 못하니	憂民未得湔塗炭
부들방석에 앉아 반평생 보내려 하오[307]	欲向蒲團寄半生

하였다.

금강사(金剛社) 부 북쪽 대사리(大寺里)에 있다. 고려 충렬왕이 합포(合浦)에 행차했을 때 이곳에 와서 노닐었다. 사(社)에 산다수(山茶樹)가 온 뜰을 덮고 있으므로 장군이라는 칭호를 내렸다. 사 남쪽에는 불훼루(不毁樓)가 있는데 경치가 매우 뛰어나다고 일컬어진다. ○ 본조 서거정의 시[308]에,

말굽 가는 대로 명승지를 다 돌아보고	歷盡名區信馬蹄
분성의 성 북쪽에 있는 절을 찾아들었네	盆城城北訪招提
금관은 옛 나라라 하늘도 땅도 늙었는데	金官故國乾坤老
왕이 와서 놀았던 세월 또한 아득하네	玉輦曾遊歲月迷
시조 왕릉은 그윽한데 산은 적적하고	始祖陵深山寂寂

307 백성을……하오 : 부들방석은 주로 승려가 좌선(坐禪)할 때와 고두(叩頭)할 때 사용하는 방석이다. 유생으로서 구세제민(求世濟民)을 하지 못하니, 절에서 중살이하며 여생을 보내고 싶다는 뜻이다.

308 서거정의 시 : 〈김해의 금강사(金海金剛社)〉이다. 《四佳集 詩集 補遺3》

장군 나무 늙었는데 풀은 무성하구나　　將軍樹老草萋萋
가야의 옛 유물인 거문고 아직 있으니　　伽倻古物琴猶在
미인에게 다시 나직이 노래 부르게 해야겠네　　要遣佳人唱更低

하였다.

구암사(龜巖寺), **십선사**(十善寺), **청량사**(淸涼寺) 모두 신어산에 있다.

이세사(離世寺) 신어산에 있다.

운점사(雲岾寺) 운점산에 있다.

진국사(鎭國寺), **명월사**(明月寺) 모두 명월산에 있다.

고적 古蹟

수로왕궁(首露王宮) 유지(遺趾)가 지금의 부 안에 있다. ○ 고기(古記)에, "신라 유리왕 18년(41)[309]에 가락국 구간(九干)[310] 아도(我刀) 등이 멀리 구지봉을 바라보니 이상한 기운이 있었다. 금합(金榼)을 발견하여 열어 보니 6개의 알이 있었다. 껍질을 깨고 여섯 동자가 나왔는데 영특하고 훤칠한 모습이었다. 무리들이 마침내 1인을 모셔 군주로 삼으니 바로 수로왕이다. 금합에서 나왔으므로 성을 김씨(金氏)라 하고 국호를 가야

309 유리왕 18년 : 《삼국유사》 권2 〈기이(紀異) 가락국기(駕洛國記)〉에는 '後漢光武帝十八年'으로 되어 있고, 《고려사》 권57 〈지리지〉 경상도 금주(金州)에는 '儒理王十八年'으로 되어 있다. 유리왕 18년은 후한 광무제 17년이므로 오류가 있는 듯하나, 근거가 불충분하여 그대로 번역하였다.

310 구간(九干) : 가야국의 백성을 통솔하는 9명의 추장을 말한다. 아도간(我刀干), 여도간(汝刀干), 피도간(彼刀干), 오도간(五刀干), 유수간(留水干), 유천간(留天干), 신천간(神天干), 오천간(五天干), 신귀간(神鬼干)이다. 《三國遺事 卷2 紀異 駕洛國記》

(伽倻)라 칭하였으니, 바로 한(漢)나라 광무제 18년(42)[311]이다. 나머지 5인은 각각 돌아가 다섯 가야의 군주가 되었고, 가락국은 뒤에 금관국으로 개칭하였다. 동쪽은 황산강으로, 서남쪽은 바다로, 서북쪽은 지리산으로, 동북쪽은 가야산(伽倻山)으로 경계를 삼았다. 수로왕은 재위 158년에 홍서하였고, 다음은 거등(居登), 다음은 마품(麻品), 다음은 거질미(居叱彌), 다음은 이시품(伊尸品), 다음은 좌지(坐知), 다음은 취희(吹希), 다음은 질지(銍知), 다음은 겸지(鉗知), 다음은 구해(仇亥)가 계승하여 왕이 되었으니 모두 491년이다."

하였다. ○ 다섯 가야는 다음과 같으니, 대가야(大伽倻)는 지금의 고령(高靈)이고, 소가야(小伽倻)는 지금의 고성(固城)이고, 벽진가야(碧珍伽倻)는 지금의 성주(星州)이고, 아나가야(阿那伽倻)는 지금의 함안(咸安)이고, 고령가야(古寧伽倻)는 지금의 함창(咸昌)이다. ○ 살피건대 고기에서 전한 금합의 설은 참으로 믿을 만하지 못하다. 또 최치원(崔致遠)의 설과 함께 모두 괴탄스럽고 서로 어긋나니 역시 근거 없는 말임을 알 수 있다. 최치원의 설은 고령현(高靈縣)에 보인다.[312]

망산도(望山島) 고기에 "수로왕 7년쯤에 왕후가 아유타국(阿踰陀國)에서 바다를 건너 이르렀는데, 왕이 유천간(留天干)[313]에게 명하여 망산도에서 기다리게 하고, 왕은 궁 서쪽에 휘장 친 임시 전각을 설치해 놓고서 기다렸다. 왕후가 배를 대고 육지에 올라 마침내 이르자, 휘장 친 임시 전각에

311 광무제 18년 : 위의 주309 참조.

312 최치원(崔致遠)의……보인다 : 본책 〈고령현〉 건치연혁에 실려 있다.

313 유천간(留天干) : 대본에는 '天干'으로 되어 있는데, 《삼국유사》 권2 〈기이 가락국기〉에 근거하여 보충하여 번역하였다.

서 맞아들인 다음 궁궐로 돌아와 왕후로 삼았다. 한(漢)나라 영제(靈帝) 중평(中平) 6년(189)에 훙서하니 수가 157세였다. 처음 와서 배를 댄 곳을 나라 사람들이 칭하여 주포(主浦)라 하였으니, 지금 세속에서 여전히 그 이름을 전하고 있다. 혹자는 왕후가 남천축국(南天竺國) 임금의 딸이라고 한다." 하였다.

진례성(進禮城) 부 서쪽 35리에 있다. 옛터가 남아 있다. 신라 때 김인광(金仁匡)을 진례성 제군사(進禮城諸軍事)로 삼았다.

분산성(盆山城) 돌로 쌓았다. 둘레가 1560자이다. 지금은 모두 퇴락하였다. 안에 우물 2개가 있는데 겨울과 여름에도 마르지 않는다.

조전성(漕轉城) 부 동쪽 18리에 있다. 돌로 쌓았고 둘레가 265자이다.

초현대(招賢臺) 부 동쪽 7리에 있는 작은 산이다. 세속에서 전하기를 "가락국의 거등왕(居登王)이 칠점산의 참시선인(旵始仙人)을 초빙하니, 참시가 배를 타고 거문고를 가져와서 함께 즐겁게 놀았으므로 그렇게 이름한 것이다."라고 한다. 왕이 앉았던 연꽃무늬 돌〔蓮花石〕과 바둑판 돌〔棋局石〕이 지금까지도 남아 있다. ○ 고려 왕강(王康)의 시에,

가야국의 지난 일 얼마나 지났는가	伽倻往事幾經春
적막한 금휘엔 뽀얀 먼지만 덮였네	寂寞琴徽掩素塵
다만 초현대 위에 달이 떠서	只有招賢臺上月
맑은 빛 그대로 예와 지금 사람 비추네	淸光猶照古今人

하였다.

왕후사(王后寺) 옛터가 장유산에 있다. 수로왕 8대손 질지왕이 휘장 친 임시 전각에서 왕후를 맞이한 땅에다 절을 세우고 이름을 왕후사라고 하였는데, 뒤에 절을 없애고 장사(莊舍)로 만들었다.

파사석탑(婆娑石塔) 호계 곁에 있다. 모두 5층으로, 돌 빛은 붉은색이 아롱져 있고 석질은 좋으면서 무르니, 조각이 매우 뛰어나다. 민간에 허후(許后) 때의 유물이라고 전해진다.

대산부곡(大山部曲)[314] 일명 엄산(嚴山)이라고 한다. 부 서북쪽 45리에 있다.

명환 名宦

신라

김인광(金仁匡), **충지**(忠至) 모두 장군으로서 금관성(金官城)을 진수(鎭守)하였다.

고려

송언기(宋彥琦) 고종 때 김해 부사가 되었다. 정사를 청렴하고 공평하게 행하였으며 일에 맞닥뜨려서는 잘 결단하였으므로 간활한 토호들이 서로 경계하며 악행을 삼갔다. 최고의 고과를 받아 부름을 받고 도병마녹사(都兵馬錄事)가 되었으며, 감찰어사로 승진하였다.

한강(韓康) 고종 때 김해 수령이 되었다. 이전에는[315] 전부(田賦 토지세)가 항

314 대산부곡(大山部曲) : 본부 우역에는 '太山部曲'으로 되어 있는데, 동일한 지명이 혼용된 것으로 보아 그대로 번역하였다.

315 이전에는 : 대본에는 '前屯'으로 되어 있는데, 《고려사》 권107 〈한강열전〉 및 《신증동국여지승람》 권32 〈경상도 김해도호부〉 명환에 '前此'로 되어 있는 데 근거하여 고쳐 번역하였다.

상 부과된 액수를 채우지 못하여 수령들이 파직당한 경우가 많았다. 한강은 본부에 부임하여 폐기된 둔전(屯田)을 다스려서 곡식 수천 섬을 수확하여 세금에 충당함으로써 백성들에게 세금을 더 걷지 않고 아전들은 농간을 부리지 못하였으니 백성들이 생업에 편안히 종사하였다. 오랜 뒤에 정사 고과에서 최고 점수를 받아 부름을 받고 예부 낭중이 되었다.

김훤(金晅) 원종 때 김해 방어사가 되었다. 밀성(密城) 사람이 수령을 살해하고 삼별초에 호응하여 군현에 통문을 보내니, 모두 바람에 쏠리듯이 그를 따랐다. 이에 김훤이 승병(勝兵 정예 군사)을 출동시켜 먼저 적의 진로를 차단하고 경주 판관 엄수안(嚴守安)을 불렀다. 엄수안이 이르자 함께 군대를 정돈하고 안렴사 이숙진(李淑眞)에게 고하여 적을 토벌할 계획을 세우도록 하였다. 그러나 이숙진은 겁내고 두려워하여 술승(術僧)을 불러 길흉을 점치게 하며 짐짓 일을 지연하였다. 김훤이 손에 든 검으로 그 중을 내리치니, 이숙진이 두려워하며 따랐다. 적이 듣고는 그 우두머리를 베고 항복하였다. 삼별초가 군사를 나누어 경상도로 향하려고 하였는데 금주(金州 김해)가 변방에 있으므로 먼저 적의 공격을 받았다. 김훤이 계략을 세워 방어하여 적이 들어오지 못하였으니 한 도가 그에 힘입어 안전하였다. 그 공을 논하여 본주를 승격하여 김녕부(金寧府)로 삼고 김훤을 예부 낭중에 제수하였으며 이어 도호(都護)로 삼아 진수하게 하였다.

최득평(崔得枰) 김해 부사가 되었다. 겸손함과 평온함으로 자신을 지켰으므로 아전과 군졸들은 공경하였고 백성들은 그 은혜에 고마워하였다.

안축(安軸) 충숙왕 때 금주 사록(金州司錄)[316]에 조용되었다. 공정하고 근검

316 금주 사록(金州司錄) : 대본에는 '全州司錄'으로 되어 있는데, 《고려사》 권109 〈안축열

하다고 일컬어졌다.

이우(李瑀) 김해 부사가 되었다. 은혜로운 정사를 남겼다.

박위(朴葳) 신우(辛禑) 때 김해 부사가 되었다. 당시 왜의 침략을 겪은 뒤라 파탄 지경이었는데, 박위가 성의를 다해 위무하고 보살펴 백성들이 소생하게 되어 훼손되고 결락된 것을 모두 힘을 다해 보수하고 일으켰다. 부 변경에 해구(海寇 왜구)가 들이닥쳤을 때 지킬 수 있는 성이 없었으므로 박위가 마침내 허물어진 곳을 보수하고 넓혀 쌓아서 견고하게 하였다. 적이 이르면 그때마다 바로 문을 닫고 공격하여 물리치니 백성들이 그 덕분에 보전하였다.

본조

안순(安純) 김해 판관이 되었다.

김치(金峙), **우균**(禹均), **윤기견**(尹起畎) 모두 김해 부사가 되었다.

이맹현(李孟賢), **하경리**(河敬履) 모두 김해 부사가 되었다.

손중돈(孫仲暾) 공희왕조(恭僖王朝 중종조)에 김해 부사가 되었다. 정사를 청렴하고 공명하게 행하여 관리들은 두려워하고 백성들은 고마워하였다.

박영(朴英) 공희왕조에 병조 참판으로서 기묘사화에 연좌되어 김해 부사로 좌천되었다. 비할 데 없이 청렴결백하였고 한결같이 성의를 다해 군사를 통솔하고 백성들을 위무하였으니, 옛 양리(良吏)의 풍도가 있었다.

전〉에 근거하여 고쳐 번역하였다.

인물 人物

신라

김무력(金武力) 수로왕의 9세손 구해왕의 아들로, 신주도 행군총관(新州道行軍摠管)이 되었다. 일찍이 군사를 거느리고 백제 왕을 잡아 베었다.

김서현(金舒玄) 김무력의 아들이다. 관직이 소판(蘇判) 대량주도독 안무대량주제군사(大梁州都督安撫大梁州諸軍事)에 이르렀다.

고려

허유전(許有全) 원종 말에 과거에 급제하여 관직이 정승(政丞)에 이르고 가락군(駕洛君)에 봉해졌다. 충선왕이 토번(吐蕃)에 유배되자 허유전이 민지(閔漬) 등과 함께 원나라에 가서 소환해 줄 것을 청하였다. 허유전이 당시 81세였고 처 또한 병이 위중하여 죽음이 임박하였으므로 만류하니, 답하기를 "사람은 모두 한 번은 죽는데, 어찌 처가 병들고 제 몸이 늙었다고 해서 임금을 잊고 스스로 편안할 수 있겠는가." 하고는 영결하고 떠나가니 듣는 자들이 감탄하였다.

김보(金普) 충혜왕조에 지밀직사사에 제수되고, 공민왕조에 첨의 평리(僉議平理)에 전보되었다. 연경(燕京) 사저(私邸)에서 공민왕을 시종한 공으로 1등에 녹훈되고, 김녕부원군(金寧府院君)에 봉해졌다.

송천봉(宋天逢) 충목왕 때 과거에 수석으로 뽑히고, 여러 관직을 거쳐 첨서밀직사사(簽書密直司事) 김해군(金海君)이 되었다. 문장에 능하고 과감히 간언한 것으로 세상에 이름이 났다. 시호는 문정(文貞)이다.

김유(金庾) 공민왕조에 여러 장수를 따라 홍적(紅賊)을 평정하고 서울을 수복하였다. 원나라에서 덕흥군(德興君)을 세울 때 김유가 사명을 받들고 원나라에 있었는데, 원나라에 있던 나라 사람들이 모두 따랐지만 김유는 절개를 고수하여 두마음을 품지 않았다. 돌아와서 김해군에 봉해지고 여러 번 승진하여 찬성사가 되었다. 신우(辛禑) 때 사명을 받들고 명나라에 갔는데, 황제가 대리(大理)에 유배 보내서 이듬해에야 풀려나 돌아왔다.

본조

김조(金銚) 초명은 김빈(金鑌)이다. 과거에 급제하여 집현전 제학을 지내고, 관직이 예조 판서에 이르렀다. 경사(經史)에 널리 통달하였으며 문장과 행실로 세상에 이름이 났다. 세종이 흠경각(欽敬閣)과 간의대(簡儀臺)를 창제할 때 김조가 김돈(金墩)과 함께 모두 참여하였다. 시호는 공간(恭簡)이다.

김극검(金克儉) 과거에 급제하고, 관직이 동지중추부사에 이르렀다. 성품이 청렴하고 개결하여 산업을 경영하지 않았다.

권형(權衡) 부모를 독실하고 효성스레 섬겼다. 과거에 급제하고 여러 관직을 거쳐 사간원 헌납으로 승진하였다. 뒤에 초계 군수(草溪郡守)에 제수되었는데 사직하고 돌아와서 부모를 봉양하였다. 부모가 돌아가시자 예에 지나치게 슬퍼하였고, 이후 관직에 나아가지 않았다. 온 고을 사람들이 효의(孝義)를 칭찬하였다.

열녀 列女

성이(性伊) 부 아전 허후동(許厚同)의 처이다. 20세에 지아비가 죽자 매일 조석으로 제전(祭奠)을 올려 애도와 정성을 극진히 하였다. 항상 강포(强

暴)한 자에게 더럽혀지는 일이 있을까 염려하여 칼과 노끈을 몸에 지니고 스스로 맹세하기를 "칼로 결행하지 못하면 노끈으로 목을 매리라." 하였다. 피눈물로 삼년상을 치르며 사람들과 대면한 적이 없었다. 본조 성종 때 정려(旌閭)하였다.

현금(賢今) 율생(律生) 배문생(裵文生)의 처이다. 지아비가 다른 여자를 좋아하여 버림을 받았는데 현금은 변함없이 시부모를 효성으로 섬겼다. 아버지가 개가시키려고 하였으나 현금이 따르지 않자 강제하니, 마침내 옷을 갈아입고 방에 들어가 스스로 목매어 죽었다.

창원도호부昌原都護府

동쪽으로 김해부(金海府) 경계까지 23리이다. 남쪽으로 웅천현(熊川縣) 경계까지 33리이다. 서쪽으로 함안군(咸安郡) 경계까지 37리, 칠원현(漆原縣) 경계까지 33리이다. 북쪽으로 칠원현 경계까지 32리이다. 서울과의 거리는 844리이다.

한전 旱田

수전 水田

건치연혁 建置沿革

본래 신라 굴자군(屈自郡)인데, 경덕왕 때 의안군(義安郡)으로 고쳤다. 고려 현종 때 금주(金州 김해)에 편입시키고 뒤에 다시 의안현을 설치하였다. 충렬왕 때 고쳐 의창현(義昌縣)으로 삼았다. 원나라 세조가 일본을 정벌할 때 군수 물자 등을 댄 공로가 있다 하여 이름을 고치고 그 관아를 승격하여 현령으로 삼았다. 본조 태종 때 회원현(會原縣)을 병합하고 승격하여 창원부로 삼았다가 얼마 안 되어 도호부로 고쳤다. 관장하는 면은

-원문 1, 2자 결락-개이다.

관원

부사(府使), 교수(敎授) 각 1인이다.

군명 郡名

의안(義安), 의창(義昌) 별호는 회산(檜山)이다.

형승 形勝

합포(合浦)는 거진(巨鎭)이다. 이첨(李詹)의 〈영성기(營城記)〉

호랑이가 웅크린 듯하고 용이 서린 듯하다. 김원덕(金元德)[317]의 시

산천 山川

첨산(檐山) 부 북쪽 1리에 있다. 진산(鎭山)이다. 서쪽으로 청룡산(青龍山)에 이어진다.

청룡산(青龍山) 부 서쪽 1리에 있다.

317 김원덕(金元德) : 《신증동국여지승람》 권32 〈경상도 창원도호부〉 형승 및 《회산지(檜山誌)》 등에 '金九德'으로 되어 있는데, 근거가 불충분하여 그대로 번역하였다.

봉림산(鳳林山) 부 남쪽 15리에 있다.

불모산(佛母山) 부 남쪽 30리에 있다.

염산(簾山) 부 동쪽 25리에 있다.

백월산(白月山) 부 북쪽 25리에 있다. 산 남쪽에 사자암(獅子巖)이 있는데, 신라 때 승려 노힐부득(弩肹夫得)[318]과 달달박박(怛怛朴朴)이 수도하던 곳이다.

전단산(旃檀山) 부 동쪽 25리에 있다.

반룡산(盤龍山) 부 남쪽 7리에 있다.

장복산(長福山) 부 남쪽 20리에 있다.

두척산(斗尺山) 회원폐현(會原廢縣)에 있다. 산봉우리 위에 고운대(孤雲臺)가 있고, 산 북쪽에 월영대(月影臺)가 있다. ○ 이첨의 시[319]에,

우뚝 솟은 저 두척산	蔚彼斗尺山
검푸른 빛이 구름 밖에 비꼈네	黛色橫雲表
동남쪽으로 푸른 바다를 굽어보니	東南壓滄溟
안개와 비 절로 흐렸다 갰다 하네	霧雨自昏曉
저 옛날 신선 되신 고운 선생은	伊昔孤雲仙
멀리 숲 끝자락에 집을 지었지	結構遠林杪
월영대 이리저리 거니노라니	逍遙月影臺

318 노힐부득(弩肹夫得) : 《삼국유사》 권4 〈탑상(塔像) 남백월이성 노힐부득 달달박박(南白月二聖努肹夫得怛怛朴朴)〉에 '努肹夫得'으로 되어 있는데, 후대에 혼용된 것으로 보아 그대로 번역하였다.

319 이첨의 시 : 〈두척산(斗尺山)〉이다. 《雙梅堂篋藏集 卷1》

정기가 가을 하늘과 함께 아득하네 氣與秋天杳

하였다.

광산(匡山) 두척산 서쪽, 함안과의 경계에 있다.

사현(私峴) 부 남쪽 30리, 웅천현과의 경계에 있다. 산길이 굽이굽이 돌아간다.

바다〔海〕 회원현(會原縣 회원폐현)에 있다.

낙동강(洛東江) 칠원(漆原)에서 흘러들어 부 북쪽 지경을 지나고 동쪽으로 흘러 김해 경계에 들어간다. 강둑 위에 예전에 작은 공관(公館)이 있었으니, 그곳에서 수로(水路)를 통해 왕래하던 왜국 사신을 접대하였다.

지이포(只耳浦) 부 남쪽 10리에 있다. 염분(鹽盆)이 있다.

사화포(沙火浦) 지이포와 5리 거리에 있다. 염분이 있다.

마산포(馬山浦) 회원폐현에 있다.

저도(猪島) 월영대 남쪽에 있다.

합포(合浦) 부 서쪽 10리에 있다. 고려 원종 15년(1274) 봄에 원나라 세조가 일본을 정벌하고자 하여 합포현(合浦縣)을 정동행성(征東行省)으로 삼고 홍다구(洪茶丘)에게 조서를 내려 김방경(金方慶) 등과 함께 합포에서 전함(戰艦)의 제조를 감독하게 하였다. 그해 겨울 10월에 김방경 등이 원나라 도원수[320] 홀돈(忽敦), 부원수 홍다구·유복형(劉復亨) 등과 함께 몽고 군사 2만 5000명, 우리 군사 8000명, 초공(稍工 사공)·인해(引海 뱃길 안내인)·수수(水手 수부(水夫)) 6700명, 전함 900여 척을 거느리고 일본을 정벌

320 원나라 도원수 : 대본에는 '元帥'로 되어 있는데, 《신증동국여지승람》 권32 〈경상도 창원도호부〉 산천에 '元都元帥'라고 한 데 근거하여 보충하여 번역하였다.

하였다. 일기도(一岐島)에 이르러 왜군을 패퇴시켰는데, 유복형이 유시(流矢)에 맞아 죽으니 결국 군사를 돌려 합포로 돌아왔다.[321] 7년이 지나 황제가 또 흔도(忻都)와 홍다구에게 명하여 김방경 등과 함께 다시 일본을 정벌하도록 하니, 왕이 직접 합포에 이르러 군대를 사열하였다. 황제가 또 범문호(范文虎)에게 만군(蠻軍 남만(南蠻) 군사) 10만 명을 거느리고 강남(江南)에서 출발하도록 하였다.

여음포(餘音浦) 회원폐현 서쪽 15리, 칠원 구산현(龜山縣)[322]과의 경계에 있다.

온정(溫井) 부 북쪽 20리에 있다.

풍속 風俗

풍속이 거칠고 사나움, 쟁송(爭訟)하기를 좋아한다. 지지(地志)

음사(淫祀)를 숭상하는데, 문헌은 없다. 본조 허목(許穆)의 〈월영대기(月影臺記)〉에 "그 풍속은 음사를 숭상하여 무당들이 날마다 북을 치면서 지전(紙錢)을 걸어 두고 기도한다. 다만 달리 징험할 만한 문헌은 없다." 하였다.

321 유복형이……돌아왔다 : 《고려사》 권104 〈김방경열전(金方慶列傳)〉에, 원수 홀돈이 군사가 지치고 물자가 부족하다는 이유로 회군을 결정하였는데, 이때 유복형이 화살에 맞아 먼저 돌아가는 배에 올랐고 전 군대가 뒤따라 회군하였다고 기록되어 있다.

322 구산현(龜山縣) : 구산폐현(龜山廢縣)을 말한다. 《東國輿地志 卷4 慶尙道 漆原縣 古蹟》

토산 土産

철(鐵), 불모산에서 난다. **연동석**(鉛銅石), 부 동북쪽 배사동(背寺洞)에서 난다. **대나무**〔竹〕, **석류**(石榴), **유자**〔柚〕, **감**〔柹〕, **옻**〔漆〕, **왜닥나무**〔倭楮〕, **소금**〔鹽〕, **조기**〔石首魚〕, **웅어**〔葦魚〕, **숭어**〔秀魚〕, **오징어**〔烏賊魚〕, **대구어**(大口魚 대구), **청어**(青魚), **황어**(黃魚), **홍어**(洪魚), **낙지**〔絡締〕, **붕어**〔鯽魚〕, **해삼**(海參), **미네굴**〔土花〕, **가사리**(加士里)

성곽 城郭

부성(府城) 돌로 쌓았다. 둘레는 4920자이다. 문 3개를 세웠고, 성안에 우물 1개와 못 1개가 있다.

공서 公署

우도 **병마절도사영**(右道兵馬節度使營) 옛 합포현에 있다. 부와의 거리는 서쪽으로 13리이다. 고려 공민왕 때 합포 옛 영이 전란으로 불탔으므로 신우(辛禑) 초에 이곳에 옮겨 설치하였다. 부원수 배극렴(裵克廉)이 석성(石城)을 쌓았으니, 성 둘레는 594보이다. 4개의 문을 세웠으니, 동문은 원인(元仁)이라 하고 남문은 회례(會禮)라 하고 서문은 회의(懷義)라 하고 북문은 용지(勇智)라 한다. 이첨(李詹)의 영기(營記)가 있다. 본조에 들어와 그대로 우도 절도사영으로 삼았다. ○ 당시 또 진주(晉州)로 영을 옮겼다.

자여도 찰방사(自如道察訪司) 부 동쪽 19리에 있다. 자여(自如), 근주(近

珠), 창인(昌仁), 대산(大山),[323] 신풍(新豐), 파수(巴水), 춘곡(春谷), 영포(靈浦), 금곡(金谷), 덕산(德山), 성법(省法), 적항(赤項), 안민(安民), 보평(報平), 남역(南驛) 등 15개 역을 관할한다. ○ 찰방 1인이 있다. 예전에는 승(丞)이었고 지금은 참하찰방(參下察訪)을 둔다.

학교 學校

향교(鄕校) 부 북쪽 1리에 있다.

회원서원(檜原書院) 부 -원문 1, 2자 결락-에 있다. □□ 연간에 세웠다. 사당이 있어 정구(鄭逑)를 향사하였다.

궁실 宮室

객관(客館)

벽한루(碧寒樓) 객관 서쪽에 있다.

벽허루(碧虛樓) 객관 동쪽에 있다.

장성루(將星樓) 합포 절도사영에 있다. 성종 때 절도사 구겸(具謙)이 세웠다. ○ 서거정(徐居正)의 시[324]에,

제일 남쪽 고을에 자리한 합포영에는 第一南州蛤浦營

323 대산(大山) : 본책 〈김해도호부〉 우역에는 '太山驛'으로 되어 있는데, 동일한 역명이 혼용된 것으로 보아 그대로 번역하였다.

324 서거정(徐居正)의 시 : 〈창원의 장성루〔昌原將星樓〕〉이다. 《四佳集 詩集 補遺3》

성명한 때 장수들이 다 호걸이어서 明時節制盡豪英
삼천의 용사들은 금사진을 펼치고[325] 三千貔虎金蛇陣
백이의 산하[326]는 철옹성을 쌓았네 百二山河鐵甕城
백성은 우모를 좋게 보아 기쁜 기색이 있고[327] 民樂羽旄欣有色
호령은 군사에 엄하여 소리 없이 조용했지 令嚴士馬寂無聲
장군은 이미 변방의 책략에 익숙한 터라 將軍已熟籌邊略
손수 은하수 끌어다 갑옷과 병기 씻었네[328] 手挽天潢洗甲兵

하였다.

연빈루(燕賓樓) 바로 동헌의 별루(別樓)이다. 성종 때 부사 이영분(李永賁)이 세웠으며, 홍귀달(洪貴達)이 명명하고 기문[329]을 지었다.

325 금사진(金蛇陣)을 펼치고 : 군사들이 위용과 철저한 전투태세를 갖추었다는 말이다. 금사진은 대오(隊伍)를 길게 늘어세우는 진법으로, 사진(蛇陣) 또는 일자장사진(一字長蛇陣)의 일종인 듯하다.

326 백이(百二)의 산하(山河) : 험고한 지형을 뜻한다. 《사기》 〈고조본기(高祖本紀)〉에 "진(秦)나라는 지세가 뛰어난 나라로, 산하가 험고하고 천 리 멀리 떨어져 있어 제후의 군사 백만을 진나라는 백분의 이로 당할 수 있다." 한 데서 나온 말이다.

327 백성은……있고 : 우모(羽旄)는 새의 깃으로 장식한 깃발인데, 여기서는 장수에 비유하였다. 장수가 변방을 잘 진수하여 백성들과 즐거움을 같이한다는 뜻이다. 맹자가 양 혜왕(梁惠王)에게 이르기를 "지금 왕께서 여기서 사냥을 하시면 백성들이 왕의 거마 소리를 듣고 아름다운 깃발을 보고는 모두 흔연히 기쁜 기색이 있어 서로 말하기를 '우리 왕이 행여 병환이 없으신가. 어떻게 사냥을 하시는고.'라고 하면, 이는 다름이 아니라 백성과 더불어 즐거움을 같이하였기 때문입니다. 지금 왕께서 백성과 더불어 즐거움을 같이하신다면 왕천하를 하실 것입니다." 한 데서 나온 말이다. 《孟子 梁惠王下》

328 손수……씻었네 : 왜의 침략을 막아 전쟁을 끝낸 것을 말한다. 두보(杜甫)의 〈세병마(洗兵馬)〉에 "어찌하면 장사로 하여금 은하수를 끌어와서, 갑병을 깨끗이 씻어 영원히 쓰지 않게 할꼬.〔安得壯士挽天河, 淨洗甲兵長不用?〕"라고 한 데서 나온 말이다. 《杜少陵詩集 卷6》

329 기문 : 〈연빈루기(燕賓樓記)〉이다. 《虛白亭集 卷2》

열례정(悅禮亭) 북문 서쪽에 있다. 무예를 사열하던 곳이다.

봉수 烽燧

성황산 봉수(城隍山烽燧) 부 서쪽 15리에 있다. 동쪽으로 웅천현 고산(高山)에 응하고, 북쪽으로 칠원현 안곡산(安谷山)에 응한다.

여음포 봉수(餘音浦烽燧) 동쪽으로 웅천현 사화랑산(沙火郎山)에 응하고, 북쪽으로 웅천현 고산에 응한다.

우역 郵驛

자여역(自如驛) 부 동쪽 19리에 있다. 찰방사 본역이다.

근주역(近珠驛) 부 서쪽 16리에 있다.

신풍역(新豐驛) 부 동쪽 4리에 있다.

안민역(安民驛) 부 남쪽 27리에 있다.

임견역(臨見驛)[330] 부 동쪽 20리에 있다.

감계원(甘界院) 부 북쪽 12리에 있다.

선원(禪院) 부 남쪽 1리에 있다.

안민원(安民院) 안민역 곁에 있다.

330 임견역(臨見驛) : 《신증동국여지승람》 권32 〈경상도 창원도호부〉 역원(驛院) 등에는 '臨見院'으로 되어 있다. 본부 공서(公署)의 자여도 찰방사에서 언급한 15개 관할 역에 들어 있지 않은 것으로 보아 '임견원'인 듯하나, 근거가 불충분하여 그대로 번역하였다.

전현원(錢縣院) 부 북쪽 25리에 있다.

의장원(儀仗院) 부 북쪽 35리에 있다.

안성원(安成院) 부 서쪽 30리에 있다.

적옥원(迪屋院) 부 서쪽 10리에 있다.

영빈원(迎賓院) 부내(府內) 5리에 있다.

관량 關梁

□교(□橋)

주물연나루〔主勿淵渡〕 부 북쪽 40리에 있다. 바로 낙동강 나루이다.

사묘 祠廟

사직단(社稷壇) 부 서쪽에 있다.

문묘(文廟) 향교에 있다.

성황사(城隍祠) 부 북쪽 검산(檢山)에 있다.

여단(厲壇) 부 북쪽에 있다.

능묘 陵墓

최윤덕(崔潤德) 묘 부 북쪽 20리에 있다.

사찰 寺刹

봉림사(鳳林寺) 봉림산에 있다. 신라 때 집사시랑(執事侍郎) 최인곤(崔仁滾)이 비문을 지은 승려 진경(眞鏡)의 탑비가 있다.

광산사(匡山寺), **만월사**(滿月寺) 모두 두척산에 있다.

고적 古蹟

회원폐현(會原廢縣) 부 서쪽 15리에 있다. 본래 신라 골포현(骨浦縣)인데, 경덕왕 때 합포로 고치고 의안군 영현으로 삼았다. 고려 현종 때 금주에 병합하였다가 뒤에 다시 합포현을 설치하였다. 충렬왕 때 원나라 세조가 왜국을 정벌하는 데 군수 물자 등을 대어 준 공로가 있다 하여 승격하여 회원 현령(會原縣令)으로 삼았다. 본조 태종 때 편입시켰다.

합포(合浦) **옛 병영**〔舊營〕 부 서쪽 28리, 회원폐현 서쪽에 있다. 고려 충렬왕 때 원나라 세조가 일본을 정벌하면서 이곳에 임시로 정동행성을 설치하고, 흔도(忻都)를 보내 군사를 거느리고 머물러 진수하도록 하였다. 그가 돌아가자 본국으로 하여금 수신(帥臣)을 두게 하고 합포 원수영(合浦元帥營)으로 삼아 호남과 영남 두 지방을 모두 총괄 감독하게 하였다. 고려 말에 병영이 전란으로 불타자 그 동쪽 -원문 1, 2자 결락-리에 옮겨 설치하였다. 지금 성과 못의 옛터가 남아 있다.

월영대(月影臺) 합포 옛 병영 남쪽에 있다. 석대(石臺)가 바다에 임해 있으니, 신라 최치원(崔致遠)이 노닐던 곳이다. 글을 새긴 돌이 있는데 글자가 마모되고 떨어져 나갔다. ○ 고려 정지상(鄭知常)의 시에,

푸른 물결 아득한 곳에 바위 우뚝 솟았고　　碧波浩渺石崔嵬

그 안에 신선 같은 학사님의 석대 있네만　中有蓬萊學士臺
노송 드리운 제단 가에 잡초만 무성하고　松老壇邊荒草合
구름 낀 하늘 끝에 돛단배 떠오누나　雲低天末片帆來
한평생 풍아 즐겨 새로운 시구 찾았고　百年風雅新詩句
만 리 강산 다니며 한 잔 술 마셨는데　萬里江山一酒盃
돌아보니 신라 땅에 사람은 안 보이고　回首鷄林人不見
달빛만 공연히 해문 비추며 서성대네　月華空照海門迴

하였다. ○ 본조 이황(李滉)의 시[331]에,

늙은 나무 기이한 바위 푸른 바닷가에　老樹奇巖碧海堧
고운 선생 노닌 자취 모두 연기 되고　孤雲遊跡摠成煙
지금은 오직 높은 대에 달만 남아서　只今唯有高臺月
그 정신 간직하여 내게 전해 주누나　留得精神向我傳

하였다.

염산고성(簾山古城) 부 동쪽 23리에 있다. 돌로 쌓았다. 둘레는 8328자이다. 안에 작은 도랑 8개, 큰 우물 1개가 있다.

명환 名宦

고려

안향(安珦) 충렬왕 때 부지밀직사사(副知密直司事)로서 합포를 진수하였

331 이황(李滉)의 시 : 〈월영대(月影臺)〉이다. 《退溪集 卷1》

다. 군사를 위무하고 백성들을 구휼하여 주군(州郡)이 편안해졌다.

나익희(羅益禧) 합포를 세 차례 진수하였다. 청렴하고 성실하며 자애롭고 은혜로웠다고 일컬어졌다.

김륜(金倫) 충숙왕 때 경상 전라 도순문사(慶尙全羅都巡問使)로서 합포를 진수하였다. 호령이 엄격하면서 분명하였고 사졸을 정밀하게 훈련시켰으므로 군장(軍將)이 감히 사태가 급하다는 핑계로 사사로이 백성들을 괴롭히지 못하였다. 원나라 사신이 와서 보고 공경하고 감복하였다.

안우기(安于器) 충숙왕 때 외직으로 나가 합포를 진수하였다. 사람들이 청렴하고 재간이 있다고 일컬었다.

김득배(金得培) 공민왕조에 합포를 진수하였다.

정사도(鄭思道) 공민왕 때 합포를 진수하였다. 호령이 분명하고 엄숙하여 사졸들이 경외하며 따랐다.

전녹생(田祿生) 공민왕 때 합포를 두 차례 진수하였다. 변방 일을 익히 알고 정통하였다.

홍사우(洪師禹) 공민왕 때 경상도 도순문사가 되어 합포를 진수하였다. 청렴하고 성실하여 스스로 지조를 지켰으므로 관리와 백성들이 경외하며 애중하였다. 왜가 구산현(龜山縣) 삼일포(三日浦)를 침략하자 홍사우가 가서 공격하니, 적이 패주하여 산에 올라갔다. 홍사우가 군사를 지휘하여 승세를 타고 사면에서 공격하여 적병을 무수히 베고 사로잡았으며 노획한[332]

332 노획한 : 대본에는 없는데, 《고려사절요(高麗史節要)》 권29 공민왕 22년 2월 기사에 "홍사우가 수백 급을 참수하고 노획한 무기를 바쳤다."라고 한 데 근거하여 보충하여 번역하였다.

병장기 또한 이루 다 기록할 수 없다. 뒤에 군민들이 그 공을 추모하였다.

본조

이징석(李澄石), **조비형**(曺備衡), **하경복**(河敬復) 모두 합포를 진수하였다.

신공제(申公濟) 중종 초에 왜가 남쪽 변방을 침략하여 창원이 잔폐하였다. 신공제가 사인(舍人)을 거쳐 외직으로 나와 부사가 되었는데, 부지런하고 검소하게 정사를 행하여 유망민(流亡民)들이 생업을 되찾고 부고(府庫)가 충실해졌다. 마침내 그 빚 문서〔逋券〕를 가져다가 모조리 불태우니 백성들이 크게 기뻐하였다. 또 생도들을 모아 과정을 두어 가르쳤다. 상이 그 정사를 듣고는 글을 내려 칭찬하고 특별히 통정대부로 품계를 올려 주었다. 뒤에 또 본도 관찰사가 되었다.

유우 流寓

황석기(黃石奇) 본래 원나라 사람인데, 고려 공민왕 때 노국공주를 따라 우리나라에 와서 회산부원군(檜山府院君)에 봉해졌다. 자손들이 창원을 관향(貫鄕)으로 삼았다.

인물 人物

고려

황상(黃裳) 황석기의 아들이다. 충혜왕 때 호군에 제수되었다. 공민왕 때 판추밀원사로 전보되었는데, 기철(奇轍)을 주벌한 공으로 일등공신이 되었다. 왕이 홍적(紅賊)을 피하여 남쪽으로 행차할 때 호종하고, 교주 강릉도 도만호(交州江陵道都萬戶)가 되어 안우(安祐) 등과 함께 서울을 수복하였다. 이에 익찬 공신(翊贊功臣)에 녹훈되고 찬성사에 제수되었으며 회성부원군(檜城府院君)에 봉해졌다. 원나라가 홍적을 평정한 공으로 봉훈대부(奉訓大夫) 경정감승(經正監丞)에 제수하였다. 활을 잘 쏘아서 천하에 알려지니, 원나라 순제(順帝)가 일찍이 직접 그 팔을 끌어다 보기도 하였다.

손수경(孫守卿) 충혜왕을 따라 원나라에 가서 공로가 있었으므로 일등공신에 녹훈되었다. 또 충정왕을 모시고 원나라에 갔으니, 충정왕이 즉위하자 추성선력 익대 정원 공신(推誠宣力翊戴定遠功臣) 판삼사사(判三司事)를 하사받고 의창부원군(義昌府院君)에 봉해졌다.

본조

조호익(曺好益) 젊어서부터 학문과 행실로 이름이 알려졌다. 도사(都事)에게 모함을 당하여 강동(江東)에 유배되었다. 후생들을 가르쳐 인도하니, 멀리서 찾아와 배우는 자들이 매우 많았다. 만력(萬曆) 연간에 소경왕(昭敬王 선조)이 왜구를 피해 서쪽으로 행차하면서 그 명성을 듣고 소모관(召募官)으로 삼도록 하였다. 조호익이 마침내 문인들과 함께 호소하고 회유하여 500여 명을 얻고서 충의로써 격려하니 선비들이 모두 감동하여 승첩을 많이 거두었다. 이에 왕이 절충장군(折衝將軍)으로 승진시키라고 명하였다. 성천 부사(成川府使), 안주 목사(安州牧使)를 역임하였다. 뒤에 영천(永川)으로 돌아가자 불러서 관직을 제수하였으나 대부분 나아가지 않았다. 죽은 뒤 이조 참판에 증직되었다. 조호익은 신의가 독실하고 학문을 좋아하였고 예법에 맞는 행실이 매우 뛰어나 날마다 반드시 의관을 정제하였으며 부지런히 후학들을 가르치고 인도하였다. 호는 지산(芝山)이다. 저술로는 시문(詩文) 2권, 《심경질의고오(心經質疑考誤)》, 《가례고증(家禮考證)》, 《주역석해(周易釋解)》, 《역상추설(易象推說)》 등의 책이 있다.

함안군咸安郡

동쪽으로 창원부(昌原府) 경계까지 25리이다. 서쪽으로 진주(晉州) 경계까지 31리이다. 남쪽으로 진해현(鎭海縣) 경계까지 27리이다. 북쪽으로 의령현(宜寧縣) 경계까지 38리이다. 서울과의 거리는 864리이다.

한전旱田

수전水田

건치연혁建置沿革

옛 아시량국(阿尸良國)이다. 일명 아나가야(阿那伽倻)라고 한다. 신라 법흥왕이 그 지역을 병합하여 군(郡)으로 삼았고, 경덕왕 때 고쳐서 함안군으로 삼았다. 고려 성종 때 함주(咸州)로 삼았고, 현종 때 다시 함안으로 고치고 곧이어 금주(金州 김해(金海))에 편입시켰다. 명종 때 다시 함안을 떼어 내 현으로 삼았고, 공민왕 때 군으로 삼았다. 현 사람 주영찬(周英贊)의 딸이 명나라에 들어가 궁인이 되어 총애를 받았으므로 승격한 것이다. 본조에서 그대로 따랐다. 관장하는 면은 17개이다.

관원

군수(郡守), 훈도(訓導) 각 1인이다.

군명 郡名

아시량(阿尸良), 함주(咸州) 별호는 금라(金羅)이다.

형승 形勝

북쪽에 긴 강이 있고 삼면이 산으로 막혀 있다. 허목(許穆)의 《함안지(咸安志)》에 "북쪽에 긴 강이 있고 삼면이 산으로 막혀 있다. 산등성이와 언덕이 서로 이어져 있고, 높고 마른 땅과 낮고 습한 들판이 넓게 펼쳐져 있다." 하고, 또 이르기를 "그 지역의 서쪽과 북쪽은 물이 많고 동쪽과 남쪽은 토질이 척박하다." 하였다.

풍속 風俗

그 풍속이 검박함을 숭상하고 예와 의를 사모하며 농사와 누에치기에 힘쓴다. 지지(地志)

농사와 누에치기를 섞어서 한다. 허목의 《함안지》

산천 山川

여항산(餘航山)[333] 군 서남쪽 15리에 있다. 진산(鎭山)이다. 그 꼭대기에 있는 산 바위는 낙수받이 댓돌 같고, 한낮에도 바위 골짜기 사이에서 신묘한 퉁소 소리가 들린다. 그 위에 운기가 때로 나와 미산(眉山)에 모이면 비를 뿌리는데, 미산은 바로 그 서북쪽의 별봉(別峯)이다. 본조 선조 때 일찍이 가뭄이 들어 비를 빌었으며 이어 사단(祠壇)을 설치하였다.

파산(巴山) 군 동남쪽 15리에 있다. 서쪽으로 여항산에 이어진다.

생동산(生童山) 군 동남쪽 23리에 있다. 서쪽으로 파산에 이어진다. 이 산 북쪽 산록의 별봉에 있는 옛 성을 동지산성(冬只山城)이라고 하는데 층층의 벼랑에 돌로 쌓았다.

광려산(匡廬山) 생동산이 동쪽으로 뻗쳐서 이 산이 된다.

자구산(紫丘山) 군 -원문 3, 4자 결락-에 있다.[334] 그 동남쪽 어지러운 봉우리 사이에 2개의 성이 있는데 모두 포덕산성(飽德山城)이라 일컬어지며 그 연대는 알 수 없다.

용화산(龍華山) 군 북쪽 40리, 진수(晉水) 가에 있다.

방어산(防禦山) 일명 방아산〔碓山〕이라고 한다. 군 서쪽 20리,[335] 진주 반성현(班城縣)[336]과의 경계에 있다. 바로 미산 서쪽 산록의 별산(別山)이다. 산

333 여항산(餘航山) : 여(餘) 자를 '여(艅)'로 표기하기도 한다.《澗松集 續集 卷1 次蒙臺從兄遊艅航山韻》《咸安郡志 山川》

334 군……있다 : 《함주지(咸州誌)》 산천에는 "군성 동북쪽 15리쯤에 있다."라고 되어 있다.

335 20리 : 《신증동국여지승람》 권32 〈경상도 함안군〉 산천 및 《함주지》 산천에는 '三十里'로 되어 있는데, 근거가 불충분하여 그대로 번역하였다.

336 반성현(班城縣) : 반성폐현(班城廢縣)을 말한다.《東國輿地志 卷4 慶尙道 晉州牧 古蹟》

세가 험하고 막혔으며 잇따라 10여 리에 뻗쳐 있어 군의 서쪽 병풍이 된다. 그 꼭대기에 있는 옛 보루 위에 장군사(將軍祠)가 있으니, 고려 말 상장군(上將軍)[337] 우인열(禹仁烈)이 이곳에서 왜군을 이겼으므로 후인이 사당을 지어 제사 지냈다. 혹자는 "고려 묵 장군(墨將軍)의 사당"이라고 한다.[338]

봉산(蓬山) 군 -원문 3, 4자 결락-에 있다.[339] 바로 미산 북쪽 산록의 작은 산이다. 험하고 뾰족하게 세 번 솟아서 세 봉우리가 되었는데, 군의 사방 지경의 가장 중앙에 있다.

대현(大峴) 군 남쪽 25리에 있다.

진수(晉水) 진주 지경에서 흘러 들어와 군 서쪽 40리를 지나서 의령현과의 경계를 나눈다. 또 동북쪽으로 흘러 영산현(靈山縣) 경계에 이르러 낙동강(洛東江)에 합류한다.

대천(大川) 원류는 여항산에서 나와 동쪽으로 군 남쪽 10리에 이르러 모여서 도장연(道場淵)이 되며, 군 동쪽 1리를 지나 북쪽으로 흘러 진수에 들어간다.

파계(巴溪)[340] 파산에서 나와 흘러 군 북쪽에 이르고 대천과 합해진다.

초천(椒泉) 자구산 서쪽에 있다. 7월에도 샘의 기운이 차므로 병을 치유하

337 상장군(上將軍) : 《고려사》 권114 〈우인열열전(禹仁烈列傳)〉에는 '上護軍'으로 되어 있고, 《함주지》 산천에는 '上元帥'로 되어 있는데, 근거가 불충분하여 그대로 번역하였다.

338 혹자는……한다 : 조임도(趙任道)가 방어산에 올라 지은 글에서, 옛날 묵 장군이 적을 막았던 곳이라고 하였다. 《澗松集 續集 卷3 防禦山東臺登覽序》

339 군……있다 : 《함주지》 산천에는 "군성 북쪽 13리에 있다."라고 되어 있다.

340 파계(巴溪) : 《신증동국여지승람》 권32 〈경상도 함안군〉 산천 및 《함주지》 산천에는 '巴水'로 되어 있는데, 근거가 불충분하여 그대로 번역하였다.

기 위해 목욕한다.[341]

도장연(道場淵) 군 남쪽 10리에 있다. 대천의 물이 여기에 이르러 고여서 못이 되는데 깊이를 헤아릴 수 없다. 매양 가뭄이 들 때마다 희생을 담가 비를 빈다.

토산 土産

종이〔紙〕, **대나무**〔竹〕, **옻**〔漆〕, **표고버섯**〔香蕈〕, **꿀**〔蜂蜜〕, **황랍**(黃蠟), **모시**〔苧〕, **감**〔柹〕, **석류**(石榴), **매실**(梅實), **대추**〔棗〕, **밤**〔栗〕, **은구어**(銀口魚 은어), **잉어**〔鯉魚〕, **붕어**〔鯽魚〕

성곽 城郭

군성(郡城) 본조 공희왕(恭僖王 중종) 때 처음 석성(石城)을 쌓았고 공헌왕(恭憲王 명종) 10년(1555)에 증축하였다. 둘레는 7003자이다. 동쪽, 남쪽, 북쪽에 문이 있다. 성안에 우물이 75개가 있다.

학교 學校

향교(鄉校) 군 서쪽 2리에 있다.

341 초천(椒泉)……목욕한다 : 초천이 《함주지》 산천에는 '냉천(冷泉)'으로 되어 있는데, "예로부터 병자들이 그곳에서 목욕하면 혹 효험이 있었다고 한다."라고 하였다.

궁실 宮室

객관(客館)

청범루(淸範樓) 객관 동쪽에 있다. 세종 7년(1425)에 군수 우승범(禹承範)이 지었고, 관찰사 하연(河演)이 명명하였다. 홍여방(洪汝方)의 기문에 "누각 이름에 군수의 이름을 쓴 것은 그 사람을 잊지 않으려는 것이고, '청(淸)' 자를 더한 것은 그 사람의 덕을 사모하는 것이다." 하였다.

봉수 烽燧

파산 봉수(巴山烽燧) 남쪽으로 진해현 가을포(加乙浦)에 응하고, 북쪽으로 의령현 가막산(可莫山)에 응한다.

우역 郵驛

춘곡역(春谷驛) 군 서쪽 11리에 있다.

파수역(巴水驛) 군 서쪽 4리, 파계 가[342]에 있다.

이현원(伊峴院) 군 동쪽 31리에 있다.

인비원(仁庇院) 군 동쪽 10리에 있다.

342 파계 가 : 대본에는 '巴溪山'으로 되어 있는데, 《신증동국여지승람》 권32 〈경상도 함안군〉 역원(驛院) 및 《함주지》 역원에 '巴水上'이라고 한 데 근거하여 고쳐 번역하였다. 파수(巴水)는 382쪽 주340 참조.

이음원(梨陰院), 대평원(大平院)[343] 모두 군 남쪽 7리에 있다.

어속원(於束院) 군 서쪽 27리에 있다.

월촌원(月村院) 군 서쪽 37리에 있다.

관량 關梁

대현관(大峴關) 대현 위에 있다. 《함안지》에 "생동산과 파산이 동서로 서로 이어져 있는데 그 사이에 길이 난 곳이 대현이다. 돌로 쌓은 옛 관의 유지(遺址)가 남아 있다." 하였다.

정암나루〔鼎巖渡〕 군 서쪽 40리에 있으니, 바로 진수(晉水) 나루이다. 그 북쪽은 바로 의령현 지경이다.

사묘 祠廟

사직단(社稷壇) 군성(郡城) 서쪽에 있다.

문묘(文廟) 향교에 있다.

성황사(城隍祠) 예전에는 군 북쪽 5리에 있었는데, 지금은 군 남쪽 6리로 옮겼다.

향현사(鄕賢祠) -원문 3, 4자 결락-에 있다. 인조 때 고을 사람이 세워 박한주(朴漢柱)를 향사하고, -원문 다수 결락-

343 대평원(大平院) : 《함주지》 역원에는 '太平院'으로 되어 있는데, 근거가 불충분하여 그대로 번역하였다.

여단(厲壇) 군 북쪽에 있다.

능묘 陵墓

어변갑(魚變甲) 묘 자구산 서쪽 산록에 있다.

사찰 寺刹

주리사(主吏寺), 미산사(眉山寺) 모두 여항산에 있다.

사자사(獅子寺) 용화산에 있다.

아견사(阿見寺) 풍탄(楓灘) 남쪽 언덕에 있다.

청송사(青松寺) 용화산 북쪽 강가에 있다. 아름다운 절이다. 고려 말 칠원백(漆原伯) 윤환(尹桓)이 폐허가 된 땅에 별원(別院)을 짓고서 청송사라고 하였다고 한다.

송방사(松坊寺) 방어산에 있다.

고적 古蹟

옛 나라(古國)[344] 유허 군 북쪽 백사리(白沙里)에 옛 나라 유허가 있다. 우곡(牛谷) 동서쪽 언덕 위에 옛 무덤이 있는데, 높이가 각각 두어 장(丈)이 되는 것이 40여 개소이다. 모두 그 나라 임금이 안장된 곳이라고 고로(古老)

344 옛 나라 : 여섯 가야국의 하나인 아시량국이다.

들이 전해 온다.

고현무현(古玄武縣) 군 -원문 3, 4자 결락-에 있다. 본래 신라 소삼현(召彡縣)인데, 경덕왕 때 현무현으로 고치고 뒤에 강등하여 소삼부곡(召彡部曲)으로 삼았다.

방어산성(防禦山城) 돌로 쌓았다. 둘레가 920자이고, 안에 우물이 1개 있었다. 지금은 허물어졌다.

성점고성(城岾古城)[345] 군 동쪽 5리에 성점고성이 있다. 돌로 쌓았고 둘레가 3605자이다. 지금은 허물어졌다.

명환 名宦

본조

우승범(禹承範) 세종 때 함안 군수가 되었는데, 청렴하고 대범하며 인자하고 은혜로웠으므로 백성들이 그 정사를 즐거워하여 오래도록 잊지 못하였다.

정조(鄭慥), **권형**(權衡) 모두 함안 군수가 되었다. 명성과 공적이 있었다.

강백진(康伯珍), **이충걸**(李忠傑) 모두 함안 군수가 되었다. 정사를 잘 행하였다는 명성이 있었다.

정구(鄭逑) 선조조에 함안 군수가 되었다. 정사를 행하면서 교화를 근본으로 삼아 선현과 지절(志節) 있고 효성스러운 이들의 묘소와 정려(旌閭)를

345 성점고성(城岾古城) : 대본에는 '城站古城'으로 되어 있는데, 본군 고적 및 《함주지》 고적에 근거하여 고쳐 번역하였다.

정비함으로써 사람들이 흥기하여 본받도록 하였다. 수해나 한재가 들 때마다 반드시 몸소 기도하여 모두 효험을 보았다.

인물 人物

고려

이방실(李芳實) 충목왕을 따라 원나라에 들어가 시종한 공로가 있었으므로 충목왕이 즉위하자 중랑장(中郎將)에 보임되었다. 공민왕조에 대호군(大護軍)으로 전보되었다. 선성 달로화적(宣城達魯花赤) 노연상(魯連祥)이 반란을 일으켰을 때 용주(龍州) 군사를 거느리고 몰래 강을 건너 곧장 노연상의 집으로 들어가 그 부자를 찔러 죽이고 그들의 머리를 서울로 보냈다. 공민왕 8년(1359)[346]에 홍두적(紅頭賊) 위평장(僞平章) 모거경(毛居敬) 등이 의주(義州)를 함락하였을 때 이방실이 안우(安祐), 김득배(金得培) 등과 함께 진격하여 무릇 아홉 번 싸워 아홉 번 이기는 전승을 거두고 개선하였으므로 추성협보 공신(推誠協輔功臣)을 하사하였다. 공민왕 10년에 홍건적이 삭주(朔州)를 침략하자 이방실이 도지휘사가 되어 군사를 이끌고 공격하였다. 경성(京城 개경)이 함락되자 진군하여 급히 공격하여 10여 만 명을 베고 경성을 수복하였다. 김용(金鏞)은 이방실 등이 큰 공을 세워서 임금이 중하게 여길까 우려한 나머지 조서를 위조하여 이방실 등으로

346 8년 : 대본에는 '七年'으로 되어 있는데, 《고려사》 권39 〈공민왕세가〉 8년 12월 8일 및 권113 〈이방실열전〉 등에 근거하여 고쳐 번역하였다.

하여금 정세운(鄭世雲)을 죽이게 하고는 그것으로 죄목을 만들어 이방실을 죽였다.

조순(趙純) 공양왕 때 요동 정벌의 군역에 좌중군(佐中軍)으로서 우리 태조를 따라 위화도(威化島)에 이르렀는데, 뭇사람들이 회군(回軍)을 논의하자 조순이 노하여 말하기를 "번국(藩國)이 상국(上國)을 공격하는 것 자체도 불가한 일인데, 명을 청하지 않고 갑자기 회군하는 것은 더욱 불가하다." 하고는 떠나가 귀향하고 종신토록 나가지 않았다. 태조가 건국하고 나서 그 의리를 높이 여겨 불러들이려 하였으나 뜻을 굽히지 않았다. 그 마을에 하마비(下馬碑)를 세워 그 지절(志節)을 표하도록 명하였다.

본조

조순(趙舜) 문과에 급제하고, 관직이 이조 참판에 이르렀다.

어변갑(魚變甲) 그 선조는 함종(咸從) 사람인데 뒤에 군 사람이 되었다. 아버지 어연(魚淵)은 유일(遺逸)로서 대구 현령에 제수되었다. 고려 말에 상례(喪禮)가 폐해져 행해지지 않았는데 어연이 홀로 3년의 복제(服制)를 행하였다. 어변갑은 태종조에 문과에 수석으로 급제하고 집현전에 뽑혀 들어가 여러 번 승진하여 직제학이 되었다. 부모가 연로하다는 이유로 사직하고 남쪽으로 돌아와 양친을 효성으로 봉양하였으며, 여러 번 불렀으나 나아가지 않았다. 예전부터 있었던 화식계권(貨息契券)[347]을 모두 가져다 태웠으며, 평생 한 번도 읍재(邑宰)를 구하는 일이 없었다. 세상을 뜨자 조

347 화식계권(貨息契券) : 일종의 차용 증서로 이자를 붙여 재화를 빌려주는 것을 기록한 문권이다.

야(朝野)에서 그 행의(行義)를 애석해하였다.

어효첨(魚孝瞻) 어변갑의 아들이다. 문과에 급제하고, 집현전에 들어가 대각(臺閣)의 직임을 고루 역임하였으며 관직이 판중추원사에 이르렀다. 시호는 문효(文孝)이다. 세종조에 오래 집현전에 있으면서 상소하여 건의한 것이 매우 많았다. 당시 술사(術士) 이현로(李賢老)가 궁성의 북로(北路)를 막기를 청하고 또한 도성 안의 내와 도랑에 오물을 투하하는 것을 금지하기를 청하였다. 이에 어효첨이 상소하기를 "운조(運祚 국운)의 길고 짧음은 모두 천명에 관계된 일이고, 인심이 떠나고 머묾은 참으로 지리에 상관이 없습니다. 지금 상께서 성명(聖明)하시나 한번 그 설대로 하시면 말류의 폐해를 구제할 수 없을 것이니, 신은 전조(前朝 고려)의 비보(裨補)의 설[348]이 뒤따라 일어날까 염려됩니다." 하니, 상이 이르기를 "효첨의 논의가 정직하다." 하고 마침내 이현로의 말을 듣지 않았다. 어효첨은 부모상에 3년 동안 여묘하며 마을을 나가지 않았고, 조부모상에도 정례(情禮)를 똑같이 하였으므로 향당에서 지극히 효성스러운 집안이라고 칭송하였다. 일찍이 대사헌이 되었을 때 모든 관료들이 서로 경계하며 말하기를 "어공이 사헌부를 맡았으니 우리들은 조금도 해이해지면 안 되겠다." 하였다.

어세겸(魚世謙) 어효첨의 아들이다. 과거에 급제하고, 예종조에 익대 공신

348 비보(裨補)의 설 : 지덕(地德)의 도움을 받아 국운에 이익을 준다는 풍수지리설을 말한다. 고려는 태조 이래 국사(國師) 도선(道詵)의 이러한 지리설이 모든 영건 사업을 주도하여 군현의 터와 도로, 누정에까지 영향을 미쳤다. 특히 비보의 설로 개창된 절을 비보사사(裨補寺社)라고 하여 중시하였으며, 신종 때는 산천의 보호를 받아 국기(國基)를 연장해야 한다고 하여 산천비보도감(山川裨補都監)이 설치되기도 하였다.《高麗史 卷18 毅宗世家 22年 3月, 卷77 百官志2》

(翊戴功臣)에 참여하였으며 함종부원군(咸從府院君)에 봉해졌다. 관직은 좌의정에 이르렀다. 시호는 문정(文貞)이다. 문형(文衡)을 관장하였으며, 기개와 도량이 남들보다 뛰어나 사소한 의절(儀節)에 구애하지 않았다.

어세공(魚世恭) 어세겸의 아우이다. 과거에 급제하고, 세조조에 적개 공신(敵愾功臣)이 되고 관직이 호조 판서에 이르렀으며 아성군(牙城君)에 봉해졌다. 시호는 양숙(襄肅)이다.

조려(趙旅) 고상한 뜻과 탁월한 행실이 있었다. 노산군 1년(1453)에 진사가 되었다. 세조 때 세상을 피하여 스스로 지조를 지켰고, 호를 어계은자(漁溪隱者)라 하였다.

이맹현(李孟賢) 세조 때 문과에 장원으로 급제하였고, 관직이 관찰사에 이르렀다.

이교(李郊) 성종 때 사람이다. 아버지 이주(李周)가 국학(國學)에서 유학하다가 객사하였다. 이교의 나이가 아직 어렸는데 그가 반구(返柩)하여 장사 지내는 것을 보고 모두 효성스럽고 또 예를 안다고 하였다. 집이 가난해도 학문에 힘쓰며 어머니를 모신 것이 50년이니 향당에서 모두 그 어짊에 탄복하였다. 장사와 제례를 행할 때 그 거처와 곡읍을 보는 자들이 크게 감동하여 일컫기를 "함안 효자의 초상이다." 하였다. 아들 이원성(李元盛) 또한 효행이 있었다.

박한주(朴漢柱) 김종직(金宗直)의 문하에서 유학하여 강직하며 문학이 있었다. 성종 때 과거에 급제하였다. 정언과 헌납을 역임하였는데, 언사가 곧고 간절하였다. 연산주(燕山主)가 끝내 잘못을 고치지 않는 것을 보고 외직에 전보되기를 구하여 예천 군수(醴泉郡守)로 나갔다. 결국 사화에 연좌되어 해를 입었는데, 죽는 날에 천둥 번개가 크게 치고 낮이 캄캄해졌다.

일찍이 우졸자(迂拙子)라 자호하였다. 중종 초에 도승지에 추증되었다.

이전(李琠)[349] 강궁(强弓)을 잘 쏘아 공명(功名)을 얻기를 다짐하였는데, 뒤에 분발하여 책을 읽으며 스스로 수행하여 깨끗이 하였다. 산중에 집을 짓고 자제들을 가르치니 배우는 이들이 날로 진취하여 효도와 우애를 독실히 실행하였다.

조종도(趙宗道) 조려의 5세손이다. 아버지 조언(趙堰)은 송인수(宋麟壽)에게 수학하여 지행(志行)이 있었다. 조종도는 어려서부터 뛰어나고 거리낌이 없었다. 선조 연간에 진사로서 두 현의 현감을 역임하였는데[350] 모두 정사를 청렴하게 행한 것으로 알려졌다. 임진년(1592, 선조25)에 왜란이 일어나자 의병을 일으켜 적을 무찔렀다. 병신년(1596)에 함양 군수가 되었다. 이듬해에 왜가 다시 쳐들어오자 곽준(郭逡)과 함께 황석산성(黃石山城)에 들어가 적을 방어하였는데, 성이 함락되자 곽준과 함께 북향하여 재배를 올렸다. 이조 판서에 추증되었다.

오운(吳澐) 널리 서책을 열람하고 기억을 잘하였다. 관직에 임하여 직책을 잘 수행하였다. 선조조에 경주 부윤이 되었다. 광해군 -원문 5, 6자 결락-년에 난리로 인하여 영천(榮川)에 우거하였다.[351] 일찍이 《동사찬요(東史纂

349 이전(李琠) : 대본에는 '李腆'으로 되어 있는데, 《간송집(澗松集)》 권3 〈이 처사 사적(李處士事蹟)〉 및 《함주지》 우거(寓居)에 근거하여 고쳐 번역하였다.

350 두……역임하였는데 : 양지(陽智), 문경(聞慶), 금구(金溝), 단성(丹城) 등의 현에 부임한 기록이 있다. 《大笑軒逸稿 年譜》

351 선조조에……우거하였다 : 오운의 연보와 묘갈명 등에 의하면, 오운은 광해군 즉위년(1608) 7월에 경주 부윤에 제수되고 광해군 8년에 청송 부사에 부임하였으며 이듬해 병으로 사직하고 귀향하였다. 영천에 우거한 것은 앞서 선조 34년(1601)으로 기록되어 있다. 《竹牖集 年譜, 附錄下 墓碣銘》 여기에서 "난리로 인하여"라 한 것도 의미가 불분명하나, 근거가 불충분

要)》를 지었다. 아들 오여벌(吳汝橃)은 부사가 되었다.

열녀 列女

이씨(李氏) 효자 이교(李郊)의 딸로 사인(士人) 강운(姜沄)의 처가 되었는데, 절부(節婦)로서 정표(旌表)되었다.

하여 그대로 번역하였다.

거제현巨濟縣

해도(海島) 가운데 있다. 동쪽으로 옥포(玉浦) 해안까지 20리이다. 서쪽으로 견내나루〔見乃渡〕 해안까지 37리이다. 남쪽으로 탑곶(塔串) 해안까지 41리이다. 북쪽으로 영등포(永登浦) 해안까지 50리이다. 서울과의 거리는 1044리이다.

한전 旱田

수전 水田

건치연혁 建置沿革

본래 신라 상군(裳郡)인데, 경덕왕 때 거제군으로 고쳤다. 고려 현종 때 강등하여 현으로 삼았고, 원종 때 왜구로 인하여 그 지역을 비우고 거창(居昌)의 가조현(加祚縣)에 임시로 우거하였다. 가조현에 임시로 우거하면서 인하여 그곳을 거제로 칭하였다. 충렬왕 때 관성(管城 옥천(沃川))에 병합하였다가 얼마 안 되어 파하였다. 본조 태종조에 거창과 병합하여 제창현(濟昌縣)으로 칭하다가 또 얼마 안 되어 파하였다.[352] 본조 장헌왕(莊憲王

세종) 14년(1432)에 비로소 본섬으로 돌아와 현으로 삼았다. 관장하는 면은 6개이다.

관원

현령(縣令), 훈도(訓導) 각 1인이다.

군명 郡名

상군(裳郡)

형승 形勝

사면이 모두 바다로 둘러싸여 있다. 고려 이규보(李奎報)의 〈부임하는 이 사관을 전송하는 서〔送李史館赴任序〕〉[353]에 "거제는 남쪽 지방의 가장 끝 변방에 있는데, 사면으로 모두 망망대해가 광활하게 펼쳐져 있고 독한 안개가 푹푹 찌는 듯하며 거센 태풍이 그치지 않는다." 하였다.

서쪽으로 고성(固城)에 통한다. 서쪽으로 고성에 통하니, 물을 사이에 두고 마주 보고 있다.

352 본조……파하였다 : 태종 14년(1414)에 거창과 병합하여 제창현으로 칭하다가 이듬해에 병합을 파하고 거창현을 분리하였다. 《국역 세종실록 지리지 경상도 거제현》

353 이규보(李奎報)의……서 : 〈거제에 부임하는 이 사관을 전송하는 서〔送李史館赴官巨濟序〕〉이다. 《東國李相國集 全集 卷21》

대마도(對馬島)와 서로 바라보인다. 본조 이보흠(李甫欽)의 〈신성기(新城記)〉에 "거제현은 넓고 큰 바다 가운데에 있으며 대마도와 서로 바라보인다." 하였다.

풍속 風俗

풍속이 검박함을 숭상한다. 관풍안(觀風案)

산천 山川

계룡산(鷄龍山) 현 남쪽 5리에 있다. 진산(鎭山)이다.

가라산(加羅山) 현 남쪽 20리에 있다. 목장이 있다. 대마도가 바라보이는 가장 가까운 곳이다.

증산(甑山) 현 서쪽 43리에 있다.

주산(主山) 현 남쪽 12리에 있다.

구천동(九川洞) 가라산 동쪽에 있다. 둘레가 119리이다. 목장이 있다.

사도(沙島) 옛 현〔古縣〕 동쪽에 있다. 고려 고종 때 왜적이 침략해 오자 현령 진용갑(陳龍甲)이 수군을 이끌고 사도에서 싸웠는데, 적이 밤에 달아났다.

산달도(山達島) 현 서쪽에 있다. 둘레가 32리이다. 목장이 있다.

칠천도(漆川島) 현 동쪽에 있다. 둘레가 51리이다. 목장이 있다.

한산도(閑山島) 현 남쪽 바다 가운데, 50리 거리에 있다. 둘레가 50리이다. 대마도와 서로 바라보인다. ○ 선조 임진년(1592, 선조25)에 통제사 이순신이 왜선을 이곳에서 크게 격파하였다.

주원도(朱原島) 둘레가 45리이다.

외비진도(外非辰島) 둘레가 25리이다.

내비진도(內非辰島) 둘레가 15리이다.

매매도(每每島) 둘레가 44리이다.

오아도(吾兒島) 둘레가 14리이다.

대죽도(大竹島) 이상은 모두 현 남쪽 바다 가운데에 있다.

유자도(柚子島) 현 북쪽에 있다. 대, 소 2개의 섬이 있다. 온 섬에 유자나무가 가득하다.

대좌이도(大左伊島) 현 서쪽에 있다. 대, 소 2개의 섬이 있다.

바다〔海〕 현 사면이 모두 바다이다. 서쪽으로 고성(固城) 지경과의 거리가 5리이고, 북쪽으로 창원(昌原)·웅천(熊川) 지경과의 거리가 30리이며, 동쪽과 남쪽으로 큰 바다에 연해 있다.

사등포(沙等浦) 현 북쪽 10리에 있다.

탑포(塔浦) 송변폐현(松邊廢縣)에 있다. 목장이 있다.

오비포(吾非浦) 현 북쪽 20리에 있다.

가이포(加耳浦) 현 북쪽 25리에 있다.

하청포(河淸浦) 현 북쪽 20리, 하청부곡(河淸部曲)에 있다.

사외포(絲外浦) 현 동쪽 30리에 있다.

황포(黃浦) 현 동쪽 43리에 있다.

간다포(間多浦) 현 서쪽 20리에 있다.

명진포(溟珍浦) 명진폐현(溟珍廢縣)에 있다.

산촌포(山村浦) 현 남쪽 16리에 있다.

죽림포(竹林浦) 현 북쪽 20리에 있다. 열읍(列邑)의 전선(戰船)을 숨겨 두는 곳이다.

오양포(烏壤浦) 현 서쪽 34리에 있다.

구천(九川) 현 남쪽 25리에 있다. 원류는 주산에서 나와 서쪽으로 흘러 산촌포에 들어간다.

토산 土産

구리〔銅〕, 현 남쪽 15리에서 산출된다. 우리나라에 예전에는 구리가 없었는데, 금상[354] 때 통제사 이지형(李之馨)이 사람을 모아 왜공(倭工)의 고주법(鼓鑄法)을 배우게 하고 이곳에서 동혈(銅穴 동광(銅鑛))을 찾아내 주조하였으니 이로부터 그 방법이 전파되었다. 왜닥나무〔倭楮〕, 유자도에 심는다. 옻〔漆〕, 궁삭목(弓槊木 애끼찌), 꿀〔蜂蜜〕, 황랍(黃蠟), 유자〔柚〕, 치자(梔子), 석류(石榴), 표고버섯〔香蕈〕, 지황(地黃), 산무애뱀〔白花蛇〕, 수달(水獺), 소금〔鹽〕, 조기〔石首魚〕, 청어(靑魚), 숭어〔秀魚〕, 대구어(大口魚 대구), 전복〔鰒〕, 준치〔眞魚〕, 문어(文魚), 농어〔鱸魚〕, 홍어(洪魚), 전어(錢魚), 상어〔鯊魚〕, 낙지〔絡締〕, 조개〔蛤〕, 해삼(海參), 미역〔藿〕

성곽 城郭

현성(縣城) 돌로 쌓았다. 둘레가 3638자이다. 문이 있으며, 성안에 샘 3개와

354 금상 : 현종을 말한다. 이지형은 현종 7년(1666)에 통제사에 제수되었다. 《顯宗實錄 7年 10月 19日》

못 2개가 있다. 노산군 초에 축성되었다.

공서 公署

우도 수군절도사영(右道水軍節度使營) 현 남쪽 37리에 있다. 석성(石城)이 있는데, 둘레가 3620자이고 안에 샘 1개와 못 1개가 있다. 산달포(山達浦)에서 오아포(烏兒浦)로 옮겼다.

영등포 만호진(永登浦萬戶鎭) 현 북쪽 49리에 있다. 석성이 있는데, 둘레가 1068자이고 안에 시내 1개가 있다. ○ 수군만호(水軍萬戶) 1인이 있다.

옥포 만호진(玉浦萬戶鎭) 현 동쪽 19리에 있다. 석성이 있는데, 둘레가 1074자이고 안에 우물 1개와 못 1개가 있다. ○ 수군만호 1인이 있다. 만력(萬曆) 임진년(1592, 선조25)에 전라 수사 이순신이 옥포 앞바다에서 왜선을 격파하여 적선 30여 척을 불태웠다.

조라포 만호진(助羅浦萬戶鎭) 현 동쪽 28리에 있다. 석성이 있는데, 둘레가 1890자이고 안에 샘 1개가 있다. ○ 수군만호 1인이 있다.

지세포 만호진(知世浦萬戶鎭) 현 동쪽 29리에 있다. 석성이 있는데, 둘레가 1605자이고 안에 시내 2개가 있다. ○ 수군만호 1인이 있다. ○ 본국 사람이 일본에 갈 경우는 반드시 여기에서 바람을 살피고 배를 띄워 대마도로 향한다.

학교 學校

향교(鄕校) 현 서쪽 1리에 있다.

궁실 宮室

무이루(撫夷樓) 현 서쪽 30리, 바닷가 언덕에 있다. 견내나루가 그 아래에 있다. 본조 하연(河演)의 시에,

옛 섬은 의관부터 다르고	古島衣冠異
원수의 호령은 신 같도다	元戎號令神
작은 거룻배는 북쪽 길로 통하고	葦航通北路
거친 풍속은 동쪽 이웃과 접했네	獷俗接東隣
바다가 고요하니 요사한 기운 그쳤고	海晏妖氣息
시절이 청명하니 교화가 날로 새롭다	時淸化日新
온 마을에 밥 짓는 연기 넉넉하니	一區煙火足
모두 다 태평성대 백성이어라	盡是太平民

하였다.

만경루(萬景樓), **청해루**(靑海樓), **임해정**(臨海亭) 모두 오아포에 있다.

황취루(黃翠樓) 객관 북쪽에 있다.

해안정(海晏亭) 오아포에 있다.

봉수 烽燧

계룡산 봉수(鷄龍山烽燧) 남쪽으로 가라산에 응하고, 서쪽으로 고성현(固城縣) 미륵산(彌勒山)에 응한다.

가라산 봉수(加羅山烽燧) 북쪽으로 계룡산에 응한다.

우역 郵驛

오양역(烏壤驛) 현 서쪽 34리, 오양포 변에 있다. 연산군 6년(1500)에 역에 보(堡)를 설치하고 돌로 성을 쌓았는데, 둘레가 2150자이다. 권관(權管)을 두어 지키게 한다.

관방 關防

율포보(栗浦堡) 현 동쪽 33리에 있다. 석성이 있는데, 둘레가 900자이다. 권관을 설치하여 지키게 한다.

견내나루〔見乃渡〕 세속에서 견내량(見乃梁)이라고 부른다. 현 서쪽 30리에 있으니, 바로 바다 나루〔海津〕이다. 고성(固城)에서 이곳을 건너 본현에 들어온다. ○ 본조 정이오(鄭以吾)의 시에,

멀리 바라보니 바다 드넓고	曠望海空闊
돌아보니 산이 얽혀 있는데	顧瞻山糾紛
세월은 예와 지금 변했건만	光陰今古變
조수는 가고 옴이 분명하구나	潮汐往來分
나발 소리는 가을 하늘을 뚫고	畫角穿秋漢
높은 돛대는 저녁 구름 가르는데	危檣劃暮雲
배에 오르니 새삼 감회가 일어	入舟還有感
퉁소와 북으로 왕손을 조문하네[355]	簫鼓酹王孫

하였다.

355 퉁소와……조문하네 : 왕손은 고려 왕씨 후손을 말한다. 본현 고적 둔덕기성 참조.

사묘 祠廟

사직단(社稷壇) 현 서쪽에 있다.

문묘(文廟) 향교에 있다.

성황사(城隍祠) 성 남쪽 1리에 있다.

여단(厲壇) 현 북쪽에 있다.

고적 古蹟

아주폐현(鵝洲廢縣) 본섬 안에 있다. 현과의 거리는 동쪽으로 16리이다. 본래 신라 거로현(居老縣)으로 청주(菁州 진주(晉州))의 속현이었는데, 소성왕이 학생들의 녹읍으로 삼았다. 경덕왕 때에 이르러 아주로 고치고 본현에 병합하였다. 고려에서 그대로 따랐다.

송변폐현(松邊廢縣) 또한 본섬에 있다. 신라 경덕왕 때 남수(南垂)로 고치고 이어 병합하였다. 고려 때 다시 현을 설치하였다가 뒤에 그대로 편입시켰다. 현과의 거리는 남쪽으로 45리이다.

명진폐현(溟珍廢縣) 본래 신라 매진이현(買珍伊縣)이다. 또한 본섬에 있다. 경덕왕 때 명진으로 고치고 곧이어 편입시켰다. 고려에서 그대로 따르다가 뒤에 다시 명진현을 설치하였다. 원종 때 왜를 피해 그 지역을 비우고 육지로 나와 진주 영선현(永善縣)에 임시로 우거하였다. 본조 장헌왕조(莊憲王朝 세종조)에 본도로 돌아온 뒤에 본현에 병합하였다. 현과의 거리는 남쪽으로 15리이다.

옛 현성〔古縣城〕 현 서쪽 17리에 있다. 돌로 쌓았고, 둘레가 2510자이다. 지금은 모두 퇴락하였다. 본조 문종 때 현에 샘이 부족하다고 하여 찬성 정분(鄭苯)을 보내 땅을 택하여 고을을 옮기게 하였으니 바로 지금의 치소이다. 옮기기 전의 지역을 일컬어 옛 현성이라고 한다.

둔덕기성(屯德岐城) 현 서쪽 37리에 있다. 돌로 쌓았고, 둘레가 1000자이며, 안에 못 1개가 있다. 세상에서 본조 초에 고려 종성(宗姓 왕씨(王氏))들이 유배 온 곳이라고 전한다.

명환 名宦

고려

송저(宋詝) 명종 때 어사 중승(御史中丞)이 되었는데, 정중부의 가노(家奴)가 금법을 범하자 붙잡아 다스리고 이 일로 마침내 파직되었다. 서북면 병마사(西北面兵馬使)가 되었을 때 무신의 뜻을 거스르고 폄척되어 거제 현령이 되었는데, 이르는 곳마다 모두 백성을 구제하고 폐단을 없애는 데 힘썼다.

본조

이호성(李好誠) 세종 말에 거제 현령이 되었는데, 강직하고 청렴하며 백성을 사랑하였다. 또 읍치를 옮길 때 관사(官舍)와 부고(府庫)를 세우며 정성을 다해 안정되고 화목하게 하니 백성들이 그 수고로움을 잊었다.

유우 流寓

최숙생(崔淑生) 본조 경주 사람이다. 연산군 때 유배되었다. 뒤에 관직이 찬성에 이르렀다. 호는 충재(盅齋)이다.

고성현固城縣

동쪽으로 거제현(巨濟縣) 경계까지 53리이다. 남쪽으로 해안까지 1리이다. 서쪽으로 진주(晉州) 경계까지 25리, 사천현(泗川縣) 경계까지 40리이다. 북쪽으로 진해현(鎭海縣) 경계까지 43리이다. 서울과의 거리는 952리이다.

한전 旱田

수전 水田

건치연혁 建置沿革

옛 가야국(加耶國)인데, 신라가 빼앗아 고자군(古自郡)을 설치하였고, 경덕왕 때 고성군으로 고쳤다. 고려 성종 때 고주(固州)로 삼았다가 뒤에 강등하여 현으로 삼았다. 현종 때 거제에 편입시켰다가 뒤에 다시 고주를 설치하여 현으로 삼았으며, 원종 때 승격하여 주(州)로 삼았다. 공민왕 때 강등하여 고성현으로 삼았다. 본조에서 그대로 따랐다. 관장하는 면은 -원문 2, 3자 결락-개이다.

관원

현령(縣令), 훈도(訓導) 각 1인이다.

군명 郡名

고자(古自), 고주(固州) 별호는 철성(鐵城)이다.

형승 形勝

외로운 성이 바다에 접해 있다. 이선(李宣)의 시

풍속 風俗

풍속이 검박함을 숭상한다. 관풍안(觀風案)

산천 山川

무량산(無量山) 현 서쪽 10리에 있다. 진산(鎭山)이다.

미륵산(彌勒山) 현 남쪽 67리에 있다.

우산(牛山) 현 남쪽 30리에 있다.

좌이산(佐耳山) 현 서남쪽 30리에 있다.

남산(南山) 현 남쪽 2리에 있다. 옛 성터가 남아 있다.

불암산(佛巖山) 현 서쪽 2리에 있다. 옛 토성(土城) 터가 남아 있다.

성산(城山) 현 북쪽 24리에 있다. 옛 성터가 남아 있다.

벽산(碧山) 현 동쪽 15리에 있다. 날이 가물면 비를 빈다.

무기산(舞妓山) 현 북쪽 2리에 있다. 세속에서 전하기를 "예전에 고주 자사(固州刺史)가 기생을 데리고 이곳에서 가무를 즐겼으므로 이렇게 이름하였다." 한다.

성현(城峴) 현 서쪽 60리에 있다. 옛 성터가 남아 있다.

천왕점(天王岾) 현 북쪽 15리에 있다.

용수암(龍水巖) 현 북쪽 20리에 있다. 샘이 있는데 그 깊이를 헤아릴 수 없다. 가뭄이 들어 비를 빌면 효험이 있다.

상족암(床足巖) 현 서쪽 50리에 있다. 4개의 돌기둥이 있어 바위 모양이 마치 밥상 같다. 조수가 이르면 물이 그 아래를 지난다.

바다〔海〕 현 동남쪽에 있다.

말상곶(末上串) 현 남쪽 30리에 있다. 둘레가 130리이다. 목장이 있다.

주악곶(住嶽串) 현 남쪽 50리에 있다.

해평곶(海平串) 현 남쪽 40리에 있다. 둘레가 140리이다. 목장이 있다.

죽도(竹島) 일명 열락산(悅樂山)이라고 한다. 남문 밖에 있으며, 온 섬에 대나무가 가득하다.

종해도(終海島) 견내나루〔見乃渡〕 서남쪽에 있다. 둘레가 21리이다. 예전에 양 목장이 있었다.

송도(松島)

자란도(自卵島)

하박도(下撲島) 둘레가 50리이다.

상박도(上撲島) 둘레가 24리이다.

연대도(煙臺島)

오아도(吾兒島)

적화도(赤火島)

독박도(禿朴島) 이상은 모두 현 남쪽 바다 가운데에 있다.

가조도(加助島) 말상곶 남쪽에 있다. 민전(民田)이 있다.

추라도(楸羅島) 둘레가 40리이다.

노태도(老太島) 대, 소 2개의 섬이 있다.

욕지도(欲知島) 둘레가 65리이다.

연화도(蓮華島) 둘레가 53리이다. ○ 두 섬은 왜놈의 고깃배가 노상 왕래하는 곳이다.

적질도(赤叱島) 이상은 모두 현 동남쪽 바다 가운데에 있다.

시락도(時落島) 둘레가 41리이다.

어응적도(於應赤島) 이상은 모두 현 동쪽 바다 가운데에 있다.

둔미도(芚彌島) 가도(柯島) 밖에 있다.

수월포(愁月浦), 양지포(陽知浦) 모두 현 남쪽 30리에 있다.

마소포(馬所浦) 현 서쪽 70리에 있다.

자화포(資火浦) 현 북쪽 35리에 있다.

가화포(加火浦) 현 북쪽 20리에 있다.

소소포(召所浦) 현 북쪽 10리에 있다.

춘원포(春元浦) 현 동쪽 20리에 있다.

구허포(丘墟浦) 현 동쪽 30리에 있다.

장평포(長平浦) 현 동쪽 50리에 있다.

어례향포(魚禮鄕浦) 현 서쪽 30리에 있다.

쌍봉포(雙峯浦), 수대포(水大浦) 모두 현 서쪽 20리에 있다.

지포(池浦) 현 서쪽 40리에 있다.

당항포(當項浦) 현 북쪽 30리에 있다.

토산 土産

녹반(綠礬), 주악곶의 바닷가 바위에서[356] 난다. 대나무〔竹〕, 맥문동(麥門冬), 녹용(鹿茸), 차〔茶〕, 송이버섯〔松蕈〕, 석류(石榴), 유자〔柚〕, 왜닥나무〔倭楮〕, 자란도에 심는다. 표고버섯〔香蕈〕, 감〔柹〕, 소금〔鹽〕, 황어(黃魚), 조기〔石首魚〕, 숭어〔秀魚〕, 농어〔鱸魚〕, 오징어〔烏賊魚〕, 낙지〔絡締〕, 자합(紫蛤 키조개), 대구어(大口魚 대구), 전복〔鰒〕, 해삼(海參), 굴〔石花〕, 청어(靑魚), 문어(文魚), 전어(錢魚), 홍합(紅蛤), 미역〔藿〕

성곽 城郭

현성(縣城) 돌로 쌓았다. 둘레가 3524자이고 문이 있으며, 성안에 우물 4개와 못 1개가 있다.

356 바닷가 바위에서 : 대본에는 '臨海岸'으로 되어 있는데, 《신증동국여지승람》 권32 〈경상도 고성현〉 토산에 '臨海巖'이라고 한 데 근거하여 고쳐 번역하였다.

공서 公署

수군통제사영(水軍統制使營) 현 남쪽 50리, 두룡포(頭龍浦)에 있다. 소경왕(昭敬王 선조) 35년(1602)에 거제에서 이곳으로 옮겨 설치하였다. ○ 만력(萬曆) 임진년(1592)에 삼도수군통제사(三道水軍統制使) 이순신이 수군을 거느리고 왜선을 당포(唐浦) 앞바다에서 패배시켜 적선 100여 척을 불태우고 200여 수급을 베었으며 물에 빠져 죽은 자들도 매우 많았다.

사량 만호진(蛇梁萬戶鎭) 현 남쪽 바다 가운데에 있다. 물길로 70리이다. 석성이고 둘레가 1251자이다. ○ 수군만호 1인이 있다.

당포 만호진(唐浦萬戶鎭) 현 남쪽 67리[357]에 있다. 석성이고 둘레가 1445자이다. ○ 수군만호 1인이 있다.

학교 學校

향교(鄕校) 현 서쪽 5리에 있다.

궁실 宮室

객관(客館)

안청루(晏淸樓) 현성 남문 누각이다.

관해루(觀海樓) 현내(縣內) 해안에 있다. 견내나루가 그 아래에 있다. 본조

357 67리 : 대본에는 '六里'로 되어 있는데, 《신증동국여지승람》 권32 〈경상도 고성현〉 관방(關防) 및 《대동여지도》 등에 근거하여 고쳐 번역하였다.

성종조에 현령 이귀미(李貴美)가 중수하였다. 김종직(金宗直)의 기문[358]에 "남쪽 끝 고을의 해안 큰 바닷가에 세워진 누대는 한둘로 헤아릴 수 없다. 그러나 망망대해를 굽어보기에 이 누각만큼 매우 근접해 있는 곳이 없다." 하였다.

낙열정(樂悅亭) 죽도에 있다. ○ 서거정(徐居正)의 시[359]에,

작은 섬이 끊어져 깊은 바다에 들어갔는데	小島截入滄溟潯
묶어 논 듯한 수많은 대나무 푸르디푸르러	萬竹如束青沈沈
빽빽한 대숲 뚫고 가서 반석에 앉으니	行穿萬竹坐盤石
오랜 세월 때 낀 마음이 단번에 씻기누나	一洗萬古塵土心
동방에 돋는 아침 해는 붉은 산호빛이요	扶桑初日紅珊瑚
일만 이랑 파도는 번쩍번쩍 황금빛이로다	波濤萬頃鱗鱗金
묻노니 그 어디에 단구가 있다더냐	借問何處有丹丘[360]
삼신산이 지척의 금오 머리에 있거니[361]	三山咫尺金鼇頭
왕자진을 불러 백학 타고 생황 불며[362]	欲招子晉騎笙鶴

358 김종직(金宗直)의 기문 : 〈관해루기(觀海樓記)〉이다. 《佔畢齋集 文集 卷2》

359 서거정(徐居正)의 시 : 〈고성의 낙열정〔固城樂悅亭〕〉이다. 《四佳集 詩集 補遺3》

360 丘 : 대본에는 '嶽'으로 되어 있는데, 《신증동국여지승람》 권32 〈경상도 고성현〉 누정(樓亭) 및 《사가집》 시집 보유 3 〈고성의 낙열정〉에 근거하여 고쳤다. 단구(丹丘)는 신선이 산다는 선경을 가리킨다.

361 삼신산이……있거니 : 삼신산(三神山)은 방호(方壺), 영주(瀛洲), 봉래(蓬萊)를 말한다. 《열자(列子)》 〈탕문(湯問)〉에 발해의 동쪽에 있었던 신산(神山)들이 조수(潮水)에 밀려 표류하며 정착하지 못하자 천제가 금빛 자라〔金鼇〕들로 하여금 이 산들을 머리에 이고 있게 함으로써 비로소 정착하게 되었다는 고사가 있다.

362 왕자진을……불며 : 왕자진(王子晉)은 주 영왕(周靈王)의 태자 진(晉)으로, 선인 왕자교(王子喬)를 가리킨다. 그가 일찍이 생황을 불어 봉황의 울음소리를 내면서 이락(伊洛) 사이에 노닐다가 뒤에 신선이 되어 백학(白鶴)을 타고 승천했다는 고사가 있다. 《列仙傳 卷上 王子喬》

십이동천[363]에서 고상한 놀이 하고 싶어라　　十二洞天窮淸遊

하였다.

세병관(洗兵館) 통제사영(統制使營)에 있다. 인조 때 통제사 김응해(金應海)가 세웠는데, 구조가 극히 크고 통창하다. 매년 봄가을로 조련을 마치면 양남의 여러 장수 이하가 이곳에 모여 잔치를 벌였다. 황호(黃戾)가 지은 기문이 있다.

봉수 烽燧

미륵산 봉수(彌勒山烽燧) 동쪽으로 거제현 계룡산(鷄龍山)에 응하고, 북쪽으로 우산에 응한다.

우산 봉수(牛山烽燧) 남쪽으로 미륵산에 응하고, 서쪽으로 좌이산에 응하고, 북쪽으로 천왕점에 응한다.

천왕점 봉수(天王岾烽燧) 동쪽으로 곡산(曲山)에 응하고, 남쪽으로 우산에 응한다.

곡산 봉수(曲山烽燧) 동쪽으로 진해현 가을포(加乙浦)에 응하고, 서쪽으로 천왕점에 응한다.

좌이산 봉수(佐耳山烽燧) 동쪽으로 우산에 응한다.

363 십이동천(十二洞天) : 도가에서 말하는 열두 골짜기의 별천지, 즉 선경을 말한다.

우역 郵驛

배둔역(背屯驛) 현 북쪽 27리에 있다.

송도역(松道驛) 현 북쪽 2리에 있다.

구허역(丘墟驛) 현 동쪽 30리에 있다.

도선원(道善院) 현 동쪽 20리에 있다.

성산원(城山院) 현 북쪽 25리에 있다.

견내원(見乃院) 현 남쪽 3리, 견내나루 북쪽 언덕에 있다.

송정원(松亭院) 현 서쪽 18리에 있다.

관량 關梁

가배수(加背戍) 현 남쪽 34리에 있다. 예전에는 수군도만호진(水軍都萬戶鎭)이 있었는데, 뒤에 거제현 옥포(玉浦)로 옮겼다. 강정왕조(康靖王朝 성종조)에 왜구가 누차 침입하므로 다시 쌓았다. 석성이고 둘레가 880자이다. 권관을 차임하여 지키게 한다.

소을비포수(所乙非浦戍) 현 서쪽 47리에 있다. 석성이고 둘레가 825자이다. 권관을 차임하여 지키게 한다.

좌신포(佐申浦) 현 동남쪽 30리에 있다.

혜질이곶(惠叱伊串) 현 서쪽 30리에 있다. ○ 이상 두 곳은 망보고 순찰하는 곳이다.

견내나루〔見乃渡〕 현 남쪽 -원문 1, 2자 결락-리에 있다. 바로 바다 나루이다. 거제로 들어가는 이들은 이 나루를 거친다.

사묘 祠廟

사직단(社稷壇) 현 서쪽에 있다.

문묘(文廟) 향교에 있다.

성황사(城隍祠) 현 서쪽 2리에 있다.

여단(厲壇) 현 북쪽에 있다.

관음점사(觀音岾祠) 현 서쪽 10리에 있다. 봄가을로 현령이 이곳에서 상박도, 하박도, 욕지도의 신에게 망제(望祭)를 올린다.

사찰 寺刹

법천사(法泉寺) -원문 다수 결락-에 있다.

안정사(安定寺) -원문 다수 결락-에 있다.

고적 古蹟

문화량폐현(蚊火良廢縣) 김부식(金富軾)이 이르기를 "신라 때 고성군의 영현이었는데, 지금은 자세하지 않다." 하였다.

해빈부곡(海濱部曲) 현 남쪽 60리에 있다.

번계폐진(樊溪廢鎭) 현 남쪽[364] 33리에 있다. 예전에는 만호진(萬戶鎭)이 있었는데, 지금은 당포(唐浦)로 옮겼다.

364 남쪽 : 《신증동국여지승람》 권32 〈경상도 고성현〉 고적(古跡) 및 《대동여지도》에 근거할 때 '서쪽'의 오기인 듯하나, 근거가 불충분하여 그대로 번역하였다.

명환 名宦

신라

김양(金陽) 흥덕왕 3년(828)에 고성군 태수가 되었는데, 영걸(英傑)하고 정사를 잘한다는 명성이 있었다.

본조

신처강(辛處康) 고성 현령이 되었는데, 백성들이 관리를 보지 못하였다.[365]

인물 人物

고려

이존비(李尊庇) 예전 이름은 인성(仁成)이다. 원종 초 과거에 뽑혔고 문명(文名)이 있었다. 이부와 호부 시랑을 역임하였다. 충렬왕 때 원나라에서 일본을 정벌할 적에 이존비가 경상 전라 충청 도순문사(慶尙全羅忠淸都巡問使)가 되어서 군량과 전함을 조달하였는데, 일 처리를 적절하게 하여 백

365 백성들이……못하였다 : 선정(善政)을 베풀었다는 뜻이다. 후한(後漢) 유총(劉寵)이 회계 태수(會稽太守)로 선정을 베풀고 떠날 즈음에 산음현(山陰縣)의 노인들이 전송하며 "다른 태수 때에는 관리들이 백성을 갈취하는 일이 밤이 되도록 끊이지 않았기 때문에 개들이 밤새도록 짖어 대었고 백성들이 안정을 취할 수 없었는데, 명부(明府)께서 부임하신 뒤로는 개들도 밤에 짖지 않고 백성들도 관리를 볼 수 없었습니다."라고 한 고사에서 나온 말이다. 《後漢書 循吏列傳 劉寵》

성들이 혼란을 겪지 않았다. 판밀직사 세자원빈(判密直事世子元賓)에 재임할 때 죽으니, 세자가 듣고 울면서 말하기를 "존비는 정직한 사람인데 어찌 이렇게 갑자기 떠나는가." 하였다. 아들 이우(李瑀)는 철원군(鐵原君)에 봉해지고 누차 주군(州郡)을 맡았는데, 재간이 있다고 일컬어졌다.

본조

남수문(南秀文) 문과에 급제하고, 관직이 직집현전(直集賢殿)에 이르렀다. 문장으로 세상에 이름이 났다.

칠원현漆原縣

동쪽으로 창원부(昌原府) 경계까지 26리이다. 서쪽으로 함안군(咸安郡) 경계까지 11리이다. 남쪽으로 창원부 경계까지 8리이다. 북쪽으로 영산현(靈山縣) 경계까지 23리이다. 서울과의 거리는 828리이다.

한전 旱田

수전 水田

건치연혁 建置沿革

본래 신라 칠토현(漆吐縣)인데, 경덕왕 때 칠제(漆隄)로 고치고 의안군(義安郡) 영현으로 삼았다. 고려 초기에 칠원으로 원(原) 자는 '원(園)'으로도 썼다. 고쳤고, 현종 때 김해부(金海府)에 편입시켰으며, 공양왕 때 다시 칠원현을 설치하였다. 본조에서 그대로 따랐다. 관장하는 면은 -원문 2, 3자 결락-개이다.

관원

현감(縣監), 훈도(訓導) 각 1인이다.

군명 郡名

칠제(漆隄)

풍속 風俗

풍속이 검박함을 숭상한다. 관풍안(觀風案)

산천 山川

청룡산(青龍山) 현 동쪽 7리에 있다. 진산(鎭山)이다.

무릉산(武陵山) 현 북쪽 10리에 있다.

성산(城山) 현 북쪽 5리에 있다.

청량산(淸涼山) 구산폐현(龜山廢縣) 동쪽 2리에 있다.

적현(赤峴) 구산폐현 북쪽 9리, 창원부와의 경계에 있다.

바다〔海〕 구산폐현 남쪽에 있다.

낙동강(洛東江) 영산현 경계에서 흘러 들어와 현 북쪽 30리를 지나 동쪽으로 흘러 창원부 지경에 들어간다.

서천(西川) 원류는 창원부 광산(匡山)에서 나와 북쪽으로 흘러 현 서쪽 5리를 지나 낙동강에 들어간다.

대천(大川) 구산폐현 동쪽 1리에 있다. 원류는 창원부 광산의 남쪽에서 나와 남쪽으로 흘러 구산포(龜山浦)에 들어간다.

마전포(麻田浦) 구산폐현에 있다.

구산포(龜山浦) 구산폐현 동남쪽 3리에 있다.

여음포(餘音浦) 구산폐현에 있다.

여화곶(汝火串) 구산현(구산폐현) 남쪽에 있다. 둘레가 45리이다. 목장이 있다.

저도(猪島) 구산폐현 남쪽에 있다. 둘레가 15리이다.

토산 土産

대나무〔竹〕, 청밀(淸蜜), 인삼(人蔘), 감〔柹〕, 옻〔漆〕, 산무애뱀〔白花蛇〕, 소금〔鹽〕, 청어(靑魚), 해삼(海參), 조기〔石首魚〕, 붕어〔鯽魚〕, 홍어(洪魚), 대구어(大口魚 대구)

성곽 城郭

현성(縣城) 돌로 쌓았다. 둘레는 1595자이고, 문이 있다.

학교 學校

향교(鄕校) 현 동쪽 3리에 있다.

궁실 宮室

객관(客館)

택승정(擇勝亭) 객관 남쪽에 있다. 현감 이숙규(李淑珪)가 지었다.

봉수 烽燧

안곡산 봉수(安谷山烽燧) 현 서쪽 10리에 있다. 남쪽으로 창원부 성황산(城隍山)에 응하고, 북쪽으로 영산현 봉산(峯山)에 응한다.

우역 郵驛

창인역(昌仁驛) 현 서쪽 7리에 있다.

영포역(靈浦驛) 현 북쪽 21리에 있다.

멸포역(蔑浦驛) 현 북쪽 30리, 멸포 언덕 위에 있다.

혜민원(惠民院) 현 서쪽 2리에 있다.

관량 關梁

매포나루〔買浦渡〕 현 북쪽 30리에 있다. 일명 멸포나루〔蔑浦渡〕라고 하니, 바로 낙동강 나루이다. 언덕 위에 누각이 있다. ○ 본조 이첨(李詹)의 시에,

긴 강은 도도히 동쪽으로 흐르고	長江滾滾向東流
너른 들판 열린 산이 하늘 끝에 닿았는데	野闊山開天盡頭
나룻배는 몇 해나 사람들 건네주었나	舟楫幾年人渡水

풍진 만 리 길 온 나그네 누대 오르니 風塵萬里客登樓
연기가 자욱해 두자가 진회에서 보낸 밤 같고[366] 煙籠杜子秦淮夜
달은 작아서 파선이 적벽을 노래한 가을인 듯[367] 月小坡仙赤壁秋
갈림길에서 남으로 가면 큰 진과 통하니 岐路向南通巨鎭
멀리 가는 손들 매양 여기서 묵어가누나 征驂每到此中留

하였다.

사묘 祠廟

사직단(社稷壇) 현 서쪽에 있다.

문묘(文廟) 향교에 있다.

성황사(城隍祠) 현 동쪽 1리에 있다.

여단(厲壇) 현 북쪽에 있다.

366 연기가……같고 : 두자(杜子)는 당나라 시인 두목(杜牧)이다. 두목의 〈진회에서 묵으며(泊秦淮)〉 시에 "연기는 찬 강에 자욱하고 달빛은 모래톱을 감쌌는데, 밤에 진회의 술집 가까운 곳에 배를 대노라니, 장사꾼 아낙은 망국의 한을 알지 못하고, 강 저쪽에서 아직도 후정화(後庭花)를 부르고 있네.〔煙籠寒水月籠沙, 夜泊秦淮近酒家, 商女不知亡國恨, 隔江猶唱後庭花.〕"라고 하였다.《杜樊川詩集 卷4》

367 달은……듯 : 파선(坡仙)은 송나라 시인 소식(蘇軾)이다. 소식이 일찍이 적벽강(赤壁江)에서 선유(船遊)하며 〈적벽부(赤壁賦)〉를 지었는데, 이후 10월 보름에 또 가서 지은 〈후적벽부(後赤壁賦)〉에 "이에 술과 고기를 가지고 다시 적벽강 아래에서 노는데……산이 높고 달이 작으며 수위가 떨어져 돌이 드러나니 일찍이 세월이 얼마나 지났기에 강산을 다시 기억할 수가 없었다."라고 하였다.《東坡全集 卷33》

능묘 陵墓

주세붕(周世鵬) 묘 현의 저연(猪淵) 서쪽에 있다.

사찰 寺刹

장춘사(長春寺), 천계사(天溪寺) 모두 무릉산에 있다.

고적 古蹟

구산폐현(龜山廢縣) 현 남쪽 41리에 있다. 본래 성법부곡(省法部曲)인데, 고려 때 호칭을 승격하여 구산현으로 삼고 그대로 웅신현(熊神縣 웅천현(熊川縣))에 편입시켰다가 뒤에 금주(金州 김해)에 편입시켰다. 공양왕 때 본현에 옮겨 편입시켰다. 그 지역은 본현 경계 너머의 창원부 서촌(西村)에 있다.

성산고성(城山古城) 현 북쪽 4리에 있다. 돌로 쌓았다. 둘레가 1342자이다. 지금은 모두 퇴락하였다.

경양대(景釀臺) 낙동강 우질포(于叱浦) 서쪽 언덕에 있다. 현과의 거리는 북쪽으로 30리이다. 강가에 바위가 우뚝 솟아 있는데 그 위는 손바닥처럼 평탄하여 10여 인이 앉을 만하다. 고려 때 합포(合浦)의 원수(元帥)들이 많이들 이곳에 올라 유람하였다. 이인로(李仁老), 이첨도 일찍이 노닐며 감상하였다. 이첨이 지은 시에,

물은 쪽빛 같고 모래는 눈 같으며 水如藍色沙如雪
산은 병풍 같고 술은 기름 같은데 山似屛風酒似油

석벽은 아침저녁 물결에 닳아 깎이고 石壁瘦磨朝暮浪

쇠젓대[368] 소리는 고금의 시름을 깨뜨리네 鐵笛吹破古今愁

하였다.

명환 名宦

본조

남일(南軼) 칠원 현감이 되어 백성들에게 은덕을 남겼다. 후인들이 그가 심은 나무를 가리켜 남정자(南亭子)라고 한다.

인물 人物

고려

윤환(尹桓) 공민왕조에 문하시중에 제수되고 칠원백(漆原伯)에 봉해졌다. 윤환은 본래 무인으로 다섯 왕을 내리 섬기며 세 번 수상(首相)이 되었으며, 집안이 대단한 부자였다. 은퇴하고 칠원으로 돌아가겠다 청하여 유동리(柳洞里)에 살았다. 그해 큰 흉년이 들어서 사람끼리 서로 잡아먹을 지경이었는데, 윤환은 가산을 풀어 구휼하고 가난한 백성들의 칭대계권(稱

368 쇠젓대 : 쇠로 만든 피리 종류인데, 은자(隱者)나 고사(高士)가 즐겨 불었다고 한다.

貸契券)[369]을 가져다가 모두 불살라 버렸다. 당시 가뭄이 오래도록 계속되고 있었는데 윤환의 밭에서 물이 솟아 나와 다른 사람의 밭에까지 스며들어가 크게 풍작을 거두었으므로 경상도 백성들이 칭송해 마지않았다.

윤수상(尹守常) 관직이 도첨의평리 예문관제학(都僉議評理藝文館提學)에 이르렀다.

본조

윤자당(尹子當) 공정왕조(恭定王朝 태종조)에 좌명 공신(佐命功臣)이 되고 칠원부원군(漆原府院君)에 봉해졌다.

주세붕(周世鵬) 과거에 급제하고, 공헌왕조(恭憲王朝 명종조)에 여러 관직을 거쳐 성균관 대사성, 동지경연사에 이르렀다. 배우기를 좋아하여 게을리하지 않았고 조정에 임해서는 정직하였다. 누차 주군(州郡)과 번얼(藩閫 변방)의 임무를 맡아서는 모두 명성과 공적이 있었다. 집안에서는 효성과 우애로 소문이 났다.

369 칭대계권(稱貸契券) : 이자를 받고 돈이나 곡식을 꾸어 준 것을 기록한 문권이다.

진해현鎭海縣

동쪽으로 칠원(漆原) 구산현(龜山縣) 경계까지 13리이다. 남쪽으로 고성현(固城縣) 경계까지 16리이다. 서쪽으로 진주(晉州) 반성현(班城縣) 경계까지 21리이다. 북쪽으로 함안군(咸安郡) 경계까지 9리이다. 서울과의 거리는 모두 887리이다.

한전 旱田

수전 水田

건치연혁 建置沿革

고려 초에 진해현으로 삼았다. 신라 때 관계된 읍호는 미상이다.[370] 현종 때 진주에 편입시켰고, 공양왕 때 다시 진해현을 설치하였다. 본조에서 그대로 따랐다. 관장하는 면은 -원문 2, 3자 결락-개이다.

370 신라……미상이다 : 대본에는 본문으로 되어 있는데, 본서 건치연혁 서술 투식에 근거하여 원주로 번역하였다.

관원

현감(縣監), 훈도(訓導) 각 1인이다.

군명 郡名

진해(鎭海) 별호는 팔진(八鎭)이다.

풍속 風俗

풍속이 검박함을 숭상한다. 관풍안(觀風案)

산천 山川

취산(鷲山) 현 북쪽 5리에 있다. 진산(鎭山)이다.

우산(牛山) 현 서쪽 5리에 있다.

여항산(餘航山) 현 북쪽 10리에 있다. 산의 북쪽은 바로 함안군 지역이다.

바다〔海〕 현 동남쪽에 있다.

대범의도(大凡矣島), 소범의도(小凡矣島) 모두 현 남쪽에 있다.

궁도(弓島) 현 남쪽에 있다. 물길로 16리이다.

대주도(大酒島) 둘레가 20리이다.

소주도(小酒島) 물길로 16리이다. 대주도와 소주도 사이는 20보 거리로, 조수가 물러나면 육지에 연결된다.

시락포(時落浦) 현 서쪽 12리에 있다.

소달포(所達浦) 현 서쪽 10리에 있다. 원류는 여항산에서 나와 남쪽으로 흘러 바다에 들어간다.

마역포(馬亦浦) 현 서쪽 1리에 있다.

거차포(巨次浦) 현 서쪽 2리에 있다. 원류는 함안군 파산(巴山) 남쪽에서 나와 남쪽으로 흘러 바다에 들어간다.

도만포(道萬浦) 현 동쪽 12리에 있다.

동성천(東城川) 현 동쪽 1리에 있다. 원류는 창원부 광산(匡山) 남쪽에서 나와 남쪽으로 흘러 바다에 들어간다.

토산 土産

대나무〔竹〕, 옛 현〔古縣〕에서 많이 난다. 표고버섯〔香蕈〕, 차〔茶〕, 석류(石榴), 유자〔柚〕, 꿀〔蜂蜜〕, 황랍(黃蠟), 소금〔鹽〕, 대구어(大口魚 대구), 전복〔鰒〕, 조개〔蛤〕, 굴〔石花〕, 상어〔鯊魚〕, 청어(靑魚), 홍어(洪魚), 문어(文魚), 은구어(銀口魚 은어), 황어(黃魚), 조기〔石首魚〕, 오징어〔烏賊魚〕, 낙지〔絡締〕

성곽 城郭

현성(縣城) 돌로 쌓았다. 둘레가 446자이고 문이 있다.

학교 學校

향교(鄕校) 현 북쪽 1리에 있다.

궁실 宮室

객관(客館) 서거정(徐居正)의 시[371]에,

하얀 성가퀴는 높직이 서서 해변을 진압하고	粉堞嵯峨鎭海邊
새 누각은 우뚝 솟아 봉황이 높이 나는 듯한데	新樓斗起鳳高騫
쪽머리 같은 뭇 섬들 띄엄띄엄 물 위에 드러나고	鴉鬟點點呈群島
고래 같은 거센 물결은 넘실넘실 하늘에 맞닿았네	鯨浪鱗鱗帖一天

하였다.

봉수 烽燧

가을포 봉수(加乙浦烽燧) 현 동쪽 4리에 있다. 서쪽으로 고성현 곡산(曲山)에 응하고, 북쪽으로 함안군 파산에 응한다.

우역 郵驛

상령역(常令驛) 현 서쪽 5리에 있다.

소달원(所達院) 현 서쪽 10리에 있다.

371 서거정(徐居正)의 시 : 〈진해(鎭海)〉이다. 《四佳集 詩集 補遺3》

사묘 祠廟

사직단(社稷壇) -원문 2, 3자 결락-에 있다.[372]

문묘(文廟) 향교에 있다.

성황사(城隍祠) 현 남쪽 5리에 있다.

여단(厲壇) 현 북쪽에 있다.

사찰 寺刹

의림사(義林寺), 계원사(溪原寺) 모두 여항산에 있다.

372 원문……있다 : 《신증동국여지승람》 권32 〈경상도 진해현〉 사묘(祠廟)에는 "현 서쪽에 있다."라고 되어 있다.

웅천현熊川縣

동쪽으로 김해부(金海府) 경계까지 15리이다. 남쪽으로 제포(薺浦)까지 2리이다. 서쪽으로 창원부(昌原府) 경계까지 25리이다. 북쪽으로 김해부 경계까지 15리이다. 서울과의 거리는 901리이다.

한전 旱田

수전 水田

건치연혁 建置沿革

본래 신라 웅지현(熊只縣)이다. 경덕왕 때 웅신(熊神)으로 고치고 의안군(義安郡 창원) 영현으로 삼았다. 고려 현종 때 금주(金州 김해)에 편입시켰다. 본조 세종 때 첨절제사진(僉節制使鎭)을 설치하였고, 문종 때 고쳐서 웅천현으로 삼았다. 중종 5년(1510)에 승격하여 도호부로 삼았다가 왜구를 본현 지역에서 평정하였으므로 승격한 것이다. 얼마 안 되어 다시 현으로 삼았다. 관장하는 면은 -원문 1, 2자 결락-개이다.

관원

현감(縣監), 훈도(訓導) 각 1인이다.

군명 郡名

웅신(熊神)

형승 形勝

산이 삼면을 둘러 있고, 바다가 한쪽 편에 넘실댄다. 본조 정사(鄭賜)의 시[373]

산천 山川

웅산(熊山) 현 북쪽 5리에 있다. 진산(鎭山)이다. 위에 신사(神祠)가 있어 토착민들이 매년 4월과 10월에 그 신을 맞이하여 산에서 내려와 음식을 차리고 북을 치며 잡희(雜戲)를 벌여 제사 지낸다.

병산(屛山) 현 북쪽 1리에 있다. 북쪽으로 웅산에 이어진다.

고방산(庫房山) 현 서쪽 6리에 있다.

373 정사(鄭賜)의 시 : 원시의 해당 구는 "천 겹으로 줄지은 산봉우리가 삼면을 둘러 있고, 만 이랑 파도가 한쪽 편에 드넓게 펼쳐져 있다.〔千層列岫圍三面, 萬頃波濤浩一邊.〕"이다. 《新增東國輿地勝覽 卷32 慶尙道 鎭海縣 形勝》

장복산(長福山) 현 서쪽 30리에 있다.

고산(高山) 완포현(莞浦縣) 북쪽 5리에 있다. 본현과의 거리는 45리이다.

부인산(夫人山) 현 동쪽 20리에 있다. 가뭄이 들면 비를 빈다.

사현(私峴) 현 서북쪽 30리, 창원부와의 경계에 있다.

율천현(栗川峴) 현 동쪽 15리에 있다.

수락암(水落巖) 천읍부곡(川邑部曲) 동쪽에 있다. 본현과의 거리는 13리이다. 율천현의 남쪽 계곡물이 산허리 암석 사이에 흘러들어 수십 장(丈)의 폭포가 되고 세 가닥으로 갈라진 다음 곧장 아래로 떨어져 내린다. 그곳 사람들이 말하기를 "전라도에 가뭄이 들 것 같으면 서쪽 물줄기가 마르고, 경상도에 가뭄이 들 것 같으면 동쪽 물줄기가 마르며, 충청도에 가뭄이 들 것 같으면 가운데 물줄기가 흐르지 않는다. 이것으로 다음 해의 홍수와 가뭄을 점친다." 한다.

바다〔海〕 현 남쪽에 있다.

백산도(白山島), **흑산도**(黑山島) 모두 현 동쪽에 있다. 물길로 20리이며, 두 섬 사이의 거리는 1리이다.

가덕도(加德島) 현 남쪽 바다 가운데에 있다. 둘레는 75리이며, 예전에 목장이 있었다. ○ 만력(萬曆) 정유년(1597, 선조30)에 통제사 원균(元均)이 장수들을 거느리고 가덕도 앞바다에 들어가려다가 왜선을 만나 퇴각하고 진해(鎭海) 지경에 주둔하였는데, 적의 공격을 받아[374] 배를 버리고 언덕에 올랐으나 패전하여 죽었다.

374 적의 공격을 받아 : 대본에는 없는데, 《난중잡록》에 근거하여 보충하여 번역하였다. 《大東野乘 卷27 亂中雜錄3 丁酉》

감물도(甘勿島) 염소 목장이 있다.

사의도(蓑衣島), **대죽도**(大竹島), **소죽도**(小竹島) 모두 현 서쪽 바다 가운데에 있다.

이슬도(里瑟島), **벌도**(伐島), **우음지도**(于音之島) 모두 현 서쪽에 있다.

송도(松島)

연도(椽島)

수도(水島) 현 동쪽[375] 20리에 있다.

초리도(草里島) 제포(薺浦) 바다 가운데에 있다. 물길로 13리이니, 바로 거제현 경계이다.

부곡포(釜谷浦) 현 동쪽 10리에 있다.

웅포(熊浦) 현 남쪽 2리에 있다.

덕산포(德山浦) 현 서쪽 16리에 있다.

양곡포(梁谷浦) 현 서쪽 55리에 있다.

제포(薺浦) 현 남쪽 5리에 있다. 포변에 예전에는 상주하던 왜호(倭戶)가 있었다.

주포(主浦) 현 동쪽 30리, 김해부와의 경계에 있다.

375 동쪽 : 《신증동국여지승람》 권32 〈경상도 웅천현〉 산천에 송도, 연도, 수도 세 섬을 아울러 "모두 현 남쪽에 있다."라고 한 것과 본책 본현 형승 및 《대동여지도》 등 고지도에 근거할 때 '남쪽'의 오기인 듯하나, 근거가 불충분하여 그대로 번역하였다.

토산 土産

대나무〔竹〕, 유자〔柚〕, 석류(石榴), 표고버섯〔香蕈〕, 누룩뱀〔烏蛇〕, 산무애뱀〔白花蛇〕, 소금〔鹽〕, 숭어〔秀魚〕, 농어〔鱸魚〕, 조기〔石首魚〕, 대구어(大口魚 대구), 청어(靑魚), 전어(錢魚), 홍어(洪魚), 문어(文魚), 전복〔鰒魚〕, 오징어〔烏賊魚〕, 조개〔蛤〕, 홍합(紅蛤), 굴〔石花〕, 낙지〔絡締〕, 상어〔鯊魚〕, 미역〔藿〕, 참가사리〔細毛〕

성곽 城郭

현성(縣城) 돌로 쌓았다. 둘레가 3514자이다. 문이 있고, -원문 3, 4자 결락- 안에 우물이 2개 있다.

공서 公署

제포 첨절제사진(薺浦僉節制使鎭) 현 남쪽 5리에 있다. 석성이고 둘레가 4313자이다. 진에서 관장하는 곳은 안골포(安骨浦), 사량(蛇梁), 당포(唐浦), 영등포(永登浦), 옥포(玉浦), 조라포(助羅浦), 평산포(平山浦), 적량(赤梁)이다. ○ 첨절제사 1인이 있다.

가덕 첨절제사진(加德僉節制使鎭) -원문 5, 6자 결락-에 있다. 첨절제사 1인이 있다.

안골포 만호진(安骨浦萬戶鎭) 현 동쪽 30리에 있다. 석성이고 둘레가 1714자이다. ○ 수군만호 1인이 있다.

학교 學校

향교(鄕校) 현 북쪽 1리에 있다.

궁실 宮室

객관(客館)

왜관(倭館) 제포진(薺浦鎭) 남문 밖에 있다. 왜국 사신을 접대하는 곳이다. 중종 5년(1510)에 왜구를 평정하고 마침내 관을 폐쇄하여 접대를 끊었다. 처음에 대마도(對馬島)의 왜가 국내로 이주하기를 청하여 왜관 앞 바닷가에 살게 하였는데, 점점 불어나서 500호가 넘었다. 부산포(釜山浦)에 살던 왜가 진장(鎭將)이 잘 돌보아 주지 않은 데 분노하여 제포의 왜호와 모의하고 난을 일으켜 현성을 습격하여 함락하고 거의 다 도륙하고 불태웠다. 이에 조정에서 방어사 유담년(柳聃年)과 황형(黃衡)을 보내어 길을 나누어 토벌하고 평정하여 그 소굴을 태운 다음 더 이상 거주하는 것을 허락하지 않았다. 그 뒤에 왜놈이 엎드려 사죄하고 정성을 바치면서 조빙(朝聘)을 통하도록 허락해 줄 것을 청하였으므로 다시 관을 설치하였다.

진동루(鎭東樓) 객관 동쪽에 있다. 현감 양찬(梁瓚)이 지었다.

식파루(息波樓) 바로 성 남문 누각이다.

회원루(懷遠樓), 수항루(受降樓), 조종각(朝宗閣) 모두 제포에 있다.

봉수 烽燧

가덕도 봉수(加德島烽燧) 동쪽으로 김해부 성화례산(省火禮山)에 응하고,

서쪽으로 사화랑산(沙火郞山)에 응한다.

사화랑산 봉수(沙火郞山烽燧) 현 남쪽 6리에 있다. 동쪽으로 가덕도에 응하고, 서쪽으로 창원부 여음포(余音浦)[376] 및 본현의 장복산에 응한다.

장복산 봉수(長福山烽燧) 동쪽으로 사화랑산에 응하고, 서쪽으로 고산에 응한다.

고산 봉수(高山烽燧) 동쪽으로 장복산에 응하고, 남쪽으로 창원부 여음포에 응하고, 서쪽으로 창원부 성황산(城隍山)에 응한다.

신증 新增

성산 봉수(城山烽燧) 연산군 12년(1506)에 가덕도 봉수를 이곳에 옮겼다.

우역 郵驛

보평역(報平驛) 현 서문 밖에 있다.

낙수원(落水院) 현 동쪽 11리에 있다.

혜제원(惠濟院) 현 서쪽 20리에 있다.

팔현원(八峴院) 현 서쪽 7리에 있다.

사묘 祠廟

사직단(社稷壇) 현 서쪽에 있다.

문묘(文廟) 향교에 있다.

376 여음포(余音浦) : 본책 〈창원도호부〉 산천 및 봉수에는 '餘音浦'로 되어 있다.

성황사(城隍祠) 현 북쪽 1리에 있다.

여단(厲壇) 현 북쪽에 있다.

고적 古蹟

완포폐현(莞浦廢縣) 현 서쪽 30리에 있다. 본래 합포현(合浦縣)의 완포향(莞浦鄕)인데, 고려에서 승격하여 현으로 삼고 곧이어 금주(金州 김해)에 편입시켰다. 본조 공순왕(恭順王 문종) 때 본현에 옮겨 편입시켰다. 석성이 있는데, 둘레가 4172자이고 안에 시내 1개와 샘 2개가 있다.

고산성(高山城) 돌로 쌓았고 둘레가 4171자이다.

명환 名宦

본조

권승(權勝) 웅천 현감이 되었는데, 청렴하고 검소하게 정사를 행하여 백성의 재물을 추호도 범하지 않았다.

지은이

유형원(柳馨遠)

1622(광해군14)~1673(현종14). 조선 후기의 실학자이다. 본관은 문화(文化), 자는 덕부(德夫), 호는 반계(磻溪)·둔암(遁庵)이다. 부친인 예문관 검열 유흠(柳歆)이 유몽인(柳夢寅)의 옥사에 연루되어 죽은 뒤 5세 때부터 외삼촌 이원진(李元鎭)과 고모부 김세렴(金世濂)에게 수학하였다. 두 차례 과거에 응시했으나 낙방하고, 32세 때 전라도 부안군 보안면 우반동에 은거하였다. 이곳에서 학문과 저술에 전념하며 여생을 보냈다. 저술로는 그의 실학사상을 집대성한《반계수록(磻溪隨錄)》 외에《주자찬요(朱子纂要)》,《이기총론(理氣總論)》,《동국여지지(東國輿地志)》,《무경사서초(武經四書抄)》,《기효신서절요(紀效新書節要)》,《정음지남(正音指南)》,《동국문초(東國文抄)》 등 수십 권이 있으나《반계수록》과《동국여지지》 외에 시문 몇 편만 전하고 나머지는 유실되었다. 그의 저작과 사상은 생전에는 인정받지 못하였으나 100여 년이 지난 뒤《반계수록》의 개혁 사상이 널리 알려지면서 영조의 관심을 받아 높은 평가를 받고 책이 간행되어 세상에 전해졌다. 1770년(영조46) 통정대부 호조참의 겸 세자시강원찬선에 증직되었다. 그의 개혁안은 이후에도 실행되지 못하였으나 이익, 안정복, 정약용으로 이어지는 실학자들에게 큰 영향을 주었다.

옮긴이

오세옥(吳世玉)

전 한국고전번역원 수석연구위원.《한국문집총간》 수록 문집 해제를 집필하였고,《승정원일기》,《명재유고》,《사직서의궤》,《경모궁의궤》,《천의소감》 등의 번역에 참여하였다.

동국여지지 4

유형원 지음 | 오세옥 옮김

2024년 12월 31일 초판 1쇄 발행

발행인 김언종 | **발행처** 한국고전번역원
등록 2008. 3. 12. 제25100-2018-000049호
주소 (03310) 서울시 은평구 진관1로 85
전화 02-350-4886 | **팩스** 02-350-4899 | **홈페이지** www.itkc.or.kr

연구총괄 정동화 | **연구책임** 장희성 | **연구기획** 강지원

책임편집 이선주 | **편집진행·제작** 조은지
교정 임유경 박현진 | **디자인** 은희주
인쇄 대유기획인쇄

값 20,000원
ISBN 978-89-284-1121-4(94910)
978-89-284-0621-0(세트)